걱정이 넘치는 사람을 위한
가이드북

WORRIED?

걱정이 넘치는 사람을 위한 가이드북

리스 존슨·에릭 처들러 지음
김성훈 옮김

현암사

추천사

"예술 같은 솜씨로 놀라운 사실들을 폭로하는 『걱정이 넘치는 사람을 위한 가이드북』은 사람들을 걱정시키는 현대사회의 이런저런 문제들을 다루고 있다. 흔히 알려진 상식이나 이론에 의문을 품어본 사람이라면 이 지침서가 등대 역할을 해줄 것이다. 과학과 통계학을 보기 쉽게 한데 엮어놓은 저자들 덕분에 우리가 확실하게 신경 써야 할 걱정은 무엇이고, 괜히 밤잠 설칠 필요 없는 걱정은 무엇인지 분명하게 드러날 것이다."

– 커트 위버Kurt Weaver, 워싱턴대학교 의과대학 방사선과 교수

"우리 중에서 과학 논문을 직접 읽고 이해할 수 있는 사람은 드물다. 하지만 존슨과 처들러가 우리를 대신해 그 작업을 해주었다. 우리 모두가 걱정하는 주제에 대해 가장 신뢰할 만한 연구 결과들을 찾아내 모아놓은 것이다. 이들은 우리가 일상적으로 접하는 상황들에

재미있고 접근하기 쉬운 방법으로 과학적 추론을 적용한다. 풍자와 위트가 넘치는 저자들의 글솜씨 덕분에 나는, 언젠가 나를 죽일 수도 있는 것들에 대해 읽으면서도 얼굴에 미소가 번졌다."

– 아담 베이커Adam Baker, 노스다코타대학교 겸임 조교수

"하루가 멀다 하고 새로운 기술이 쏟아지고 트렌드가 획획 바뀌는 오늘날, 존슨 박사와 처들러 박사는 과학 연구의 원리를 이용해 석면에서 마이크로파, 글루텐에 이르기까지 흔히 접하는 걱정거리들을 살펴본다. 소아과 의사인 나는 이런 걱정을 안고 사는 부모를 자주 접한다. 혼잡하게 뒤섞인 정보들 가운데 무엇이 걱정할 것이고 무엇이 아닌지 가려내는 일은 분명 쉽지 않았을 것이다. 그럼에도 꼼꼼히 살피고 그 과정에서 유머와 과학적 엄격함을 잃지 않은 저자들에게 감사한 마음이다."

– 캐리 네드루드Carrie Nedrud, 소아과 의사

"걱정하지 말라. 아니면 가끔씩 걱정하되 어느 정도까지만 걱정하라. 그리고 당신이 어떤 행동을 함으로써 그 상황을 통제할 수 있을 때만 하라. 비행기 충돌 사고에서 설탕에 이르기까지 『걱정이 넘치는 사람을 위한 가이드북』은 현대 사회의 흔한 걱정거리들을 함께 살펴보며 대답하기 곤란한 질문에 명쾌한 해답을 제시한다. 과학과 간단한 도표로 잘 정리되어 있는 이 책은, 정보과부하 시대를 살아가는 우리에게 유용하고도 재미있는 지침서가 되어줄 것이다."

– 네이슨 인셀Nathan Insel, 몬타나대학교 심리학과 교수

"『걱정이 넘치는 사람을 위한 가이드북』에서 존슨 박사와 처들러 박사는, 무언가 생각하다 보면 무심코 걱정으로 빠져드는 사람에서 강박적으로 안전 점검표를 확인해봐야 직성이 풀리는 사람에 이르기까지, 현대 사회의 스트레스에 현명하게 대처할 수 있는 즐거운 지침서를 선보이고 있다. 엄격한 조사와 적절한 '팩트 체크', 그리고 신랄한 위트가 돋보이는 이 책은, 이게 정말 얼마나 나쁜 것이냐고 물으며 걱정을 달고 다니는 사람들이 신속하게 참고할 수 있는 필독 자료가 되어줄 것이다."

– 데바프라팀 사르마Devapratim Sarma, 피츠버그대학교 교수

독자에게 알림

임상의 표준과 프로토콜은 시간이 흐르면서 변하기 때문에 여기 소
개한 기술이나 권장사항이 모든 상황에서 안전하거나 효과적이라
고 보장할 수 없습니다. 이 책은 일반 대중 그리고 심리치료와 정신
건강 분야에서 일하는 전문가들을 위한 참고자료이므로 전문적 수
련, 동료심사, 임상적 관리감독을 대신할 수는 없습니다. 또한 출판
사와 저자는, 이 책에서 권장하는 내용이 모든 면에서 완벽히 정확
하고 효율적이고 적절하다고 보장할 수 없습니다.

차례

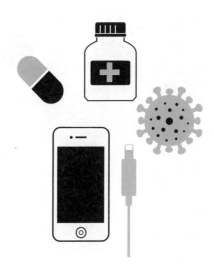

여행

기타

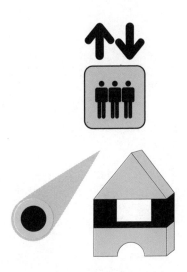

이 책을 꼼꼼히 읽고 도움이 되는 여러 비평과 제안을 해준
스티브 존슨과 샌디 처들러에게 감사드립니다.

서문

인류는 오랜 기간 아주 비슷비슷한 방식으로 살았다. 아무도 병원
에서 태어나지 않았다. 병원이란 것이 없었기 때문이다. 유기농 농
사라는 것도 없었다. 합성 농약이 존재하지 않았기 때문이다. 플라
스틱 제품도 없었고 전자레인지, 휴대전화, 비행기, 항생제, 에너지
음료도 존재하지 않았다. 당연히 이런 것에 대해 걱정하는 사람도
없었다. 물론 사자, 호랑이, 곰 같은 걱정거리는 있었지만 맹수와 인
간의 관계는 복잡할 것 없이 아주 단순했다. 옛날에는 잠재적 위협
의 강도가 전체적으로 훨씬 컸을지 몰라도 알아보기는 정말 쉬웠
다. 하지만 기적 같은 수많은 기술 혁신으로 인간의 삶이 개선되면
서 세상은 복잡해졌다. 이제 우리는 예전에 갖지 못했던 것을 갖고
있을 뿐 아니라 알지 못했던 것도 알고 있다. 무언가 걱정해야 할 부
분이 있는 것은 분명한데 그게 대체 무엇일까? 전 세계의 뉴스 미디
어, 소셜미디어, 육아 블로그 등을 보면 걱정거리 목록이 한 보따리

는 나올 것이다. 그와 동시에 정보를 얻을 수 있는 곳도 그 어느 때보다 많아졌다. 하지만 이런 정보들이 서로 충돌할 때는 누구의 말을 믿어야 할까? 자신과 가족의 건강을 위한 선택을 내려야 할 때는 이런 애매모호함이 큰 스트레스로 다가올 수 있다.

그런데 문제가 있다. 스트레스는 그 자체로 건강에 좋지 않기 때문이다. 만성 스트레스는 소화 장애, 수면 장애, 두통, 우울증, 짜증, 고혈압, 심혈관 질환, 당뇨병, 뇌졸중 등으로 이어질 수 있다. 또 면역력이 약해져서 자주 아프고, 이른 나이에 폭삭 늙은 초췌한 모습으로 변해버릴 수도 있다. 이런 증상 중에는 약물로 치료할 수 있는 것도 있지만, 약에 의지하기보다는 처음부터 스트레스로 이어질 걱정을 멈추는 것이 훨씬 나을 듯싶다. 이럴 때 도움이 되는 것이 몇 가지 있다. 예를 들면 어떤 사람은 규칙적인 운동, 명상, 기도가 스트레스 해소에 도움이 된다고 한다. 그런데 이런 접근 방식은 스트레스 수치를 조절하는 데는 도움이 될지 모르지만 근본적인 문제를 해결해주지는 못한다. 이 세상에는 잠재적 위협이 되는 온갖 것이 널려있다! 하지만 이 부분을 보완해줄 또 다른 접근방식이 있다. 바로 상황을 통제하는 것이다.

여기서 상황을 통제한다는 것은, 잠재적 위협을 비판적으로 평가해서 가장 큰 위협이 무엇인지를 판단하고, 부정적인 결과를 최소화할 수 있도록 자신의 행동 순서를 결정하는 것을 말한다. 아는 것이 힘이다. 이것은 아주 훌륭한 전략이다. 자신이 상황을 통제하고 있다고 느끼면 정신건강에도 좋고 불안과 우울증 지수도 낮출 수 있기 때문이다. 그와 동시에 해를 입을 위험도 전체적으로 줄일 수 있다. 일석이조다!

　그렇다면 여기서는 잠재적 위협을 평가하는 일이 핵심 과제인데 경우에 따라서는 이것이 쉽지 않을 수 있다. 그러지 않아도 복잡한 세상이 끝없이 더 복잡해지고 있다. 안타깝게도 아직 우리 뇌는 지금 살고 있는 세상에 맞게 진화하지 못했다. 인간은 집단을 중심으로 생각하는 경향이 있다. 우리는 외부인보다는 자신이 속한 집단의 구성원을 더 신뢰한다. 또 통계보다는 이야기에 훨씬 강하게 끌린다. 작은 가족 집단을 꾸려 살 때에는 대개 이런 특성이 적응에 유리하다. 그리고 이런 특성은 오늘날까지도 여전히 중요하다. 하지만 이런 본능을 복잡한 문제에 적용했을 때는 나쁜 결정이 나오기도 한다. 이때가 바로 과학이 구원투수로 등장해야 할 시점이다. 하지만 과학을 제대로 사용했을 때만 도움이 된다.

　과학은 세상만사가 일어나는 이유를 이해할 수 있게 돕는 도구다. 더 나아가 미래에 무슨 일이 일어날지도 예측하게 도와준다. 하지만 과학은 마술은 아니다. 오히려 마술의 정반대다. 과학에는 미스터리가 없다. 형식을 갖춰 엄격하게 인과관계를 평가한다. 어찌 보면 우리는 모두 과학자다. 아기들은 인과관계를 통해 세상을 이해하는 법을 배운다. 하지만 과학자들에게는 이 싸움에 사용할 수 있는 강력한 도구가 있다. 바로 대조실험controlled experiment과 수학이다. 대조실험이란 잠재적 혼란 요소를 제거하는 실험을 말한다. 이렇게 함으로써 결과의 올바른 원인이 무엇인지 밝힐 수 있다. 수학, 그중에서도 통계는 실제로 원인이 있어서 결과가 나타난 것인지, 아니면 우리 눈에 보이는 것이 그저 우연에 불과한 것인지 알아내는 방법이다. 쓸데없이 깐깐해 보일 수 있지만 이것이 있어 우리는 직관력이 길을 잃고 헤맬 때 올바른 결론을 이끌어낼 수 있다. 그렇다고 과학이 절대 틀리지 않는다는 말은 아니다. 과학자도 사람이고, 사람은 실수를 하고 편견을 갖기 마련이어서 간혹 부적절한 결론을 내릴 때도 있다. 하지만 과학적 방법론은 밑바탕에 깔린 인과관계를 밝혀낼 수 있는 아주 믿을 만한 방법이다. 의심스럽다면 비행기를 저 높은 하늘에 띄운 것도, 당신 주머니에 있는 스마트 폰을 만든 것도, 그리고 대부분의 사람이 먹는 음식을 만든 것도 모두 과학임을 기억하자.

우리 저자들은 과학적 증거를 활용하는 것이야말로 잠재적 걱정거리를 체계적으로 평가할 수 있는 최고의 방법이라고 믿는다. 우리 역시 남들과 마찬가지로 정신없이 복잡하게 돌아가는 세상에 살다 보니 똑같은 걱정과 의문에 시달릴 수밖에 없다. 사실 그래서 이 책을 쓰게 되었다. 우리는 두 사람 다 과학자이지만 이 책에서 다루는 주제 대부분은 우리 전문 분야와는 상관없는 것들이다. 이 책을 쓰면서 우리는 지금까지 훈련받은 과학적 방법들을 활용해 신뢰할 만한 정보원을 확인하고, 과학 문헌을 읽고 이해하고, 그 데이터를 해석했다. 이어지는 장에서 남들에게도 도움이 되기를 바라는 마음에 우리가 얻은 결론을 제시하고는 있지만, 어떤 주제든 우리에게 최종 판단의 권리가 있다고 주장할 마음은 없다. 우리는 연구를 하는 과학자일 뿐 의사가 아니므로 의학적 조언을 제공하지 않는다. 만약 의학적으로 걱정되는 부분이 있다면 의료 종사자와 상담해볼 일이다. 책을 읽다가 흥미로운 부분이 있다면 스스로 더 조사해볼 것을 권한다.

이 책에서 선별해 다루고 있는 주제들이 포괄적이라고는 할 수 없다. 사실 사람의 걱정거리는 너무 많아서 그 모두를 다 다루는 것은 애초에 불가능하다. 당연히 다루었을 것 같은 주제가 빠진 경우도 있다. 예를 들면 이 책에는 핵전쟁에 관한 장이 없다. 그렇다고 이것이 진짜 걱정거리가 아니라는 말은 아니다. 다만 분명 이 책의 범위를 넘어서는 주제다. 예방접종과 지구 온난화 같은 주제도 다루지 않았다. 이것이 덜 중요해서가 아니라 다른 곳에서도 자세히 자주 다루었기 때문이다. 또 단지 지면이나 시간이 부족해서 넘어간 주제도 있다. 이유야 어떻든 만약 당신이 이 책에서 다루었을 거라고 예상했는데 찾지 못했거나 더 자세히 알고 싶은 주제가 있다면 직접 조사해볼 것을 권한다. 부록 A(DIY - 직접 조사해보기)에서는 이런 조사를 진행하는 방법에 대해 몇 가지 제안을 적어놓았다.

각각의 주제에 우리는 걱정지수를 매겨놓았다. 각각의 문제가 안고 있는 상대적인 위험을 신속히 이해할 수 있게 마련한 장치다. 이것은 절대적인 수치가 아니라 이해를 돕기 위한 주관적인 점수임을 알아주었으면 한다. 물론 사람에 따라 우선순위가 다르므로 누군가는 다른 요인에 방점을 찍을 수도 있다. 그것도 절대 오답이 아니다. 일반적으로 우리는 다음과 같은 경우에만 걱정을 해야 옳다고 믿는다. 1)일어날 가능성이 있는 것, 2)큰 해악을 끼칠 잠재력이 있는 것, 3)개인의 행동으로 피하거나 완화시킬 수 있는 것.

이 책을 읽다 보면 일어날 가능성이 아주 낮은 것이 등장한다. 이런 것에 대한 걱정은 멈출 수 있다. 걱정할 필요가 애초에 없기 때문이다. 그리고 일어날 가능성은 아주 높지만 당신의 노력으로는 멈출 수 없는 일도 있다. 이런 일 역시 걱정할 필요가 없다. 걱정해봤자 아무 도움이 안 되니까 말이다. 마지막으로 일어날 가능성이 있지만 그 결과가 그리 심각하지 않은 것이 있다. 이런 문제에 대해서도 역시 걱정을 멈출 것을 권한다. 걱정만 하고 살기에는 인생이 너무 짧기 때문이다.

우리는 이 책을 쓰면서 정말 즐거웠다. 독자 여러분도 부디 즐겁게 읽기를 바란다.

그래프 보는 법

이 책에서 당신은 한 주제에 대해 검토할 때마다 우리가 매겨놓은 3차원 걱정지수를 접하게 될 것이다. 이 지수의 세 가지 요소는 예방 가능성, 발생 가능성, 결과이며 각각의 정의는 다음과 같다.

예방 가능성 : 예방 가능성 점수는 구체적인 결과를 피하거나 완화할 수 있는 당신의 능력을 말한다. 만약 당신이 취할 수 있는 조치가 있다면 당신은 어느 정도 통제력을 갖고 있는 것이다. 당신이 취할 수 있는 조치가 많을수록 예방 가능성 점수도 올라간다.

발생 가능성 : 발생 가능성 점수는 당신이 특정 위험 요소에 노출되었을 경우 부정적인 결과가 일어날 확률을 말한다. 부정적인 결과가 나올 확률이 높을수록 발생 가능성 점수도 올라간다.

결과 : 결과 점수는 잠재적인 해악의 규모를 말한다. 결과가 심각할수록 결과 점수도 올라간다.

모든 경우에서 그 문제들이 당신과 관련이 있다고 가정했다. 그리고 전형적인 노출 수준도 가정했다. 분명 이런 가정이 항상 모든 사람에게 정확히 맞아떨어지지는 않을 것이다.

각각의 주제에 대해 이 세 가지 요소를 그래프로 나타냈다. 수직축은 예방 가능성을 나타낸다. 수평축은 발생 가능성을 나타낸다. 그리고 동그라미의 크기는 결과를 나타낸다. 각각의 그래프는 4분면으로 쪼개진다. 당신이 우리 제안을 따를 생각이라면 오른쪽 위 사분변에 찍힌 커다란 동그라미를 해결하는 데 노력을 집중하면 된다. 이것은 발생 가능성이 높고, 예방 가능하며, 잠재적으로 심각한 결과를 낳을 수 있으므로 당신이 정말로 걱정해야 할 문제들이다.

이런 점수 계산법을 어디서 찾아냈는지 궁금하다고? 우리가 만들었다. 그 값을 어떻게 매겼는지 궁금하다고? 우리 두 사람이 각각의 주제에 대해 의견이 일치할 때까지 토론해서 매겼다. 당신은 생각이 다를 수도 있겠다.

대부분의 경우 특정 위험 요소에 대한 예방 가능성, 발생 가능성, 결과에 실제 수치를 매기기가 쉽지 않았다. 그리고 항상 그 정답은 '경우에 따라 달라요'인 것 같았다. 우리가 그랬던 것처럼 당신도 이 점이 상당히 불만스러울 수 있다. 그래서 우리는 최선을 다해 추정치를 이끌어냈다. 우리는 이런 추정치들을 그럴 듯한 1차 추정치로 생각하고 싶다. 하지만 이 점수에 너무 큰 의미를 부여하지는 말 것을 강력하게 권고한다.

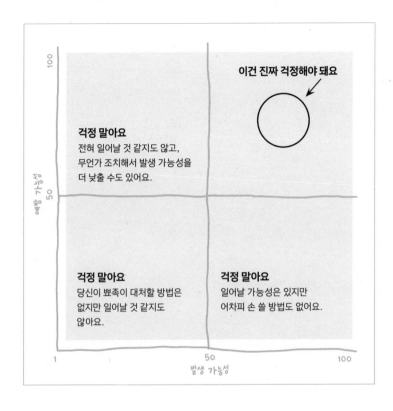

이건 진짜 걱정해야 돼요

걱정 말아요
전혀 일어날 것 같지도 않고,
무언가 조치해서 발생 가능성을
더 낮출 수도 있어요.

걱정 말아요
당신이 뾰족이 대처할 방법은
없지만 일어날 것 같지도
않아요.

걱정 말아요
일어날 가능성은 있지만
어차피 손 쓸 방법도 없어요.

발생가능성

발생 가능성

　　　　　　　　　　　　　　그래프 보는 법

FOOd

음식

1. 카페인

카페인은 이뇨 작용, 혈관수축 작용, 심박수 조절 작용, 민무늬근(우리의 의지로 움직이는 골격근과 달리 내장, 혈관 등 자율신경의 지배를 받는 근육으로 가로무늬가 없어 민무늬근이라 한다 - 옮긴이) 수축 작용 등 몇 가지 생리학적 효과를 지닌 천연 약물이다. 하지만 우리가 카페인에 관심을 갖는 이유는 대부분 정신자극 효과 때문이다. 사람들은 카페인을 정말 사랑한다. 카페인은 전 세계적으로 가장 인기 있는 정신활성물질로, 완전히 합법적인 약물이고 효과도 굉장히 좋다. 졸음을 억제하고, 수행 능력을 향상시키고, 집중력을 높여준다. 카페인이 없었다면 많은 사람이 아침에 잘 일어나지 못하거나, 새벽 2시까지 깨어 있지 못했을 것이다. 이렇듯 카페인에 의지해 현대의 삶을 꾸려가는 사람이 많지만, 그것이 몸에 나쁘지는 않은지 하는 의구심을 떨치지 못하는 사람 또한 적지 않다.

카페인은 천연성분이지만 부작용을 일으킬 수 있는 약물이다.

중추신경계뿐만 아니라 우리 몸에서도 중요한 분자인 아데노신 수용체를 비선별적으로 차단하는데, 이는 대단히 다양한 결과를 불러올 수 있다. 카페인은 위에서 위산 생산을 증가시켜 속쓰림과 위산 역류를 일으킬 수 있으며, 혈관수축제로 작용해 고혈압을 악화시킬 수 있고, 민무늬근을 자극해 설사를 일으킬 수 있다. 또 이뇨작용을 하기 때문에 탈수증상이 일어날 수 있으며, 심박동을 빨라지게 하고, 불면증과 두통을 야기하고, 불안을 악화시킬 수 있는 것으로 악명이 높다. 몸의 칼슘 흡수를 방해해 골다공증 위험이 높은 사람에게는 문제가 될 수 있다. 카페인은 일부 약물의 대사율을 바꿀 수 있기 때문에 진통제 성분에 들어가기도 한다. 하지만 이것이 분명 바람직한 효과라고는 말할 수 없다. 많이들 알고 있듯 카페인은 의존성이 있다. 카페인 섭취량을 줄이면 이틀 정도는 정말 짜증이 잘 나고, 피곤하고, 두통도 심해질 수 있다. 또 카페인을 급속히 과다복용하면 치명적일 수도 있다. 일반적으로 카페인은 안전한 물질이라 여겨지지만 어떻게 사용해도 안전하다는 의미는 아니다. 카페인에는 분명 걱정스러운 점이 존재한다.

그렇다고 커피를 끊을 필요는 없다. 카페인에는 좋은 점도 있다. 예를 들면 체력을 높여주는 운동 능력 향상 효과ergogenic가 있다. 그래서 아침에 달리기를 할 때 커피 한 잔을 마시고 시작하면 더 힘이 나는 느낌이 든다(단 커피를 마시고 속이 뒤틀리거나 설사가 나오지 않는 사람이어야 한다. 이런 증상이 있다면 오히려 운동 능력이 떨어지게 된다). 더 놀라운 점은 카페인 섭취가 파킨슨병, 알츠하이머병, 뇌졸중의 위험을 감소시켜준다는 것이다. 자살 위험을 낮춰주는 효과도 있다. 대부분의 사람은 기운 내려고 한 잔 마시는 커피에 이런 특별한 보너스가 있었느냐고 놀랄 것이다.

카페인의 섭취 방법도 중요한 것으로 밝혀졌다. 대부분은 커피, 홍차, 콜라, 초콜릿 등을 통해 섭취한다. 커피는 치아를 변색시키고 구취를 유발할 수 있지만, 암과 2형 당뇨의 발병 위험을 줄여주고, 전체 원인 사망률all-cause mortality 감소와도 관련이 있는 것으로 보인다. 그와 유사하게 홍차도 심혈관 건강에 좋고 암 발병 위험을 낮추는 것으로 보고되고 있다. 초콜릿도 항산화 성분이 풍부하게 들어있고 심혈관 건강에 이로운 것으로 보인다. 커피, 홍차, 초콜릿은 카페인을 함유하고 있을 뿐만 아니라 모두 식물에서 만들어졌다. 이런 식물들은 건강에 좋은 다른 파이토케미컬phytochemical(식물성을 의미하는 '파이토'와 화학물질을 의미하는 '케미컬'의 합성어로 건강에 도움이 되는 작용을 하는 식물성 화학물질 - 옮긴이)을 자체적으로, 혹은 카페인과 결합된 형태로 함유하고 있다. 그렇다고 커피와 홍차가 연령에 상관없이 모두에게 적절한 음료라는 의미는 아니다. 당신이 임신을 하지 않았고, 위 건강이 나쁘지 않고, 골다공증이 없는 건강한 성인이라면 커피나 홍차를 하루에 몇 잔씩 마셨다고 자책할 필요는 없다. 오히려 뿌듯하게 생각해도 된다.

하지만 카페인을 청량음료나 에너지음료 형태로 섭취하는 경우가 문제다. 이 음료들에는 합성 카페인이 들어 있다. 합성 카페인이 그 자체로 문제는 아니지만 청량음료의 영양성분에 관해서는 좋은 얘기를 꺼내려야 꺼낼 수가 없다. 이런 음료는 고칼로리에 산성이 강해서 특히나 충치, 비만, 2형 당뇨병 같은 문제를 일으킨다. 청량음료도 나쁘지만 에너지음료는 잠재적으로 더 나쁘다. 에너지음료에는 다량의 카페인이 들어 있는데 카페인 함량을 밝히지 않는 경우가 더러 있다. 더군다나 에너지음료는 카페인을 다른 허브 보충제와 혼합하는 경우가 많은데, 이런 허브 성분은 그 자체의 안전성이나 에너지음료와 혼합했을 때의 안전성이 검증되지 않은 경우가 많다. 그뿐만 아니라 엄청난 양의 설탕도 들어 있다. 요즘 들어 특히나 걱정스러운 점은 에너지음료를 알코올과 혼합하는 것이다. 이런 것을 마시면 힘이 불끈 샘솟는 것 같은 기분이 들겠지만 좋은 생각이 아니다. 카페인은 음료를 얼마나 마셔야 하는지 제대로 인식할 수 없게 만들어 과다 섭취 가능성을 높인다. 일반적인 믿음과 달리 카페인은 정신을 차리게 해주거나 알코올의 영향을 막아주지 않는다. 그저 취한 상태에서 각성만 높일 뿐이다. 지극히 위험하고 심지어 치명적일 수도 있다.

정상적인 범위 안에서 섭취하면, 특히 커피나 홍차 한 잔의 형태로 섭취하면 카페인은 당신의 건강에 활력을 불어넣어줄 수 있다. 어떤 사람은 다른 사람보다 카페인에 더 민감하다. 따라서 자신의 몸이 카페인에 어떻게 반응하는지 관심을 기울일 필요가 있다. 어린이는 카페인에 대단히 민감할 수 있기 때문에 많이 섭취해서는 안 된다. 임신 중이거나 수유 중인 여성도 카페인 섭취를 제한해야 한다. 만성질환을 앓고 있거나 약을 복용하는 사람도 주치의와 상담해보아야 한다. 마지막으로 잠을 쫓고 정신을 차리기 위해 주기적으로 카페인을 섭취하는 사람이라면 피곤함의 근본적 이유를 찾는 편이 좋다. 카페인을 마치 잠의 대용품인 듯 여기는 사람이 많은데, 만성 수면 부족은 건강에 좋을 리가 없다. 아무리 커피를 들이부어 시간을 번다 해도 놓쳐버린 수면 시간을 보상해줄 수는 없다.

요약

예방 가능성 (100)
카페인은 당신이 원하면 피하기는 쉽다.

발생 가능성 (15)
어떤 사람은 카페인에 민감하고, 어떤 사람은 규칙적으로 마시다 보면 의존성이 생길 수 있다.

결과 (3)
치명적인 양을 섭취하거나 알코올과 함께 섭취하지 않는다고 가정할 때, 카페인 섭취에 따른 결과는 심각하지 않다.

카페인

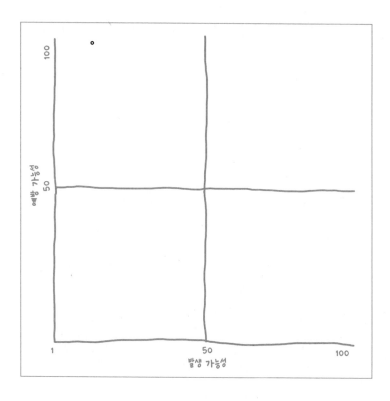

2. 영양제

영양제 혹은 식이보충제는 말 그대로 추가적인 영양 보충을 위해 일반 식단에 덧붙여 섭취하는 제품을 말한다. 때로는 영양제가 분명 도움이 된다. 예를 들어 태아의 심각한 선천적 결손증인 이분척추 spina bifida(척추의 특정 뼈가 불완전하게 닫혀서 척수의 일부가 외부에 노출되는 선천성 기형 – 옮긴이)의 발생률을 낮추기 위해 모든 가임기 여성에게 엽산 보충제 복용을 권장하는 경우가 그렇다. 하지만 영양제의 효과는 불분명한 경우가 많다. 그럼에도 사람들은 영양제 구입을 절대 포기하지 않는다. 전체 미국인의 70퍼센트 이상이 영양제를 복용하며, 영양제 수요는 2016년에만 무려 410억 1,000만 달러에 이른다. 이런 현상은 잠재적인 문제를 안고 있다. 일부 영양제는 단지 도움이 안 되는 데서 그치지 않고 위험하기 때문이다.

사람들이 가장 널리 섭취하는 영양제는 비타민이다. 이 화합물질은 건강에 필수적이지만 우리 몸에서 스스로 만들어내지 못하기 때문에 외부에서 섭취해야 한다. 우리는 전통적으로 음식을 통해 비타민을 섭취해왔다. 비타민은 브로콜리, 케일, 당근, 블루베리 같은 밝은 색깔의 과일과 채소에 특히 풍부하다. 하지만 요즘에는 이런 성분이 편리하게 알약 형태로 나온다. 비타민에는 필수지방산, 아미노산, 미네랄 같은 것이 포함되지 않기 때문에 비타민 목록은 꽤 짧다. 사람에게 반드시 필요한 비타민에는 A, B_1, B_2, B_3, B_4, B_6, B_7, B_9, B_{12}, C, D, E, K가 있는데, 우리는 이런 성분이 부족하면 질병으로 이어진다는 사실을 경험적으로 알게 되었다. 예를 들어 비타민 D 결핍은 구루병, 비타민 C 결핍은 괴혈병을 일으키며, 비타민 A 결핍은 전 세계적으로 시각장애의 가장 큰 원인이다.

경미한 비타민 결핍증도 증세는 약하지만 건강에 문제가 될 수 있다. 비타민이 부족하다면 비타민 보충제는 분명 도움이 된다. 노벨상을 수상한 화학자 라이너스 폴링Linus Pauling은 비타민 C의 면역 강화 효과를 옹호했는데, 덕분에 많은 사람이 감기에 걸릴 때마다 비타민 C 알약을 찾는다. 하지만 안타깝게도 이렇게 섭취하는 비타민은 기껏해야 위약 효과밖에 없다. 영양 상태가 양호한 성인이 비타민을 추가로 보충한다고 해서 전반적인 건강, 심혈관계의 건강, 암, 인지기능 저하, 전체 원인 사망률 등에서 개선되었다는 설득력 있는 증거는 나와 있지 않다. 오히려 비타민을 과잉섭취하면 건강에 부정적인 결과가 생길 수 있다. 특히 비타민 A, D, E, K 같은 지용성 비타민이 그렇다. 이런 성분은 우리 몸에서 잘 배출되지 않기 때문이다. 사실 급성 비타민 과다복용은 우리 몸에 치명적인 문제를 일으킨다. 따라서 비타민 보충제를 집에 보관할 때에는 아이 손이 닿지 않는 곳에 두어야 한다. 엄밀히 따지면 철분은 비타민이 아니지만 실제로 아이들이 철분을 과다복용해서 우발적 중독accidental poisoning을 일으키는 일은 흔하게 벌어진다.

이런 이야기들이 조금은 실망스럽겠지만 좋은 소식도 있다. 밝은 색의 과일과 채소는 건강에 이로운데, 이는 식물에 들어 있는 다른 성분들과 비타민 사이에 상호작용이 일어나기 때문일 가능성이 있다. 또 당근을 많이 먹으면 몸이 노랗게 변하는 부작용이 일어날 수도 있지만 솔직히 당근을 과다섭취하기는 아주 힘들다.

또 다른 인기 있는 영양제로는 어유fish oil가 있다. 어유에는 사람의 필수 영양분인 오메가-3 지방산이 많이 들어 있다. 오메가-3는 씨앗, 견과류, 계란, 육류, 그리고 당연한 얘기지만 생선 등에서 찾아볼 수 있다. 오메가-3는 심혈관 건강에 긍정적인 영향을 미친다고 하며 암을 예방해주는 작용도 한다. 트림할 때 생선 비린내가 날 수 있다는 점만 빼면 대부분의 사람이 먹을 만한 영양제다.

단백질 보충제 역시 많은 사람이 찾는 중요한 영양제이다. 특히 운동선수들이 단백질 보충제를 애용하는데, 보통 이런 보충제는 유제품이나 콩으로 만든다. 유제품 기반 단백질은 우유에 알레르기만 없다면 일반적으로 안전하다. 반면 콩 단백질은 잠재적인 에스트로겐 효과 때문에 논란이 그치지 않고 있다. 하지만 데이터만 보아서는 이것이 과연 문제인지 아닌지 명확히 알 수는 없다.

위에 나열된 영양제 성분들은 알약을 통해 얻든 다른 음식에서 얻든 우리가 어떻게든 섭취해야만 하는 성분들이다. 하지만 일종의 보너스를 제공해준다고 광고하는 또 다른 영양제 범주가 있다. 흔히 바디빌딩 보조제, 체중감량 보조제, 수면 보조제, 성생활 및 임신 보조제, 면역 기능 강화제, 기억력 강화제, 기분 강화제, 머리카락·피부·손톱 강화제 등으로 홍보하는 것들이다. 그중에서도 가장 염려스러운 것은 이런 영양제를 약물 치료의 대체 치료법이나 추가 치료법으로 홍보하는 경우다. 과연 이런 제품들을 영양제 혹은 식이 보충제로 분류해도 될까? 이 제품들이 주장하는 효과는 사실 영양과는 별 관계가 없다. 하지만 제조업체 입장에서는 이렇게 분류하는 쪽이 확실히 유리하다. 미국 식품의약국FDA에서는 영양제를 약이나 마약이 아니라 식품으로 규제하기 때문이다. 이것은 대단히 중요한 부분이다.

FDA에서는 제약회사에게 약품을 시장에 내놓기 전에 그 안전성과 효과를 입증하라고 요구한다. 이를 입증하려면 막대한 비용을 들여 광범위한 임상실험을 진행해야 한다. 반면 영양제 제조업체는 제품의 효과를 입증할 필요가 없다. 다만 영양제가 어떤 특정 질병을 치료하거나 예방해준다고 홍보해서는 안 된다. 하지만 포장지에 다음과 같이 법적 책임을 부인하는 문구만 삽입하면 건강을 전반적으로 증진시켜준다고 주장할 수 있다. "여기에 기술된 내용은 FDA의 검증을 받지 않았습니다. 이 제품은 임의 질병의 진단, 치료, 예방을 목적으로 생산되지 않았습니다."

1994년 이전에 미국 시장에 나와 있던 성분에 대해서는 안전성을 입증할 필요가 없다. 오랫동안 사용되어 왔으니 '일반적으로 안전하다고 인정'되기 때문이다. 제조업체에서 새로운 성분을 도입하고 싶을 때는 이를 FDA에 알리고 그 성분이 사람이 섭취하기에 안전하다는 합당한 증거를 제시해야 한다. 하지만 기존의 성분을 이용해 만든 새로운 제품은 시장에 나오기 전에 그 안전성을 FDA에 입증해 보일 필요가 없기 때문에 해롭다고 입증되기 전까지는 안전한 것으로 간주된다. 일단 제품이 시장에 나오면 FDA는 그와 관련된 부정적인 사례가 없는지 추적한다. 하지만 증상이 급성이고 구체적이지 않으면 이런 사건들을 그 원천까지 추적하기는 대단히 어렵다.

제조사는 성분을 정확하게 라벨에 표시하고 품질을 확실하게 통제해야 할 책임이 있다. 하지만 FDA가 제품의 품질을 검사하지는 않는다. 몇몇 연구에 따르면 식이보충제 중 상당히 많은 제품에, 라벨에 표시된 성분이 실제로는 들어 있지 않거나, 표기된 함량과 다르거나, 목록에 없는 다른 성분이 들어 있었다. 일부 사례에서는 중금속이나 농약으로 오염되어 있거나, 약물(예를 들면 단백동화스테로이드)이 들어 있는 경우도 있었다. 별도의 기관에서 영양제에 대해 인증해주는 경우도 있지만 이는 전성분이 정확히 표시되어 있는지 확인해줄 뿐 제품의 안전성이나 효과를 보증하지는 않는다.

사람들은 미국에서 상업적으로 팔리는 제품이라면 안전할 거라고 쉽게 생각해버린다. 하지만 영양제나 식이보충제의 경우에는 그렇지 않다. 영양제는 간 손상, 심혈관 문제, 정신증상, 위장관 증상, 출혈, 뇌졸중 등과의 연관성을 지적받고 있다. 이로 인해 죽은 사람도 있다.

영양제를 복용할 때 한 가지 더 고려해야 할 것은 처방약이나 비처방약과 상호작용을 일으킬 수 있다는 점이다. 종류가 무엇이든 영양제를 복용하고 있다면 의사에게 알려야 한다. 그리고 기억하자. 대부분의 경우 약병에 든 영양제보다는 냉장실에 들어 있는 브로콜리가 당신 몸에 훨씬 좋다.

요약

예방 가능성 (95)
임신 등 비타민 보충제가 필요한 상황도 있지만 대부분의 경우 영양제 복용 여부는 마음대로 선택이 가능하다.

발생 가능성 (30)
영양제 산업은 거대하고, 대부분의 사람에게는 아무런 해도 끼치지 않는다. 하지만 특정한 보충제는 위험할 수 있다.

결과(87)
일부 영양제는 말만 보충제지 사실상 FDA의 승인을 받지 않은 약이나 마찬가지다. 이런 보충제를 복용했을 때 일어날 수 있는 결과를 과소평가해서는 안 된다. 치명적인 결과를 불러올 수도 있다.

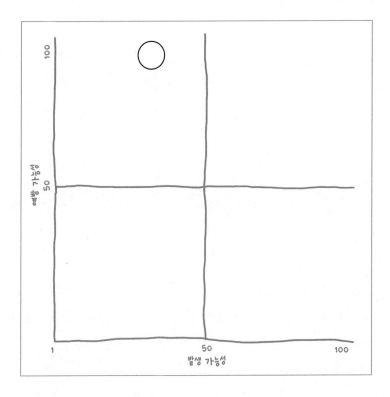

영양제

3. 식품첨가물

~~~~~~~~

식품첨가물은 말 그대로 색상, 풍미, 질감, 영양 강화, 유통기간 연장 등을 목적으로 식품에 첨가하는 물질이다. 베이킹소다, 소금, 식초, 비타민 C 등 우리에게 익숙한 것도 있고, 벤조산나트륨과 아스파탐처럼 합성해서 만든 것도 있다. 적어도 일부 식품첨가물은 반드시 필요하다. 우리 대부분은 이제 더 이상 농장에 살지도, 자신의 먹거리를 직접 재배하지도 않으며, 그럴 수도 없기 때문이다. 전 세계 인구가 너무 많아져서 이제는 모든 사람이 농사로 생계를 이어가기는 불가능해졌다. 하지만 식품첨가물 덕분에 우리는 계절에 상관없이 전 세계에서 생산되는 다양한 음식을 즐기며 도시에서 생활할 수 있게 되었다. 우리가 먹는 것이 안전하기만 하다면 정말 바람직한 일이다.

미국에서는 1938년에 제정된 식품·약물·화장품법Food, Drugs and Cosmetics Act of 1938이 1958년 의회에서 개정되면서 FDA가 새로운 식품첨가물에 대한 규제를 책임지게 되었다. FDA에서는 방부제, 색소, 유화제, 증량제, 발포제, 소포제, 고화방지제, 항갈변제, 안정제, 점증제, 화학조미료, 감미료 등 수천 가지 물질을 식품에 첨가할 수 있게 허용하고 있다. FDA의 웹사이트에서는 이렇게 말한다. "소비자들은 자신이 섭취하는 음식에 대해 안심해도 된다. 식품과 색소 첨가물에 대해 엄격하게 연구, 규제, 감시가 이루어지고 있기 때문이다." FDA에서는 안심하라고 말하지만 사실 안심하기가 어렵다. 기존에는 법적으로 아무 문제없이 사용되던 식품첨가물이 지금은 금지된 경우가 있기 때문이다. 미국에서 합법적인 식품첨가물이 유럽연합EU에서는 불법이고, 그 반대인 경우도 있다. 그리고 현재 합법적으로 이용되는 물질 중 일부는 유해하다는 비난을 받고 있어서 소비자는 혼란에 빠질 수밖에 없다.

많은 사람의 걱정 목록에서 꼭대기를 차지하고 있는 것은 식용색소다. 일부 음식, 특히 사탕은 터무니없이 부자연스러운 색으로 만든다. 어떤 음식은 우리 고정관념에 가까운 색에 맞추려고 색소를 첨가한다. 이유야 어쨌든 식품에 색소를 첨가하는 경우는 정말 많다. 합성색소에 대한 인식은 대단히 나쁘다. 이와 관련해서 걱정되는 건강상의 문제로는 암, 천식, 학습 및 기억장애, 과잉행동 등이 있다. 하지만 이에 대해 광범위한 연구가 진행되었음에도 그 결과들을 보면 서로 엇갈리고 불분명해서 여전히 논란이 많다. 가장 논란이 많은 색소에 해당하는 타트라진tartrazine(황색 식용색소), 패스트그린fast green, 알루라 레드allura red 등은 아직도 FDA에서 사용을 허가하고 있다. 하지만 이런 색소에 대한 사람들의 우려가 그치지 않자 결국 업계에서는 아나토, 파프리카, 카로티노이드 등의 천연 대체품을 개발하게 되었다.

색소와 달리 방부제는 일부 음식을 보관하는 데 중요한 역할을 한다. 그럼에도 일각에서는 방부제가 유해하다는 우려를 나타내기도 한다. 벤조산나트륨은 세균, 진균, 효모의 증식을 막기 위해 식품과 화장품 모두에 흔히 사용하는 항균제 성분이다. 이 방부제는 FDA의 〈일반적으로 안전하다고 인정하는 물질Generally Recognized as Safe, GRAS〉 목록에 올라 있는 첨가물 중 하나다. 하지만 동물 모형에서 나타난 독성과 발암 효과 때문에 여전히 우려의 대상이다. 더군다나 2007년의 한 연구에서는 인공 식용색소와 벤조산나트륨을 함께 섭취하면 아동에게서 과잉행동이 증가하는 것으로 밝혀졌다. 하지만 벤조산나트륨을 다른 첨가물들과 함께 섭취했기 때문에 그 원인이 벤조산나트륨 때문인지, 식용색소 때문인지, 혹은 둘 간의 어떤 상호작용 때문인지 알아내기는 어렵다. 또 한 가지 걱정스러운 영역은, 벤조산나트륨이 비타민 C와 반응해서 발암물질로 알려진 벤젠을 형성할 가능성이다. 사실 이 두 성분이 모두 들어 있는 일부 청량음료에서 벤젠이 발견된 적이 있다.

많은 사람이 화장품에 들어가는 파라벤에 대한 우려를 잘 알고 있다. 그런데 이 성분은 식품 방부제로도 사용된다. 일부 연구에서 파라벤이 남성에게는 임신 능력에 영향을 미치고, 여성에서는 유방암과 관련이 있다는 것을 밝혀내면서 최근 논란에 휩싸였다. 반면 일부 연구에서는 파라벤이 안전한 것으로 입증되었다. FDA에서는 권장제한량 안에서 사용하면 안전하다고 판단한다. 따라서 파라벤을 피하고 싶다면 식품 라벨을 꼼꼼히 살펴봐야 한다.

아질산염과 질산염도 근래 들어 많은 주목을 받고 있다. 이 화합물질들은 고기를 절이거나 햄·살라미 같은 식품에 분홍색을 낼 때 사용된다(히말라야 핑크 소금의 색깔도 이 성분 때문이다). 아질산염과 질산염은 사람을 순식간에 죽게 만드는 보툴리눔 식중독을 억제해준다. 그래서 이 성분이 널리 쓰이게 되었다. 그런데 안타깝게도 이 성분이 체내에서 암을 유발하는 니트로사민으로 전환된다는 우려가 있다. 가공육은 암을 유발한다고 여겨지는데 아질산염과 질산염도 그 원인 중 하나일지 모른다. 하지만 이 성분들은 시금치처럼 가공되지 않은 채소에도 들어 있는데 보통 시금치가 암을 유발한다고는 생각하지 않는다. 아질산염과 질산염이 실제로는 건강에 좋다고 주장하는 사람도 있다.

저칼로리 감미료는 오랫동안 의혹의 대상이었다. 최초의 인공 감미료 중 하나인 사카린은 한때 방광암의 주범으로 지목되었다. 현재는 사실이 아닌 것으로 드러났지만 여론 재판대에서는 결코 그 명예를 회복하지 못했다. 아스파탐에 대해서도 광범위한 조사가 이루어졌지만 이번에도 역시 그 결과가 많이 엇갈린다. 실망스러울 수 있지만 그에 대해 너무 많이 고민할 필요는 없을 것 같다. 어차피 저칼로리 감미료는 체중 감량에 별 도움이 되지 않으니 말이다.

물론 이런 사례들은 잠재적인 우려가 있는 식품첨가물 중 일부에 지나지 않는다. 그리고 적어도 FDA를 통해 검토가 이루어졌다. 정말로 걱정되는 첨가물은 FDA가 전혀 조사하지 않은 것들이다. 퓨 자선기금(공공정책과 시민생활 등을 개선하는 미국의 비정부 기구 - 옮긴이)

식품첨가물

이 2013년에 보고한 자료를 보면, FDA의 식품첨가물 관리감독과 관련해 암울한 현실이 드러난다. 가장 큰 문제 중 하나는 'GRAS(일반적으로 안전하다고 인정하는 물질)'라는 법의 허점이다. 1958년에 개정된 식품 관련법 개정안에는 소금이나 식초처럼 흔한 성분에 대한 면제 항목이 포함되어 있다. 이 개정법의 기본 개념은, 제일 잘 알고 있는 과학자들이 안전하다고 여기는 첨가물이라면 FDA에서 그 성분을 검토할 필요가 없다는 것이다. 그런데 문제는 식품첨가물 제조업체 스스로 이런 판단을 내릴 수 있게 허용한다는 점이다. 심지어 제조업체는 GRAS로 지정된 새로운 첨가물을 FDA에 보고할 필요도 없다. 퓨 자선기금에서는 미국에서 식품에 사용되는 1,000개 정도의 화학첨가물이 GRAS로 '셀프' 지정되어, FDA에 보고되지도, FDA가 검토하지도 않은 것으로 추정하고 있다. 정말 믿기지 않는 심란한 일이 아닐 수 없다.

퓨 자선기금에서는 식품첨가물의 규제 과정에 관해 다음과 같은 일련의 문제점들을 확인했다.

1) 첨가물 제조업체에서 자신들의 제품을 검토할 과학자를 선택할 수 있게 허용할 때 일어날 수 있는 이해충돌
2) 존재하는 식품첨가물들에 FDA가 접근할 수 있는 가용 정보 부족
3) FDA에서 안전성 평가에 사용하는 낡은 기술
4) FDA가 2011년 식품안전현대화법Food Safety Modernization Act에서 규정한 마감시한을 맞추지 못하는 현실

퓨 자선기금의 보고서는 끔찍하면서도 부끄러운 모습을 적나라하게 보여준다. 선진국 중에서 검증도 되지 않은 비밀스러운 첨가물을 식품에 사용하도록 허용하는 국가는 미국밖에 없다. 2017년에는 소비자, 건강, 안전 관련 단체들이 2016년에 FDA에서 재승인한 GRAS의 법적 허점을 개정하도록 FDA를 고소했다.

이런 걱정 때문에 화학 식품첨가물을 멀리한다고 해서 당신을 비난할 사람은 없다. 하지만 대체 물질을 찾는다 해도 천연성분들이 항상 더 안전한 것은 아니며 규제가 더 잘 되고 있는 것도 아님을 명심하자. 무엇보다 좋은 선택은 당신이 먹는 가공식품 수를 줄이는 것이다.

요약

예방 가능성 (54)
식품첨가물 노출을 최소화하려고 노력할 수는 있지만 워낙 널리 퍼져 있기 때문에 먹거리를 직접 재배하지 않는 한 완전히 피할 수는 없다.

발생 가능성 (33)
식품첨가물 때문에 좋지 않은 일을 겪을 확률이 얼마나 되는지 알기는 어렵다. FDA가 검토하지 않은 식품첨가물도 식품에 첨가될 수 있기 때문이다. 한편 대부분의 식품첨가물은 심각한 건강 문제를 일으키지는 않는다.

식품첨가물

급성 독성을 나타내는 첨가물을 일부러 음식에 첨가할 가능성은
낮지만, 일부 첨가물은 알레르기를 유발하거나, 잘 드러나지 않는
행동상의 문제를 일으킬 수도 있다.

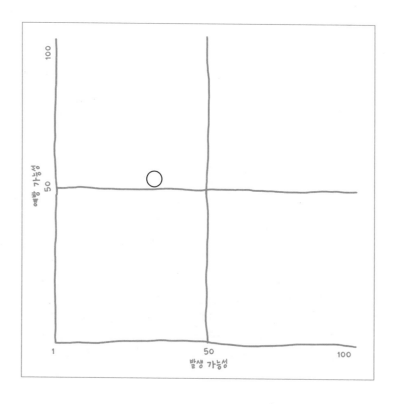

4. 공정무역

~~~~~

커피와 초콜릿처럼 대부분의 사람이 정말 좋아하지만 돈이 좀 있는
사람만 사먹을 수 있는 상품이 있다. 전 세계에서 생산되는 커피의
대부분은 부유한 국가에서 소비한다. 하지만 정작 대부분의 커피는
개발도상국에서 주로 가난한 사람들이 재배한다. 개발도상국의 전
통적인 정치적·경제적 기득권층은 가난한 농부나 농장 일꾼에게,
때로는 노예를 가둬놓고 일을 시킨다. 이런 사실을 알고 나면 여유
로운 일요일 아침에 모카라떼 한 잔을 맘 편히 즐기기는 쉽지 않다.
이런 불편한 죄책감을 떨쳐버리고 다시 여유로운 마음으로 돌아갈
수 있다면 좋을 것이다. 이런 문제의 해결책으로 공격적인 마케팅이
시작된 것이 바로 공정무역이다.

공정무역은 개발도상국의 가난과 맞서 싸우는 사회적 운동이
다. 1980년대에는 부유하면서도 사회의식이 있는 소비자들을 개발
도상국의 소규모 생산업자들과 연결하는, 최초의 인증라벨 붙이기

프로젝트가 시작되었다. 국제공정무역기구Fairtrade는 이런 단체들 중 가장 규모가 크다. 국제공정무역기구의 인증라벨은 그 상품이 특정 기준에 맞게 생산된 제품임을 보증해준다. 보장 내용은 다음과 같다.

1) 재배자들은 시장 가격이 낮은 경우에도 평균 생산 비용을 충당할 수 있는 최저가격을 보장받는다.
2) 재배자들이 민주적으로 운영되는 협동조합에 참여한다.
3) 이 협동조합들은 추가장려금을 받아 이 장려금을 자신들의 법인체 이득을 위해 어떻게 사용할지 결정한다.
4) 모든 생산자는 소규모 사업체다.
5) 재배자들은 환경친화적인 농업 방식을 사용한다.

말하자면 생산자들이 최저생활 임금을 받을 수 있도록 소비자들이 자발적으로 더 높은 가격(할증료)을 지불하자는 것이다. 실제로 이 할증료가 아주 많이 붙을 수도 있지만 많은 사람이 기꺼이 그 돈을 지불하고 있다. 취지만 놓고 보면 이런 계획을 두고 뭐라고 하기는 어렵다. 하지만 공정무역에는 많은 논란이 존재한다. 국제 경제는 복잡하기 그지없어서 이런 개입이 의도하지 않은 결과를 낳기도 하기 때문이다.

공정무역을 겨냥해서 몇몇 비판이 수면 위로 떠올랐다. 첫째, 공정무역은 가난과 싸우는 효율적인 방법이 아니다. 소비자들은 높은 할증료를 부담하지만 그 돈의 대부분은 농부 손으로 들어가지 않는다. 더군다나 공정무역으로 혜택을 보는 사람은 가장 가난한 국가, 혹은 가장 가난한 농부나 사회구성원이 아닌 경향이 있다. 가장 가난한 농부라고 해도 그 사회에서 가장 가난한 사람은 아니다. 이들은 그래도 농장이라는 재산을 소유하고 있기 때문이다. 가장 가난한 사람은 이곳에 고용된 노동자들인데 이들은 보통 공정무역의 혜택을 누리지 못한다. 공정무역 인증을 받으려면 농부들이 협동조합을 결성해 조합비를 부담해야 하는데, 가장 가난한 농부들은 참여가 불가능하다. 공정무역 생산이 가장 많이 이루어지는 곳은 멕시코와 남아메리카지만 이 국가들은 똑같은 작물을 생산하는 아프리카 국가에 비하면 형편이 훨씬 낫다.

하지만 공정무역과 관련해 가장 걱정스러운 점은 이 시스템의 경제적 토대와 관련이 있다. 공정무역은 기본적으로 장려금 시스템으로 운영되는데, 이 시스템은 부적절한 동기를 부여해 시장의 정상적인 역학을 방해할 수 있다. 예를 들어 시장 가격보다 높은 가격을 지불하면 전체 생산량이 증가해 공급 과잉을 유발한다. 그러면 자유시장 가격을 더 낮추게 된다. 공정무역 생산자들은 최저가격을 보장받기 때문에 상관없다. 이런 낮은 가격을 감당해야 할 사람은, 형편이 안 돼서 공정무역 인증라벨 제도에 참여하지 못한 농부들이다. 이것은 품질 문제로 이어진다. 농부가 생산하는 제품을 모두 공정무역으로 팔 수는 없기 때문이다. 만약 생산량 중 일정 비율만 최저가격을 보장받을 수 있다면 생산자는 제일 질이 떨어지는 제품을 공정무역으로 팔고, 나머지는 제일 높은 시장 가격에 팔려고 할 것이다.

공정무역

마지막으로, 장기적으로 볼 때 인증 수수료를 제하고 나면 공정무역 생산자에게 정말로 더 큰 이윤이 남는지에 대한 논란도 계속되고 있다(물론 최저가격이 안정적으로 정해져 있다는 점은 본질적으로 가치 있는 부분이지만).

모든 것을 감안할 때 공정무역은 인증을 받은 농부에게는 좋은 것으로 보인다. 얼마나 좋은지는 알 수 없지만 말이다. 그러나 이것이 모든 지역사회를 위한 최고의 해결책은 아니며, 장기적 전략으로도 썩 훌륭하지 않다. 하지만 공정무역은 국제 가격에 실제로 영향을 미칠 만큼의 시장을 차지하지 않기 때문에 아마도 다른 농부들에게 피해를 주지는 않을 것이다. 적어도 일부 지역사회에서는 긍정적인 파급효과가 나타나는 것으로 입증된 바 있다. 만약 당신이 공정무역 초콜릿을 구입한다면, 적어도 이론적으로는 그 초콜릿이 서부 아프리카 지역의 아동 노예가 재배한 제품은 아닐 것이다. 이것은 좋은 점이다. 하지만 윤리적 방식으로 생산된 코코아를 확인하는 방법이 공정무역만 있는 것도 아니고, 공정무역이 그런 지역의 아동을 돕는 가장 효율적인 방법이 아닐지도 모른다. 만약 당신이 공정무역 제품에 돈을 쓴다면, 아마도 가난과의 전쟁이라는 측면에서 보면 돈을 들인 만큼의 효과는 보지 못할 것이다. 그리고 아마도 최고 품질의 제품도 얻지 못할 것이다. 하지만 누군가에게 피해를 주지도 않을 것이다.

요약

예방 가능성 (73)
많은 공정무역 제품이 나와 있지만 당신의 주머니 사정이 그런 제품을 살 형편이 안 될 수도 있다.

발생 가능성 (25)
국제무역에는 불평등한 일이 많지만 공정무역 제품을 구입한다고 해서 그런 불평등과의 전쟁에서 큰 효과를 보지는 못한다. 또 공정무역 인증 제품을 구입하지 않아도 누군가에게 해를 끼치지는 않을 것이다.

결과 (50)
공정무역 제품을 구입하지 않는다면 결국 노예가 생산한 초콜릿(혹은 다른 제품)을 먹게 될 가능성이 있다. 당신에게는 나쁠 것이 없을지 모르나 노예들에게는 분명 안 좋은 일이다.

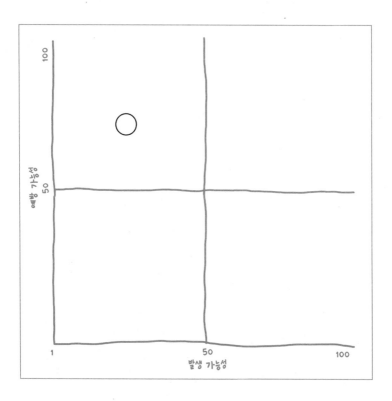

<figure>
100
영향력 크기
50
1
50
100
발생 가능성
</figure>

5. 글루텐

글루텐은 일부 풀의 씨앗에 들어 있는 프롤라민과 글루테닌이라는 두 종류의 저장 단백질이 결합된 것이다. 풀의 정상적인 생활주기 안에서는 이들 단백질이 새싹에 영양을 공급한다. 이런 점만으로도 흥미롭지만 글루텐이 특히나 중요한 이유는 보리, 호밀 그리고 무엇보다도 밀 등 우리가 즐겨 먹는 일부 풀에서도 발견되기 때문이다. 사실 글루텐 단백질은 밀가루에 들어 있는 단백질 중 75퍼센트 정도를 차지한다. 밀가루 반죽을 치댈 때 이 단백질들 사이에서 교차 결합이 일어나 탄력 있는 망이 만들어진다. 이 덕분에 반죽이 서로 달라붙어 우리가 원하는 모양을 잡을 수 있다.

거기에 더해 효모 발효가 일어나 반죽 속에 가스가 차면 반죽이 부풀어 오르면서 스펀지처럼 변한다. 이렇게 해서 밀빵 고유의 질감이 생긴다. 일반적으로 반죽 속에 글루텐이 많이 들어 있을수록 빵 속에 구멍이 많고 쫄깃쫄깃하다. 따라서 글루텐 형성은 빵에서는 바람직한 속성인 반면, 페이스트리에서는 좋지 않다(그래서 페이스트리 반죽을 할 때는 너무 많이 치대면 안 된다).

서구에서 빵은 오랫동안 인기 있는 음식이었다. 빵은 생명의 양식으로 인식되고 있고, 빵을 의미하는 'bread'는 영어에서 '음식'을 대신하는 단어로도 쓰인다. 주식으로 자리잡은 음식이니 당연히 대부분의 사람은 빵을 먹어도 문제가 없다. 하지만 모두가 그런 것은 아니다. 일부 사람에게는 글루텐이 면역반응을 일으켜 소장에 염증과 손상을 야기한다. 이 때문에 설사와 영양분 흡수 불량이 일어날 수 있다. 이것이 셀리악병의 전형적인 증상이다. 하지만 셀리악병의 증상 중 일부는 소장 바깥에서 나타날 수 있고, 가끔은 아무 증상이 없을 수도 있다. 안타깝게도 증상이 없다고 해서 소장에 아무런 손상이 없다는 의미는 아니다. 셀리악병을 치료하지 않았을 때의 부작용으로는 철분과 비타민 결핍, 골다공증, 불임, 신경학적 문제 등이 있다. 다행히도 셀리악병은 일단 진단만 이루어지면 엄격한 글루텐 제로 식단을 통해 효과적으로 치료할 수 있다.

셀리악병이 있는 사람은 이 장애에 대한 유전적 소인을 갖고 있지만 그렇다고 해서 이들에게 모두 병이 생기는 것은 아니다. 따라서 환경적 요인도 함께 작동하고 있을 가능성이 높다. 전체 미국인 중 1퍼센트 정도가 셀리악병이 있는 것으로 추정되지만 진단을 받지 않고 넘어가는 경우가 많다. 흥미롭게도 어떤 불분명한 이유 때문에 셀리악병 환자 숫자가 지난 50년 동안 극적으로 증가해서 공공보건 문제로 자리잡게 되었다.

글루텐이 문제를 일으킬 수 있는 또 다른 범주의 사람들이 있다.

소위 '비셀리악 글루텐 과민성'이 있는 사람들이다. 이런 사람은 셀리악병 검사에서는 음성으로 나오지만 글루텐 제로 식단을 통해 개선할 수 있는 위장관 질환을 갖고 있다. 비셀리악 글루텐 과민성의 존재 여부를 두고는 약간의 논란이 있지만 호주 모내시대학교Monash University의 한 연구진이 다음을 뒷받침하는 증거를 제시했다.

1) 비셀리악 글루텐 과민성은 실제로 존재한다.
2) 하지만 글루텐 때문이 아닐 수도 있다.

이들은 연구에서 발효성이고 잘 흡수되지 않는 짧은사슬 탄수화물인 프룩탄fructan이라는, 밀의 또 다른 성분이 실험 참가자들에게 비셀리악 글루텐 과민성 증상을 일으킨다는 것을 밝혀냈다. 이들이 《소화기내과학Gastroenterology》에 발표한 보고서 제목을 「발효성이고 잘 흡수되지 않는 짧은사슬 탄수화물 섭취를 줄인 이후에 스스로 비셀리악 글루텐 과민성이라고 보고한 환자에서 나타난 글루텐의 무효과」라고 붙인 이유도 이것으로 설명이 된다. 다른 식물도 이런 단백질을 생산하며, 이런 단백질 함량이 낮은 식단을 유지하면 증상을 최소화할 수 있다. 이들의 연구는 비록 규모가 작았지만 비셀리악 글루텐 과민성을 갖고 있는 사람 중 적어도 일부는 글루텐에 민감한 것이 아님을 암시하고 있다.

셀리악병이 있는 사람이 전체 인구의 1퍼센트 정도라면 상당한 크기의 집단이라고 할 수 있다. 그리고 글루텐 과민성이 있는 사람은 훨씬 더 많다. 하지만 압도적 대다수의 사람은 글루텐을 섭취해도 문제가 없다. 그런데도 수많은 사람이 글루텐 제로 식단을 선택한다. 이런 현상이 생긴 데에는 글루텐이 대중적으로 악마처럼 묘사되어왔다는 점도 한몫하고 있다. 누구에게 물어보느냐에 따라 여드름에서 시작해 알츠하이머병, 심장 질환에 이르기까지 온갖 병이 글루텐 때문이라는 대답이 나온다. 경우에 따라서는 이런 기사에도 일말의 진실이 담겨 있긴 하지만 대개는 훨씬 미묘한 문제일 경우가 많다. 대다수의 전문가들은 글루텐 제로 식단이 대부분의 사람에게 건강에 아무 도움도 되지 않는다고 믿고 있다. '글루텐에 대한 미움'이 유행이지만 그것을 뒷받침하는 과학적 증거는 많지 않다.

인류는 수천 년에 걸쳐 밀이나 글루텐이 들어간 다른 풀들을 재배해왔다. 진화의 관점에서는 짧은 시간이지만 역학적으로 보면 긴 시간이다. 농업이 시작되기 전에는 인류가 곡물을 많이 섭취하지 않았으므로 인류라는 종은 빵을 먹으며 진화한 것이 아니다. 또한 만약 우리의 모든 건강 문제의 주범이 글루텐이었다면 지금쯤 우리는 분명 그 사실을 알아차렸을 것이다. 물론 현대 서구 식단에는 정제된 흰 밀가루가 너무 많이 들어간다. 하지만 설탕, 소금, 포화지방 등도 마찬가지로 너무 많이 들어간다. 모든 것을 글루텐 탓으로 돌리는 것은 공정하지 않다.

물론 당신이 글루텐을 먹고 싶지 않다면 꼭 먹어야 할 이유는 없다. 글루텐 제로 식단도 건강에 좋을 수 있다. 하지만 글루텐이 가득 든 제품을 어떤 것으로 대체할지 결정할 때에는 아주 신중해야 한다. 흰 쌀밥은 흰 빵보다 더 좋을 것이 없다. 글루텐 다이어트 광풍

이 부는 바람에 쿠키, 크래커, 파스타 등 온갖 고전적 가공식품들이 글루텐 제로 버전으로 다시 나오고 있다. 글루텐이 들어 있지 않다고 해서 건강에 좋다고 할 수 있을까? 사실 이런 제품은 지방, 설탕, 소금 함량이 기존 제품보다 더 많이 들어 있을 가능성이 높다(가격도 더 비싸다). 그리고 글루텐 제로 식단은, 밀가루에서 성분이 강화된 식이섬유와 일부 비타민(예를 들면 엽산) 함량이 낮은 경향이 있다. 따라서 건강을 이유로 글루텐 섭취를 줄일 생각이라면 콩, 현미, 무염 견과류, 고구마, 잎채소, 과일 등을 먹는 것이 좋다. 사실 글루텐 때문이든 아니든 이런 것들은 우리 모두가 입에 달고 살아야 할 음식들이다.

요약

예방 가능성 (100)

글루텐 제로 버전을 구할 수 없는 제품은 거의 없지만 지갑이 많이 가벼워질 것이다. 글루텐 제로 쿠키를 찾을 수 없는 경우라도 콩 같은 다른 대체품이 항시 대기하고 있다.

발생 가능성 (23)

일부 사람은 글루텐에 민감할 수 있지만 셀리악병이 있는 경우가 아니면 글루텐을 먹어도 문제를 일으킬 가능성은 낮다. 더 큰 문제는 셀리악병이 있는데도 그 사실을 모른다는 것이다. 그것은 문제가 될 수 있다.

결과 (1)

셀리악병이나 글루텐 과민성이 없으면 글루텐을 먹어도 해롭지 않다. 글루텐이 함유된 음식을 글루텐이 없는 다량의 가공음식으로 대체한다면 오히려 득보다 실이 많을 수 있다.

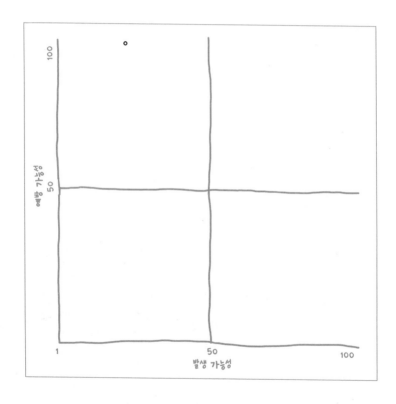

6. 유전자 변형 농산물

유전자 변형 농산물GMO이란 생명공학을 통해 유전체가 변형된 작물을 말한다. 유전자 조작은 사실 새로운 일이 아니다. 인류는 농업이 탄생한 이후로 선택적 교배를 통해 늘 DNA를 만지작거렸다. 불과 1만 5,000년밖에 지나지 않았는데 말이다. 자연은 분명 우리에게 씨 없는 과일이나 다리 짧은 닥스훈트 같은 강아지 품종을 안겨주지 않았다. 이런 독특한 특성은 진화론적으로도 아무런 이점이 없다. 하지만 인간은 적응에 불리한 이런 특성을 바람직한 것이라 여기고 육성해서 세상에 존재하게 만들었다. 우리는 이런 것들에 익숙하다. 누군가가 사람과 침팬지를 교잡하려고 들지 않는 한(정말이다. 그런 시도를 한 사람이 있었다) 우리는 이런 것을 문제 삼지 않는다. 어느 부분에서는 우리 모두가 유전자 조작을 문제 삼지 않는다고 말할 수 있다(포도 씨는 정말 너무 귀찮으니까).

하지만 현대의 유전공학 기술은 두 가지 면에서 새로운 국면에 접어들었다. 우선, 이 기술의 도입으로 유전자를 한 번에 하나씩 편집할 수 있게 되었다. 선택적 교배에서는 유전자를 세트 단위로 선택할 수 있다. 한 생명체에서 눈에 보이는 특징(표현형)은 대부분 하나 이상의 유전자로 조절되기 때문이다. 뿐만 아니라 생명공학을 이용하면 거미와 염소처럼 결코 섹스를 통해서는 번식할 수 없는 생명체끼리 뒤섞는 것도 가능하다. 바로 이런 점에 사람들이 열광한다.

그 부분을 파고들기 전에 사람들이 이런 해괴망측한 일을 하고 싶어 하는 이유부터 들어보자. 그 이유는 많다. 예를 들어 당뇨병 환자에게 투여하는 인슐린은 대부분 세균이 만들어낸다. 세균은 원래 자연적으로는 인슐린을 만들지 않는다. 당연한 일이다. 세균에게는 췌장이 없으니까 말이다. 하지만 유전공학으로 조작한 박테리아는 인슐린을 만들 수 있다. 이것은 정말 크나큰 업적이다. 1980년대 초에 생합성한 사람 인슐린이 발명되기 전에는 동물, 흔히는 돼지를 이용해 만들어야 했다. 돼지의 췌장에서 인슐린을 채취하려면 돼지를 죽여야 한다. 따라서 돼지 입장에서 보면 유전공학이 분명 좋은 해결책을 제공해준 셈이다.

하지만 유전공학이 가장 흔히 적용되면서 비판 또한 집중되고 있는 분야는 바로 농작물이다. 유전자를 조작하면 해충과 제초제에 대한 내성이 생기고, 영양분 함량이 높아지며, 가뭄과 냉해를 견딜 수 있고, 유통기한도 늘어난다.

유전자 변형 농산물은 여러 종류가 개발됐지만 비티 옥수수, 대두, 목화가 가장 널리 퍼져 있다. 비티 옥수수는 토양세균인 바실러스 튜링겐시스(Bt균)에서 추출한 일부 유전자를 유전체에 삽입한 옥수수다. 그래서 'Bt'라는 이름이 붙게 되었다. 이렇게 유전자를 조작한 결과 이 옥수수는 세균이 천연적으로 생산하는 살충 성분을 스스로 생산하게 되었다. 그래서 곤충이 이 옥수수를 먹으면 죽는다. 농부들은 더 이상 살충제를 뿌리지 않거나 아주 조금만 뿌려도 된다. 옥수수 안에 살충제가 내장되어 있으니까 말이다. 그렇다, 다시 말해 유전자 변형 제품을 먹는 사람은 살충제를 먹고 있는 것이다. 정말 무시무시한 일이다. 하지만 식용 작물을 비롯해서 수많은 식물이 이미 살충제를 생산하고 있다는 사실을 기억하자. 식물과 곤충의 전쟁은 오랜 시간 이어져왔다. 살충 성분 화합물이라고 해서 꼭 인간에게 위험하지는 않다. 곤충과 사람의 몸은 아주 다르기 때문이다. Bt균은 세계에서 가장 안전한 살충제 중 하나로 여겨지고 있다는 점을 염두에 둘 필요가 있다. 유전자 변형 농산물을 피하기 위해 유기농 제품을 먹는다고 해도 당신은 여전히 많은 Bt균에 노출될 것이다.

제초제 저항성도 유전자 변형 농산물에서 흔히 사용되는 속성이다. 식용 작물이 제초제에 저항성이 있으면 제초제를 이용해 잡초만 손쉽게 제거할 수 있다. 대부분의 유전자 변형 농산물은 제초제 농약인 글라이포세이트에 저항성을 갖고 있다.

유전자 변형 농산물을 옹호하는 사람들은 이런 조작을 통해 수확량을 늘리고 살충제와 제초제 사용량을 줄이면 농부의 경제적 안정뿐 아니라 소비자의 안전한 식량 확보에도 기여한다고 주장한다. 반면 비판자들은 유전자 변형 농산물이 소비자의 건강을 해치고(알레르기, 암, 소화장애 등) 환경에도 부정적인 영향을 미친다고 주

　　　　　　　　　　　　　　유전자 변형 농산물

장한다(농약으로 방제하는 생물 이외의 생물에 미치는 영향, 원래 종의 멸종, 곤충과 잡초의 저항성 등).

유전자 변형 농작물 반대운동은 정말 대규모로 일어나고 있다고 해도 과장이 아니다. 이 운동은 대중의 인식에 큰 영향을 미치고 있다. 퓨 연구소의 여론조사에 따르면, 일반 대중의 57퍼센트가 유전자 변형 농산물이 안전한 먹거리가 아니라고 여기고 있다. 눈길을 끄는 결과가 아닐 수 없다. 미국 과학진흥회AAAS의 과학자 중 88퍼센트는 유전자 변형 농산물이 일반적으로 안전한 먹거리라고 여기고 있기 때문이다. 미국 과학진흥회는 저명한 학술지 《사이언스 Science》를 출판하는, 세계에서 가장 큰 일반과학 학회다. 미국 과학진흥회 이사회가 2012년에 발표한 성명서에서는 유전자 변형 농산물이 선택적 교배 등의 전통적 기술로 조작한 같은 종류의 식품보다 내재적으로 더 위험할 것은 없다고 했다. 이 성명서에서는 유럽연합, 세계보건기구, 미국 의사협회, 미국 국립과학아카데미, 영국 왕립학회에서도 뜻을 같이 한다고 밝히고 있다. 이런 단체들은 대단히 신뢰성 있는 정보원으로, 만약 당신이 과학이 세상을 유용하게 하는 방식이라고 믿는다면 이 단체들의 말을 듣고 마음을 편히 가져도 괜찮을 것이다. 유전자 변형 농산물은 사용 승인이 나기 전에 광범위한 검증을 거쳤고, 그것을 섭취하는 사람이나 동물에게 위험하다는 증거도 없다.

하지만 유전자 변형 농산물에 대해 모두 일반화해서 말하기는 어렵다. 종류가 워낙 많고, 그 숫자도 증가하고 있기 때문이다. 더군다나 유전자 변형 농산물을 만드는 데 사용하는 기술이 변하고 있는데 정부 규제가 그 속도를 항상 잘 따라잡는 것도 아니다. 이 문제를 조사해보기 위해 2016년 미국 국립과학아카데미에서는 전문가 위원회에 의뢰하여 유전자 변형 농산물에 대한 광범위한 리뷰를 준비하게 했다. 위원회에서는 과학 문헌을 검토하고, 여러 발표자들의 증언에 귀 기울이고, 일반 대중이 쓴 수백 건의 논평을 읽어보았다. 그리고 그 결과로 나온 600쪽짜리 보고서를 작성해 온라인에 무료로 공개하고 해당 주제에 대해 4쪽짜리 개요 보고서도 발표했다.

미국 국립과학아카데미 위원회에서는 몇 가지 핵심 발견 내용을 발표했다. 첫째, 이들은 유전자 변형 농산물이 환경에 해를 끼친다는 결정적인 증거를 찾지 못했다. 사실 농약 사용 감소와 동물 다양성 강화의 측면에서는 환경에 오히려 득이 되었다는 증거가 존재한다. 하지만 위원회는 이 문제가 워낙 복잡한 특성을 갖고 있어서 확정적인 결론에 도달하기는 어렵다는 경고도 함께 덧붙였다.

이들은 또한 유전자 변형 작물이 별 무리 없이 수확량을 증가시킨다는 훌륭한 증거가 나와 있지만 이런 증가 속도가 종래의 품종 개량 전략을 사용했을 때의 예상치와 비교했을 때 유의미하게 더 크지는 않다고 지적했다. 건강 측면에서 보면 위원회는 유전자 변형 식품이 종래의 식품보다 건강에 더 위험하다는 증거를 발견하지 못했다. 하지만 이번에도 역시 위원회에서는 이런 영향이 아주 미세하거나 아주 오랜 시간 후에 발생할지도 모른다는 경고를 덧붙였다. 1980년대면 아주 오래 전처럼 느껴질 수 있지만 장기적인 영향을 모두 포착하기에는 충분히 긴 시간이 아닐지도 모른다. 그렇다면 유전자 변형 식품이 사회와 경제에 미치는 영향은 어떨까? 이에 대해 위

유전자 변형 농산물

원회에서는 상반되는 결과가 뒤섞여 있으며 경우에 따라 달라진다고 밝혔다. 그리고 유전공학이 미래의 식량 안보에서 어떤 역할을 맡을 수 있을지는 모르지만 그 자체로는 식량 안보를 담보할 수 없다는 점을 강조했다.

마지막으로 위원회에서는 유전공학과 전통적 품종 개량 방식 모두 부정적인 결과를 낳을 수 있다는 점을 인정했다. 그리고 잠재적으로 위험한 특성을 지닌 모든 새로운 식물 변종은 안전성 검사가 필요하다고 권고했다. 규제에 관한 이 마지막 지적은 중요하다. 관습적인 품종 개량 방법으로 만들어지는 유기체를 감시하지 않아서가 아니라, 유전공학의 몇몇 새로운 기술은 일부 규제 기관에서 정의 내린 것에 해당하지 않기 때문이다. 결론적으로 이 보고서는 유전자 변형 농산물을 강력하게 옹호하지도 비난하지도 않는다. 불과 바퀴를 비롯한 모든 기술은 좋을 수도 있고, 나쁠 수도 있고, 뜻하지 않은 결과를 만들어낼 수도 있으니까.

요약

예방 가능성 (77)

여러 음식이 유전자 변형 농산물이 없는 버전으로 나와 있지만 모두 그런 것은 아니다. 물론 당신이 유전자 변형 농산물과 완전히 거리를 두고 산다고 해도 당신이 살고 있는 환경은 여전히 유전자 변형 농산물의 영향을 받고 있을 것이다.

발생 가능성 (13)

가장 흔히 유통되는 유전자 변형 농산물은 건강상의 문제를 일으키지 않는 것으로 보이지만 그렇다고 아무런 문제도 생기지 않을 거라는 의미는 아니다.

결과 (21)

현재로서는 유전자 변형 농산물이 개인의 건강보다는 환경에 영향을 미칠 가능성이 더 높다.

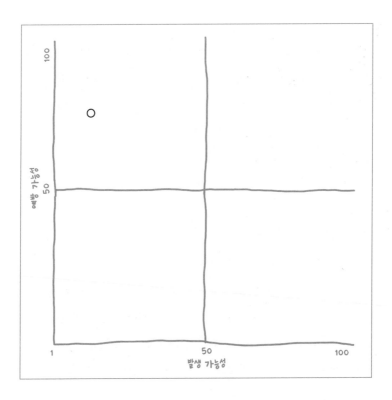

유전자 변형 농산물

7. 유기농 제품

유기농 제품은 비싸다. 때로는 아주 비싸다. 하지만 유기농 제품을 찾는 사람은 점점 더 많아지고 있다. 당연한 얘기지만 유기농 제품이 더 낫다고 생각하니까 찾는 것이다. 여론조사 결과를 보면, 돈을 더 얹어주고 유기농 제품을 사면서 자기 자신과 환경을 위해 더 건강한 선택을 하고 있다고 생각한다. 이런 메시지는 유명인사, 동료 집단에서 촉발되어 사회적 압력, 인터넷상의 공감대 그리고 광고를 통해 더욱 확대된다. 하지만 비판자들은 이런 것이 모두 귀가 얇은 호구들의 주머니를 터는 선전선동에 불과하다고 확신한다. 누구도 호구가 되기를 원하지 않지만 자기 아이들에게 사과의 탈을 쓴 농약 칵테일을 먹이고 싶지 않은 것도 사실이다. 안타깝게도 이 주제를 다룬 문헌들을 파고들다 보면 모순이 곳곳에서 얼굴을 내민다.

유기농의 개념은 20세기 초반에 등장했다. 그 시절 일부 사람은 합성 비료를 사용하면 토양의 미생물 생태계군^群이 대폭 감소된다는 것을 알아냈다(이것은 안 좋은 일이다). 그래서 '전체론적 농업holistic farming'이라는 개념이 나왔다. 작물 생산량에만 초점을 맞추는 것이 아니라 농장의 모든 부분을 하나의 유기체organism로 생각하는 농업을 말한다. 여기서 유감스럽게도 혼란을 야기하는 '유기organic'라는 이름이 나왔다. 궁금해하는 사람을 위해 한마디 거들자면 이 단어는 '유기'의 화학적 정의인 '탄소 기반carbon based'이라는 의미에서 유래하지도 않았고, 그와 관련도 없다. 그리고 유기의 반대말은 무기inorganic인데 그럼 유기농으로 생산되지 않은 당근은 무기농 당근인가? 그런 것은 없다. 어쨌거나 유기농운동을 뒷받침하는 원동력은 자연에서 온 것이 더 좋다는 개념이다. 시간이 흐르면서 자연에 대한 향수와 반기업적 정서가 그 속으로 비집고 들어왔다.

소비자들도 이 개념에 올라타기 시작했지만, 오랫동안 무엇을 유기농으로 볼지 결정하는 것은 농부의 몫이었다. 1990년에는 미국 의회에서 유기농 인증 프로그램을 만들었고, 이 프로그램은 2000년에 유기농 재배 농산물의 판단 기준을 마련했다. 현재 유기농이란, '정부의 규제를 받는 일련의 농업 관행'으로 정의된다. 미국 농무부의 유기농 인증 마크를 달고 있는 제품은 모두 기관에서 제시하는 기준을 충족해야 한다. 농무부의 웹사이트에는 다음과 같이 나와 있다. "유기농 업체는 천연자원을 보호하고, 생물 다양성을 보존하고, 승인된 물질만 사용하고 있음을 반드시 입증해야 한다."

좋은 말이다. 하지만 잠깐! '승인된 물질'이란 게 뭐지? 농무부에서는 "대부분의 합성 살충제와 합성 비료는 사용이 금지되어 있다"고 말한다. 이것이 중요한 부분이다. 대중의 믿음과 달리 유기농 마크가 있다고 해서 비료나 살충제를 사용하지 않는다는 의미는 아니며 "대부분의 합성 살충제와 비료"가 사용되지 않았다는 말이다. 소비자들이 유기농 제품을 선택하는 가장 큰 이유 중 하나는 살충제 노출을 줄이고 싶기 때문이다. 이것은 합리적인 목표다. 합성 살충제가 악명을 떨치게 된 데는 다 이유가 있다. 하지만 천연성분의 살충제라고 해서 꼭 우리 몸에 더 나은 것은 아니며, 일부의 경우 더 나쁠 수도 있다. 당신은 자연을 사랑할지 모르지만 그것이 자연도 당신을 사랑한다는 의미는 아니다. 자연의 일부인 식물은 우리가 먹어서 좋을 것이 없는 독소도 생산한다(독미나리를 누가 먹겠는가?). 마찬가지로 이런 독소를 가루로 정제해서 살충제 대신 식용 작물 위에 뿌리는 것도 권할 일이 못 된다. 멕시코 감자 히카마에 들어 있는, 천연 살충제 겸 살어제piscicide(물고기를 죽이는 성분) 성분인 로테논도 마찬가지다. 로테논은 천연성분이지만 파킨슨병과도 관련이 있는 독성이 꽤 강한 화합물질이다. 이 성분이 유기농에 사용 승인이 되어 있다는 점이 눈에 띈다.

미국에서는 합성 살충제 사용을 아주 엄격하게 규제하고 있다. 미국에서 공급하는 음식의 합성 살충제 농도는 건강을 위협하는 수준보다 한참 낮다.

그리고 유기농이 정말 환경에도 더 좋을까? 아니라고 말하는 사람들이 있다. 가장 큰 논쟁거리 중 하나가 수확량이다. 유기농 방식으로는 많은 식량을 생산할 수 없다. 그렇다면 같은 양을 수확하기 위해서는 더 많은 땅을 경작해야 한다는 의미다. 이것은 삼림 벌채로 이어질 수 있다. 모든 농장에서 동물의 배설물로 만든 거름을 비료로 사용한다면 훨씬 많은 거름이 필요한 것과 같은 이치다. 우리에게 농사를 지을 땅이 없다면 분명 동물을 기를 땅도 없을 것이다. 더군다나 동물의 배설물에서 나오는 메탄은 온실가스다. 모든 사람이 유기농 식품만 먹는다면 전 세계 인구를 먹여살리는 일은 불가능하다고 비판하는 사람이 많다. 굶주림과 가난이 널리 확산되는 것이 나쁘다는 데는 대부분의 사람이 동의할 것이다.

이것은 타당한 비판이다. 그리고 이런 비판은 우리가 인정해야 할 중요한 점을 지적하고 있다. 첫째, '자연'과 '건강'을 같은 것이라고 생각해서는 안 된다. 이 두 범주는 겹치는 경우가 많기는 해도 동의어는 아니다. 더군다나 자연에서 온 제품을 대단히 부자연스러운 방식으로 사용한다면 실제로는 자연스러운 것이 아니다. 이 경우 유기농 지침이 잘못된 것이 될 수 있다. 둘째, 한 지역에 좋은 것이 전 세계에도 항상 좋은 것은 아니라는 점이다. 어떤 농장의 생태계를 위해서는 유기농 농법이 최선일지 몰라도 그것이 전체 환경에도 최선이라는 의미는 아니다. 마찬가지로 특정 소비자에게는 최선인 것이 전 세계 모든 사람에게도 최선은 아닌 것이다. 만약 부유한 국가의 일부 사람이 더 나은 건강을 누리는 대가로 가난한 나라의 수많은 사람이 굶주려야 한다면 그것을 긍정적인 결과라 할 수 있겠는가.

하지만 유기농 운동을 비판하는 사람들이 그리는 그림 역시 불완전하기는 마찬가지다. 슈퍼트와 라만쿠티가 2017년에 발표한 리뷰논문에서는 유기농업의 잠재적 득과 실을 요약하고 있다. 이 논문은 균형 잡힌 시각에서 문제를 바라보고 있기 때문에 읽어볼 만한 가치가 있다. 저자들은 다음과 같은 부분을 요약해서 지적한다. 유기농업은 종래의 농업 방식보다 수확량이 적지만 작물의 종류와 구체적인 관리 기법에 따라 수확량의 차이가 다양하게 나타난다. 작물에 따라서는 유기농 관리 기법을 적용하는 것이 더욱 합리적인 방법이 될 수도 있다. 생물학적 다양성 관점에서는 분명 더 낫지만 수확량 측면에서는 손해가 불가피할 수 있다. 유기농법은 토양의 질에는 긍정적인 영향을 미치는 것으로 보인다. 단위 면적당 온실가스 배출량은 낮지만 단위 생산량당 배출량은 더 높다. 하지만 이번에도 역시 이런 영향의 규모는 작물에 따라 다르다.

유기농법이 수질과 전체 수확량에 미치는 상대적인 영향에 대해서는 불확실한 점이 많이 남아 있다. 농장 노동자와 유기농 농장 주변에 사는 사람은 살충제에 덜 노출되고, 유기농 제품은 가격이 높아 농부에게도 큰 이윤을 남겨준다. 이런 농부 중 상당수는 저소득 국가에 살고 있다. 안타깝게도 유기농 제품의 높은 가격은 소비자가 지불한다. 어떤 경우 소비자들은 유기농 제품을 구입하면서 종래의 방식으로 재배한 같은 음식을 구입할 때보다 50퍼센트의 돈을 더 지불한다. 유기농 생산에 따른 수확량 감소를 보상하는 데 필요한 할증료가 7 내지 8퍼센트 정도임을 감안하면 훨씬 비싼 가격이다. 이런 가격을 감당할 수 있는 소비자는 분명 농약 잔류량이 적고, 큰 차이는 아니라고 해도 영양 면에서도 더 나은 식품을 즐기고 있는 것이다. 하지만 적어도 농약 잔류량이 이미 안전 기준치보다 훨씬 낮게 나오는 고소득 국가에서는 과연 이것이 실질적인 건강상의 혜택으로 이어질지 확실치 않다.

유기농업의 규모 확대가 실현 가능할지도 불분명하다. 문제가 얼마나 심각한가를 두고는 아직도 논쟁 중이지만 질소(비료)가 문제가 되고 있다. 이들의 메시지를 종합하면 다음과 같다. 유기농법은 장점과 단점을 모두 갖고 있고, 그 득실은 경우에 따라 달라진다. 그리고 아직 더 많은 데이터가 필요하다. 어쨌든 유기농법이 식품과 관련된 우리의 모든 문제를 한 방에 해결해줄 특효약은 아닌 듯하다.

미국 농무부의 유기농 규제는 소비자에게 더 안전하고 건강한 선택권을 제공하기 위해 만들어진 것이 아니다. 그보다는 더 자연적이고 지역 환경에 미치는 영향을 최소화할 수 있게 설계되었다. 누가 뭐라고 하든 자연적인 농업 관행을 옹호하는 좋은 논증이 있다. 이런 관행은 광범위한 실증적 검증을 거쳤다는 것이다. 하지만 그렇다고 해서 과거에 효과를 본 것이 앞으로도 영원히 효과가 있을 것이라는 의미는 아니다. 한 사회에서 살충제 사용을 원치 않는다면 유전자 변형 농산물 도입을 생각해볼 필요가 있다. 화학비료 사용을 원치 않는다면 하수 오니(하수 혹은 폐수 처리 과정에서 액체로부터 분리되어 나온 고형물 - 옮긴이)를 비료로 사용해야 할 수도 있다. 유기농 규제에서는 이 두 가지를 모두 금지하고 있다. 이것이 부자연적이라서 결사반대하는 입장이라면 애초에 농업이란 것 자체가 별로 자연스러운 것이 아님을 기억하자. 지구에서 농업을 하는 종은 인간밖에 없고, 우리가 농업을 시작한 지는 이제 겨우 1만 5,000년밖에 되지 않았다. 농장을 꾸리는 것 자체가 얼마 안 된 새로운 일인 것이다. 당신이 만약 유기농 제품을 먹고 싶은데 그 가격을 감당할 형편이 안

　　　　　　　　　　　유기농 제품

된다면 종래의 방식으로 재배한 제품을 먹으면 된다. 그리고 많이 먹어도 된다. 이런 제품들은 안전하다고 믿어도 좋다. 연구를 통해 안전함이 입증되었기 때문이다. 그리고 어떤 제품을 구입하든 먹기 전에는 반드시 세척해야 한다. 그 식품에 살충제를 전혀 사용하지 않았다고 해도 과일이나 채소는 흙에서 재배했기 때문에 거의 분명 누군가의 똥과 접촉했을 것이고, 여러 사람의 손을 거쳤을 것이기 때문이다. 대장균도 유기적이지만 대장균을 먹고 싶은 사람은 없지 않겠는가. 마지막으로 지금의 논의는 유기 농산물에만 해당한다. 유기농 육류, 계란, 유제품에 대해서는 유기농을 고집할 만한 이유가 있다(이 부분은 다른 곳에서 논의하겠다).

요약

예방 가능성 (91)
경제적으로 감당할 수 있다면 거의 모든 농산물에서 유기농 제품을 구입할 수 있다.

발생 가능성 (3)
종래 방식으로 재배한 제품을 먹었다고 해서 건강에 해를 입을 가능성은 대단히 낮다.

결과 (2)
농약(살충제)과 비료는 농부와 환경에 부정적인 영향을 미칠 수 있지만 소비자에게 영향을 미칠 가능성은 크지 않다. 더군다나 유기농 제품이라고 해서 그 작물을 생산할 때 농약과 비료를 사용하지 않았다는 의미는 아니다.

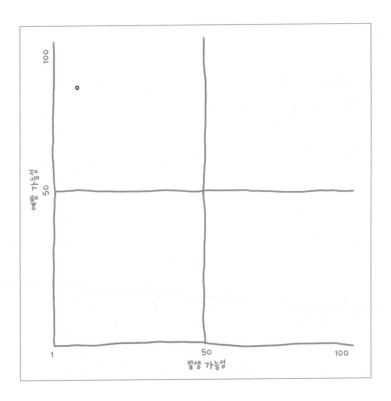

유기농 제품

8. 저온살균 우유

우유를 저온살균하려면 섭씨 72도로 가열해 적어도 15초 동안 그 온도를 유지해야 한다. 이것은 아주 가벼운 처리 방법이다. 우유는 물과 마찬가지로 섭씨 100도에 도달하기 전에는 끓지 않기 때문이다. 이런 가벼운 가열만으로도 생유에 들어 있는 세균 수가 극적으로 줄어든다. 이것으로 우유를 멸균할 수는 없지만 이 상태로 냉장 보관하면 몇 주 정도는 상하지 않는다. 미국에서는 우유의 저온살균 처리 방식이 채택된 후로 식중독이 급격히 감소했다. 1938년에는 미국에서 식품 매개 질병 중 25퍼센트 정도가 우유 때문인 것으로 추정했는데, 지금은 1퍼센트 미만이다. 여러 주에서 저온살균하지 않은 우유 판매를 불법화하고, 나머지 주 대부분에서도 제한하는 이유는 이 때문이다.

저온살균 덕에 병이 생기는 경우가 줄어든다니 확실히 좋은 일로 보인다. 하지만 소수의 사람은 여전히 저온살균하지 않은 생유

마시기를 고집하고 있다(그런 사람의 숫자도 늘고 있다). 사실 이런 사람들은 기꺼이 비싼 돈을 들여가며 생유를 구입하고, 때로는 생유를 사러 직접 농장까지 차를 몰기도 한다.

생유 옹호자들은 우유를 가열하면 맛이 변하고 영양 성분이 파괴된다고 주장한다. 더 나아가 이들은 생유 섭취가 천식, 알레르기, 소화관 건강에도 좋다고 주장한다. 이들은 위생적인 처리야말로 안전의 핵심이며, 젖을 짜는 과정만 깨끗하게 이루어지면 생유는 위험할 것이 없다고 말한다.

하지만 과학은 이들의 손을 들어주지 않고 있다. 과학은 생유를 마시는 것은 위험하다고 분명히 경고한다. 세균은 여러 경로를 통해 우유로 침투할 수 있다. 젖소가 감염되어 있다면 오염이 일어날 수 있다. 예를 들어 젖소가 전신 감염에 걸려 감염된 세균이 혈류를 타고 돌고 있거나(그러면 우유로도 세균이 들어간다), 젖통에 국소적으로 감염이 생겨도 우유가 오염될 수 있다. 임상적으로 건강한 젖소에서도 이런 일이 일어날 수 있음이 검사를 통해 밝혀졌다.

우유가 사람의 피부와 접촉했을 때에도 세균이 우유에 들어갈 수 있다. 예를 들면 젖을 짜는 사람의 손에 우유가 닿았을 경우다. 하지만 가장 가능성이 높은 오염원은 대변이다. 젖소를 가까이에서 본 적이 있다면 젖소의 대변 보는 습관이 딱히 깔끔하지 않다는 것을 눈치챘을 것이다. 자세히 관찰한 사람은 젖소의 젖통이 항문 아래쪽에 자리잡고 있는 것도 알아차렸을 것이다. 우유가 대변에 오염되는 것을 막기는 아주 어렵다. 막는 것이 불가능하다는 사람도 있다. 위생 관리가 좋으면 분명 도움은 되겠지만 오염을 막는다고 보장

저온살균 우유

할 수는 없다. 오염은 산발적으로 일어나는 사건이기 때문에 주기적으로 검사한다고 해도 다 알아낼 수 없다. 검사하기 전날이나 그 다음 날 오염이 일어나면 감지되지 않을 것이다.

이런 유형의 식중독은 심각하다. 그냥 배앓이에서 끝나지 않는다. 가장 흔한 형태의 우유 식중독 매개균으로는 리스테리아균과 대장균이 있다. 리스테리아균의 경우 태반을 통과할 수 있어서 임산부에게 특히나 위험하다. 대장균에 감염되면 병원에 입원하기 십상이며, 아동의 경우에는 사망으로 이어지기도 한다. 따라서 대단히 위험한 결과를 초래할 수 있다.

저온살균하지 않은 생유가 건강에 이롭다는 주장 역시 과학적으로 뒷받침된 바가 없다. 저온살균 우유의 영양성분은 기본적으로 생유와 똑같다. 그리고 생유가 건강에 이롭다는 증거들 또한 일관성이 없고 때로는 모순적이기도 하다. 현재로서는 생유 소비를 과학적으로 정당화할 수 있는 근거가 없다. 미국 질병통제예방센터 CDC와 FDA 모두 이 사실을 계몽하기 위해 화려한 인포그래픽이 들어간 웹페이지를 띄워놓았다.

생유는 저온살균 우유와 맛도 다르지 않다. 생유로 만든 치즈는 특히나 비싸게 팔리는데, 예를 들어 프렌치치즈는 저온살균하지 않은 것이 많다(참 아이러니하다. 저온살균의 창시자인 루이 파스퇴르가 프랑스 사람인데 말이다). 누가 뭐래도 저온살균하지 않은 유제품을 먹어야겠다면 그 결과에 대한 책임은 자기가 져야 한다. 하지만 생유 제품(치즈와 요구르트 포함)의 위험은 잘 밝혀져 있으니 이런 음식을 아이들 식탁에 올리는 일만큼은 피하는 것이 좋다.

요약

예방 가능성 (41)
미국의 일부 주에서는 구입이 어렵거나 가격이 비싸지만 저온살균하지 않은 우유를 구입하는 것이 합법이다. 하지만 다른 주에서는 불법이다.

발생 가능성 (1)
우유에 알레르기나 과민증상이 있지 않는 한 저온살균 우유를 마시고 건강에 해를 입을 가능성은 지극히 낮다.

결과 (1)
저온살균 우유를 마셨을 때의 결과보다는 저온살균하지 않은 우유를 마셨을 때의 결과가 잠재적으로 훨씬 더 심각하다.

저온살균 우유

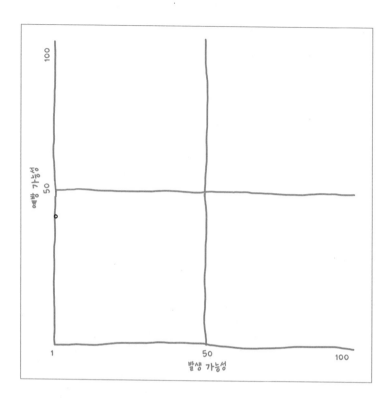

9. 소금

화학적으로 염鹽, salt 이란 음 전하를 띤 분자(산)를 양 전하를 띤 분자(염기)로 중화시켰을 때 형성되는 화합물을 말한다. 예를 들면 비료에 사용하는 염화칼륨, 근육통을 진정시킬 때 사용하는 황산마그네슘, 신속하게 작용하는 독인 사이안화나트륨 등이 있다. 하지만 이런 염 중에 우리에게 가장 친숙한 것은 염화나트륨, 즉 소금이다.

염화나트륨은 바닷물에서, 식탁 위 소금통에서 찾아볼 수 있다. 식탁용 소금, 코셔 소금kosher salt(요오드와 같은 첨가물을 넣지 않은 굵은 소금 - 옮긴이), 플뢰르 드 셀fleur de sel(프랑스 해안에서 전통 방식의 수작업으로 생산하는 천일염 - 옮긴이), 히말라야 핑크 소금은 모두 염화나트륨이 주성분이다. 소금은 온갖 용도로 쓸모가 있다. 세제로서도 훌륭하고, 얼어붙은 길의 얼음을 제거하며, 물의 끓는점을 올리고, 불을 끄고, 인후통을 가라앉혀 주고, 냉장고가 없을 때 식품을 보존하는 역할도 한다. 아, 그리고 음식 맛도 좋게 해준다.

소금이 맛을 좋게 해주는 이유는 우리 입안에 소금에 반응하는 특별한 세포가 있기 때문이다. 단맛, 신맛, 쓴맛, 감칠맛(MSG의 맛 - 옮긴이)과 더불어 짠맛은 다섯 가지 기본 맛 중 하나다. 소금이 살짝 들어가면 좋은 맛이 나고, 심지어 단맛 같은 다른 맛도 더 좋게 만들어준다. 당신의 혀에는 특별한 나트륨 감지기가 들어 있을지도 모른다. 생리학적으로 나트륨은 당신에게 무척 중요하기 때문이다. 사실 이것은 모든 동물에게 중요하다. 아마도 바닷물의 주요 성분이라서 그럴 것이다.

나트륨, 염화물, 칼륨은 세포의 안정막전압에 주로 관여하는 전해질이다. 전하를 띤 이 입자들의 농도가 세포 안팎으로 달라서 생기는 결과물이 안정막전압이다. 나트륨과 염화물은 상대적으로 세포 외 공간에 풍부한 반면, 칼륨은 세포 내 공간에 풍부하다. 이런 농도 차이 때문에 세포의 안쪽은 바깥쪽에 비해 음전하를 띠게 된다. 안정막전압은 신경, 근육, 심혈관계의 기능에 중요한 역할을 한다. 이것이 어떻게 작동하는지에 관해 세세하게 설명하는 것은 이 책의 범위를 넘어서는 일이고, 여기서는 단지 매우매우 중요하며 우리 몸은 이 막전압을 유지하기 위해 막대한 에너지를 사용한다는 것만 알아두자. 나트륨은 세포 외 공간에 풍부하기 때문에 혈압과 혈액량을 결정하는 데 무척 중요하다. 그래서 우리 몸은 콩팥을 통해 나트륨 농도를 엄격하게 조절한다.

따라서 우리는 어느 정도의 소금을 섭취해야 한다. 미국 의학연구소Institute of Medicine에 따르면 적당히 활동하는 성인의 경우 매일 1.5g 정도의 나트륨을 섭취해야 한다. 그러면 땀이나 배설을 통해 잃는 소금을 보충할 수 있다. 좋은 소식은 모든 사람이 충분한 양의 소금을 섭취하고 있다는 것이다. 나쁜 소식은 충분한 양 이상으로 너무 많이 먹고 있다는 것이다. CDC에 따르면 미국인은 하루에 3.4g 정도의 나트륨을 섭취한다.

우리의 소금 섭취량이 문제가 되는 이유는 과도한 양의 소금이 '아마도' 건강에 해로울 수 있기 때문이다. 이것은 새로운 소식이 아니다. 미국인들은 소금이 고혈압과 심혈관 질환을 일으킨다는 경고를 수십 년 동안 귀에 못이 박히도록 들었지만 무시해왔다. 다만 여기서 새로운 부분은 '아마도'라는 말이다. 오랫동안 하루 소금 섭취량을 1.5~2.3g으로 낮춰야 한다는 말이 공공보건의 슬로건으로 자리잡았었다. 이 권장사항은 과도한 소금 섭취량이 고혈압 및 심혈관 질환과 관련이 있다는 사실을 보여준 수많은 연구를 바탕으로 나왔다. 하지만 소금 섭취량을 줄였을 때 실제로 얼마나 건강에 좋은지를 측정하기는 어렵다. 사람마다 나트륨에 다르게 반응한다는 점도 이런 어려움에 한몫하고 있다. 소금 민감성은 사람마다 다양하다. 어떤 사람은 소금을 섭취했을 때 나타나는 혈압 수치가 다른 사람보다 더 높다는 말이다. 이런 다양성은 유전, 환경, 성별을 비롯한 여러 요인 때문에 나타난다. 더군다나 현재의 소금 섭취 권장사항을 뒷받침해줄 증거는 다소 희박한 편이다.

의학연구소에서 2013년에 발표한 보고서(「인구 집단에서의 소금 섭취: 증거 평가」)에 따르면, 과도한 나트륨 섭취는 좋지 않지만, 그렇다고 하루 소금 섭취량을 1.5g으로 낮춰야 한다는 권장사항을 뒷받침하는 증거 역시 나오지 않았다. 더 나아가 이 보고서는 일반 대중을 상대로 소금 섭취량의 범위를 정해서 권장하기는 어렵다고 했다. 또 대부분의 연구는 나트륨 섭취량 증가와 심혈관 사건의 관련성을 뒷받침하고 있지만, 일부 연구에서는 충돌을 일으키고 있다. 2014년에 《뉴잉글랜드 의학저널New England Journal of Medicine》에 발표된 대규모 국제 연구(「나트륨과 칼륨의 소변 배출, 사망률, 심혈관 사건」)에 따르면 하루 나트륨 섭취 수준이 3에서 6g 사이일 때 사망이나 심혈관 사건 발생 위험이 가장 낮았다. 이보다 많거나 적게 섭취하는 사람은 전체적인 위험이 높아졌다. 그럼에도 대부분의 보건기관(예를 들면 미국 심장협회와 CDC)에서는 증거들을 전체적으로 종합해볼 때 소금 섭취량을 줄여야 한다는 쪽의 손을 들어주고 있다.

식단에서 소금 섭취량을 줄이는 것이 해로울 일은 없고, 아마도 도움이 될 것이다. 만약 나트륨 섭취를 줄일 생각이면 식품 라벨을 눈여겨보아야 한다. 생각지도 않았던 곳에서 소금을 발견할 수도 있기 때문이다. 우리가 식단을 통해 섭취하는 소금의 대부분은 소금통이 아니라 가공식품에서 나온다. 빵, 시리얼, 조미료, 통조림, 가공육, 치즈 같은 식품은 모두 소금 함량이 높다. 샌드위치는 아주 심각한 소금 폭탄이 될 수 있다. 이런 면에서 좋은 소식이면서 동시에 나쁜 소식은, 어쨌거나 가공식품 섭취를 줄이는 것이 좋다는 점이다. 신선한 채소, 콩, 무염 견과류 등을 더 많이 먹으면 여러 가지 면에서 건강에 좋다.

여담으로 한마디 덧붙이자면, 칼륨 섭취도 고혈압과 관련이 있지만 나트륨과 달리 반비례 관계로 얽혀 있다. 좋은 소식이다! 나트륨 함량이 적은 과일과 채소는 칼륨 함량이 높은 경우가 많다.

요약

예방 가능성 (63)
의식적으로 소금 섭취를 줄이려 노력할 수는 있지만 소금은 식품첨가물로 아주 흔하게 사용되고 있다.

발생 가능성 (51)
증거들을 보면 과도한 소금 섭취가 건강에 부정적인 영향을 미칠 가능성이 높다는 쪽으로 추가 기운다.

결과 (60)
고혈압은 심혈관 질환의 심각한 위험 요인이다. 고혈압은 아주 흔하지만 그렇다고 사소한 문제는 아니다.

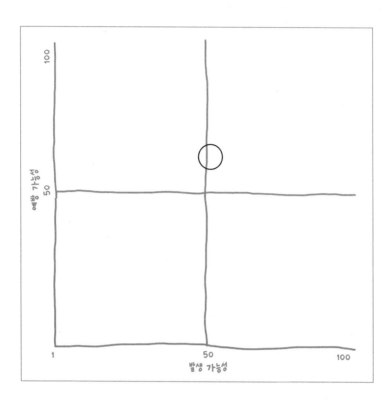

10. 설탕

화학자 입장에서 보면 설탕은 수소와 산소로 장식된 탄소 원자 고리다. 때로는 탄소 원자가 고리 모양 대신 사슬처럼 이어져 있을 때도 있다. 바꿔 말하면 설탕은 탄수화물이란 소리다. 설탕은 고리가 몇 개나 연결되어 있는가에 따라 단순당과 복합당으로 나뉜다. 단순당은 고리가 하나밖에 없어서 단당류라고 부른다. 고리가 두 개 이어지면 이당류이고, 더 많은 고리가 이어진 것이 다당류다.

설탕은 단맛이 나서 우리가 즐겨 먹는다. 아마도 당이 매우 중요한 생체분자이기 때문일 것이다. 특히 단당류인 포도당은 인체의 주요 에너지원이다. 포도당은 혈류를 타고 몸 구석구석으로 순환되며 특히나 뇌에 대단히 중요하다. 뇌는 포도당만을 에너지원으로 사용하기 때문이다. 당은 다른 신체 부위에서도 중요한 기능을 담당한다. 다른 대부분의 생명체들도 당에 크게 의존한다. 예를 들어 식물은 이당류인 녹말과 섬유소를 각각 이용해 에너지를 저장하고 형태를 유지할 수 있다. 역사적으로 보면 인간은 스스로 당을 만들어내 거나 식물에서 섭취해야 했다. 포도당과 자당은 여러 식물, 특히 과 일에서 많이 발견된다. 자당은 단당류인 과당으로 구성된 이당류다. 자당 성분이 특히나 많은 식물이 바로 사탕수수다.

아득한 과거 문명의 어느 시점에 인도의 누군가가 사탕수수에 서 자당 결정을 정제하는 법을 알아냈다. 이 새로운 생산물과 기술 이 차츰 전 세계로 퍼져 중세에 유럽까지 도달했다. 지금의 우리와 마찬가지로 어디서나 누구든 설탕을 좋아했다. 따라서 분명 수요가 많았다. 하지만 사탕수수에서 자당을 추출하는 것은 어렵고 비용도 많이 들었다. 안타깝게도 18세기 중반까지 별 볼 것 없는 사탕무_{beet} 에서도 똑같은 생산물을 얻을 수 있다는 것을 아무도 알지 못했다. 그래서 유럽인들은 시장 점유율을 확보하기 위해 신대륙에 거대한 농장을 짓고 사탕수수를 재배하기 시작했다. 노예의 노동이 있기에 가능한 일이었다. 이 덕분에 이국적인 양념이었던 설탕이 더 널리 보급되어 기본 식료품으로 자리잡았다.

현대 사회에서는 정제 설탕이 어디에서나 흔한 재료다. 설탕은 아직도 사탕수수로 만들고 사탕무나 옥수수로도 생산한다. 이제 설 탕은 더 이상 비싸지 않지만 여전히 맛은 좋다. 설탕은 온갖 디저트, 소스, 양념, 그리고 당연한 얘기지만 달콤한 음료에서도 주성분으로 사용된다. 조리식품에 들어가는 설탕을 가당_{added sugar}이라고 하는 데, 우리는 가당을 엄청나게 많이 먹는다. 많아도 너무 많이.

설탕이 실제로 몸에 얼마나 나쁜가를 두고는 논란이 있지만, 나 쁘다는 사실 자체에는 모두가 고개를 끄덕인다. 설탕 섭취량은 충치, 비만, 2형 당뇨병, 심장 질환과 연관이 있다. 이런 질병은 암이나 시력상실 등 다른 질환에 대한 위험으로 이어진다.

생명에 필수적인 성분이 어쩌다가 우리를 무기력하게 만들고, 우리를 천천히 죽이는 존재로 바뀌게 되었을까? 자당은 과일에서 발견되는 천연성분이고, 영양면에서 과일은 누구나 거의 항상 엄지를 치켜세우는 존재가 아닌가? 문제는 이 당분을 과일에서 뽑아내 다른 형태로 섭취할 때 일어난다. 과일에는 당분말고도 식이섬유나 다른 비타민과 몸에 좋은 화합물질이 가득 들어 있다. 이것은 적어도 두 가지 면에서 중요하다. 첫째, 식이섬유는 당분의 흡수 속도를 늦춰준다. 둘째, 식이섬유는 포만감을 주기 때문에 한 번에 먹을 수 있는 당분 양을 제한해준다.

이와는 대조적으로 청량음료 한 캔에는 식이섬유도, 단백질도, 비타민도 들어 있지 않다. 심지어 설탕이 무려 12티스푼이나 들어가 있는 경우도 있다. 이 정도 양이면 혈당 수치가 급격히 올라갈 수 있다. 달콤한 음료는 특히나 문제가 된다. 칼로리 함량이 높은데도 몸에서 제대로 인식하지 못한다. 칼로리 양이 같아도 똑같은 포만감을 주지는 않기 때문에 모르는 사이에 엄청난 양의 칼로리를 섭취하기 쉽다. 인류는 칼로리가 귀한 환경에서 진화했다. 그래서 우리 몸은 과도하게 섭취한 칼로리를 배출하기보다는 몸에 축적하도록 만들어졌다.

더 흔히 사용되는 가당 중 하나인 액상과당은 더더욱 나쁠 수 있다. 이 당분은 포도당보다 과당의 비율이 살짝 더 높기 때문이다. 그래서 식탁용 설탕보다 더 나쁘다. 포도당과 달리 과당은 간에서 대사를 거쳐야 몸에서 사용할 수 있다. 그런데 과당이 대사를 거치면서 심장 질환과 관련이 있는 중성지방처럼 우리 몸에 바람직하지 못한 성분으로 바뀌게 된다. 이 부분은 어느 정도 논란이 있지만 그럼에도 우리 대부분은 먹고 마시는 정제 설탕의 양을 줄일 필요가 있다. 이런 정제 설탕에 해당하는 것으로는 증발시킨 사탕수수즙, 꿀, 아가베 음료, 메이플 시럽 등이 있다.

그런데 단맛이 나는 화합물에는 당분만 있는 것이 아니다. 에틸렌글리콜이나 아세트산납 등의 단맛 나는 일부 화합물은 믿기 어려울 정도로 독성이 강하지만, 나머지 화합물은 무해하다. 이 후자의 성분들이 설탕 섭취를 줄여보려는 사람들을 유혹하고 있다. 아스파탐, 사카린, 스테비아, 수크랄로스 등이 비영양 감미료의 사례들이다. 이 성분들은 달다. 설탕보다 훨씬 달다. 하지만 설탕과 똑같은 맛이 나지는 않는다. 그럼에도 이 성분들이 설탕 대용물로는 그런대로 괜찮기 때문에 칼로리를 의식하는 사람들 사이에서는 아주 인기가 많다. 그런데 불행히도 이런 성분이 신체질량지수나 심혈관계 건강에는 아무 효과가 없는 것으로 보인다. 오히려 체중 증가, 고혈압, 당뇨병, 심혈관 문제와 연관될 때도 있다. 그렇다면 현재로서는 충치 문제를 제외하면 이런 성분은 단 음식 중독의 해악을 줄이는 좋은 대안은 아닌 듯 보인다. 치아 건강에는 설탕이 든 껌보다는 무가당 껌이 당연히 좋다. 충치 예방에 도움을 주기 때문이다.

가당 섭취를 줄이는 가장 쉬운 방법은 청량음료, 블렌딩 커피, 에너지음료, 타먹는 분말주스, 과일음료 등 달콤한 음료를 끊는 것이다. 그 다음에 끊어야 할 항목으로는 사탕, 디저트, 가공식품이 있다. 건강한 사람에게는 통과일이 건강에 좋다. 하지만 과일이라도 다 똑같지는 않아서 어떤 것은 당분이 더 많이 들어 있다.

설탕은 그 자체가 몸에 나쁜 것은 아니다. 중요한 것은 양이다. 어쩌다 한번 단것을 실컷 먹는 정도는 괜찮다. 물론 '어쩌다 한번'이 '하루에도 몇 번씩'을 의미하는 것은 아니다.

요약

예방 가능성 (77)
설탕은 대부분의 가공식품 속에 들어 있다. 섭취를 줄일 수는 있지만 완전히 끊기는 어렵다.

발생 가능성 (75)
설탕을 너무 많이 먹으면 건강에 해로울 가능성이 아주 높다.

결과(65)
비만, 심장 질환, 당뇨, 충치 등이 아주 흔히 일어난다. 심각한 결과로 이어질 수도 있다.

설탕

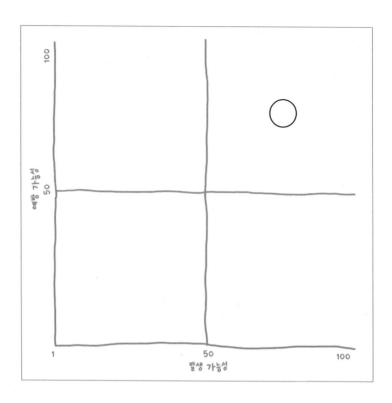

예방 가능성

발생 가능성

100

50

1

50

100

11. 테프론

테프론Teflon은 제록스나 크리넥스처럼 상표명이 해당 제품 전체를 상징하는 일반명사로 자리잡게 된 사례 중 하나다. 테프론은 폴리테트라플루오로에틸렌polytetrafluoroethylene, PTFE이라는, 음식이 달라붙지 않게 하는 코팅을 가리킨다. 1938년 듀폰사에서 냉매를 연구하던 화학자 로이 플런켓Roy Plunkett이 우연히 발명했다. PTFE를 분석해보니 내열성이 있고, 화학적으로 불활성이고, 정말 미끄러운 것으로 밝혀졌다. 이것을 테프론이라고 부른 것은 듀폰사였지만, 이제 PTFE는 다른 여러 제조업체에서도 만들고 있다.

PTFE는 음식이 달라붙지 않는 조리도구를 만드는 데 아주 유용한 성질을 갖고 있다. 이것은 대부분의 사람이 익히 알고 있는 내용이다. 하지만 그 외에 다른 많은 제품에도 이용되고 있다. 예를 들면 전자산업, 자동차산업, 건설, 항공우주산업, 의료산업에서도 광범위하게 사용한다. 또한 방수 옷감(고어텍스), 스키 왁스, 얼룩이 묻지 않는 카펫, 소파 커버 등에도 활용하고 있다. PTFE가 초기에 사용된 것은 맨해튼 프로젝트(제2차 세계대전 중에 이루어진 미국의 원자폭탄 제조 계획 - 옮긴이)에서였다. 이 프로젝트에서 PTFE는 파이프와 밸브의 부식을 방지하는 역할을 했다. PTFE가 워낙 흔해지다 보니 나중에는, 스캔들을 일으키거나 오판을 저질러도 아무런 타격을 받지 않는 정치인을 비방하는 표현으로 자리잡게 되었다(로널드 레이건 대통령에게 처음 사용되었다).

근래에는 PTFE의 평판이 나빠졌다. 특히 음식물이 달라붙지 않는 냄비와 관련해서 악명이 높아졌다. PTFE로 코팅된 냄비로 요리를 하면 그 과정에서 발암성 화학물질이 나와 음식에 스며든다는 보고서가 돌았다. 문제의 화학물질은 폴리플루오로알킬polyfluoroalkyl, PFA로, 과불화화합물이라고도 한다. 구체적으로 말하면 PTFE는 역사적으로 퍼플루오로옥탄산염perfluorooctanoic acid, PFOA을 가지고 만들었다. PFA, 특히나 PFOA에 관해서는 걱정할 만한 이유가 있다.

하지만 문제의 본질은 달라붙지 않는 냄비에 있는 것이 아니다. 첫째, PFOA가 PTFE 합성 과정의 일부이기는 하지만 그 과정에서 거의 모두 타서 제거된다. PTFE는 화학적으로 불활성이고 섭씨 260도까지 내열성이 있다. 이것이 바로 PTFE가 처음부터 그토록 매력적인 물질이었던 이유다. PTFE는 발암성을 의심받지 않고 있고, 권장사항만 잘 지키면 달라붙지 않는 취사도구는 안전한 것으로 여겨진다. 하지만 정말 권장한 방식으로 사용해야 한다. 달라붙지 않는 취사도구를 섭씨 260도 이상으로 가열해서는 안 된다는 얘기다.

PTFE가 너무 뜨거워지면 변성이 시작되면서 독성 증기가 방출된다. 이 성분은 집에서 키우는 새를 죽이고, 독감과 비슷한 증상을 보이는 테프론 독감(공정하게 말하자면 고분자 독감)에 걸리게 만든다. 대부분의 경우 레인지 위에서 요리할 때는 섭씨 260도 제한을 넘길 일이 없지만 뜨거운 불 위에 빈 냄비를 올려놓으면 절대 안 된다.

하지만 달라붙지 않는 냄비가 안전하다고 해서 PFA가 문제없다는 의미는 아니다. 그냥 PFA에 노출되는 주요 경로가 취사도구는 아니라는 의미일 뿐이다. PFA는 PTFE와 다른 중합체(분자가 중합하여 생기는 화합물. '폴리머'라고도 한다 – 옮긴이)를 제조하는 데 사용될 뿐만 아니라 내수성과 내유성이 필요한 분야에서 다양하게 사용되고 있다. 예를 들면 청소기, 옷감, 페인트, 소방용 발포제, 전선 절연, 화장품, 식품 포장 등이다.

PFA는 말 그대로 수천 종류가 있고, 그중에 상당수는 잔류성 유기 오염물질이다. 쉽게 분해되지 않고, 사람과 다른 동물의 건강에 해를 끼치며, 체내에 축적된다는 의미다. PFA는 1940년대부터 제조되어왔고, 지금은 주변 어디에나 퍼져 있다(심지어 북극에도). 그리고 기본적으로 모든 사람의 혈액 속에 존재한다. 고통스러운 이야기다. 일부 연구에서는 PFA를 암, 저체중아, 갑상선 질환, 고콜레스테롤 등의 다른 건강 문제와도 연관짓고 있다. 가장 많은 주목을 받은 PFA 두 가지는 PFOA와 과불화옥탄술폰산perfluorooctane sulfonate, PFOS이다. 소파, 의류 등 천에 내수성, 내유성을 부여하고 더러워지는 것을 방지하는 스프레이인 스카치가드Scotchgard의 한 성분이 PFOS다. 두 화학물질 모두 긴사슬 PFA의 범주에 속한다. 이렇게 부르는 이유는 자신의 화학구조 속에 더 많은 탄소를 갖고 있기 때문이다. 이런 화학물질과 관련된 건강상의 잠재적 문제를 인식한 미국의 제조업체들은 2015년에 미국 환경보호국EPA과 공동으로 이 화학물질과 다른 긴사슬 PFA의 생산을 단계적으로 중단하는 조치를 내렸다. 하지만 미국이 아닌 해외에서는 여전히 제조되고 있다. 현재 미국에서는 테프론이나 스카치가드 모두 긴사슬 PFA로 만들지 않는다. 하지만 수입된 제품 중에는 여전히 이런 화학물질이 들어 있을 수 있고, 우리 대부분은 집안에 이런 성분이 든 제품을 과거의 유산으로 가지고 있다.

테프론과 스카치가드를 더 이상 긴사슬 PFA로 만들지 않는다면 대체 무엇으로 만드는지 궁금해질 것이다. 바로 짧은사슬 PFA다. 이런 화합물은 긴사슬의 사촌들과 아주 비슷해서 대체제로 사용이 가능하다. 이 성분들은 적어도 이론적으로는 독성이 덜하고, 반감기가 짧고, 체내에 덜 축적된다. 하지만 일부 예비연구에서는 짧은사슬 PFA도 환경 및 건강과 관련해서 우려스러운 점이 여전히 존재한다고 경고한다. 아직 예비단계의 연구지만 그 자체로 우려할 만한 일이다. 이 화합물들은 산업용, 소비자용으로 광범위하게 사용되고 있는데 그 안전성이 완전히 확인되지 않았다.

PFA 노출을 제한하려고 노력하는 것이 옳겠지만 아주 어려운 일이다. PFA는 당신이 생각지도 못한 곳에 들어 있다. 예를 들어 2017년의 한 연구에서는 PFA가 패스트푸드 포장지에 흔히 들어 있다는 것을 알아냈다. 특히 식품과 직접 접촉하는 종이에 많이 들어 있었다. 패스트푸드 회사들이 자신들의 포장재에는 절대 들어 있지 않다고 믿고 있는 경우에도 그랬다. 당신이 테이크아웃 피자나 전자레인지용 팝콘을 한 번도 먹어본 적이 없다 해도 당신은 여전히 다른 사람들과 함께 이 지구라는 행성에서 살아야 한다. 미국 환경보호국에 따르면, PFA는 공기 중에도 떠돌고 있다. 사람들은 수천 킬로미터 떨어진 곳에서 제조된 PFA에도 노출될 수 있다. 미국 암학회에 따르면, "사람들이 PFOA에 노출되는 경로가 밝혀지지 않았기 때문에 노출을 줄이기 위해 취할 수 있는 조치가 무엇인지 불분명하다."

긴사슬 PFA의 농도를 낮추는 물 필터를 구입할 수 있으니 만약 당신 집에 공급되는 상수도의 오염이 의심된다면 이 필터를 구입하는 것도 좋은 생각이다. 그리고 얼룩 방지 제품이나 방수 제품을 구입하지 않고, 패스트푸드를 자제하는 것으로도 노출을 줄일 수 있다.

요약

예방 가능성 (15)

불편하긴 해도 달라붙지 않는 취사도구를 피하기는 어렵지 않다. 하지만 PFOA의 경우에는 다른 여러 분야에서 사용되고 있기 때문에 PFA라는 범주를 피해가기는 아주 어렵다.

발생 가능성(23)

PFA를 건강 문제와 연관지은 연구들은 직업적, 환경적으로 노출이

테프론

많은 인구 집단을 상대로 연구를 진행했다. 하지만 이런 상황에서도 위험 증가분은 그리 크지 않았다. 일반적인 노출 수준에서 부정적인 사건이 발생할 가능성이 얼마나 될지 말하기는 어렵다.

결과 (70)

몇몇 연구에서 일부 PFA 노출을 고환, 콩팥, 갑상선, 전립선, 방광, 난소의 암과 연관짓기도 했다.

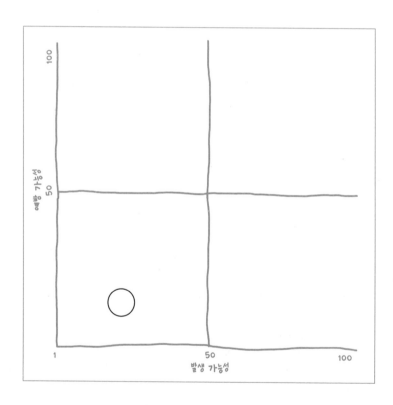

12. 알코올

일반적으로 사람들이 말하는 알코올은 에탄올을 의미한다. 술에 들어가는 것이 에탄올이다. 화학적으로 따지면 에탄올은 알코올로 알려진 큰 화합물군群의 한 구성요소에 불과하다. 다른 종류의 알코올 중 익숙한 것으로는, 소독용 알코올로 알려진 이소프로필알코올, 부동액으로 흔히 쓰이는 에틸렌글리콜 등이 있다. 이런 화합물은 유용하지만 에탄올만큼 오랜 기간 인류의 사랑을 받은 것은 없다. 소독약으로도 쓸 수 있고, 정신활성 작용도 하고, 독성이 없다. 사람이 마실 수 있는 알코올은 에탄올밖에 없다. 하지만 마시더라도 과하지 않게 조심해야 한다.

에탄올은 효모가 당분을 발효할 때 생기는 부산물이다. 인류는 태곳적부터 이런 과정을 이용해 알코올성 음료를 만들었다. 알코올은 수천 년 동안 약으로, 의식용으로, 오락용으로 사용되어왔다. 또전 세계 수많은 문화에서 사교를 돕는 역할을 이어가고 있으며, 거대한 글로벌 산업을 이루고 있다. 우리는 알코올을 정말 좋아한다. 하지만 인류와 알코올 간의 관계는 투쟁으로 점철되어 있으며, 알코올 섭취는 아주 어두운 측면도 갖고 있다.

알코올은 전신에 영향을 미치는 약물이다. 특히 사회성을 억제하거나 증가시키고, 판단능력에 영향을 미치고, 운동기능을 저해하고, 반응속도를 늦추며, 이뇨제로 작용하고, 혈관을 확장시킨다. 다량으로 섭취하면 구토, 어지러움, 의식 상실, 기억 상실, 호흡 저하, 심박수 감소 등이 일어날 수 있다. 급성 알코올 중독은 치명적일 수도 있다. 사실 급성 알코올 중독으로 매일 여섯 명 정도의 미국인이 치명적인 결과를 맞고 있다. 물론 알코올은 중독성이 있으며 미국에서 가장 흔한 남용 물질이다.

과도한 알코올 섭취는 간에 부담을 준다. 간경화는 대단히 흔하고 잘 알려진 알코올의 부작용이다. 베르니케 코르사코프 증후군 Wernicke-Korsakoff syndrome은 그보다는 덜 알려져 있지만 만성 알코올 중독에 버금갈 만큼 심각한 질병이다. 일종의 치매인 이 장애는 티아민 결핍 때문에 나타난다. 알코올이 티아민이나 엽산 같은 비타민 B군의 흡수를 저해하기 때문이다. 알코올의 또 다른 부작용인 암 발생 위험 증가는 부분적으로 엽산 흡수 불량으로 설명할 수 있을지 모른다. 알코올 섭취는 유방암, 대장암, 직장암, 간암, 구강암, 식도암, 후두암 등의 위험을 높인다.

이런 직접적인 생리학적 영향과 더불어 알코올은 사회적으로 다양한 부정적인 결과를 가져오기도 한다. 가정폭력, 아동 학대, 성폭력, 사고가 많이 일어나며, 특히 자동차 교통사고는 알코올을 섭취한 상태에서 발생 가능성이 더 높아진다. 당신 생각이 어떻든 간에 알코올이 없다면 세상은 더 안전한 곳이 될 것이다.

그래도 인간이라는 종이 알코올을 포기할 가능성은 아주 낮다. 이쯤 되어 당신은 알코올 섭취도 적당하면 건강에 긍정적인 영향이 있지 않느냐고 속으로 불만을 터뜨리고 있을지도 모르겠다. 하루에 레드와인 한 잔은 심장 건강에 좋다는 말도 어디선가 들어본 적이 있지 않은가. 일부 연구에서는 적당하게 술을 마시는 사람에게서 음주가 과도한 사람이나 아예 술을 마시지 않는 사람보다 사망률이 감소한다는 결과가 나왔다. 하지만 안타깝게도 이런 연구 중 일부를 새로이 분석해보았더니 다른 요인들을 함께 감안해보면 적당한 음주가 실제로는 사망률 면에서 아무런 장점이 없는 것으로 밝혀졌다. 더군다나 알코올 섭취와 관련된 위험이 너무 크기 때문에 그것이 심장 건강에 잠재적 이점이 있다 해도 득보다는 실이 훨씬 더 크다. 그러기 때문에 건강을 위해 알코올 섭취를 시작하라고 권장하는 사람이 아무도 없는 것이다. 안전하게 마실 수 있는 물이 있다면 굳이 알코올음료를 마셔야 할 타당한 이유는 많지 않다. 알코올을 마시는 이유는 단 하나, 술 마시는 것이 좋기 때문이다. 하지만 술 때문에 죽는다고 해도 과연 음주가 즐거울까 싶다. 술을 마시더라도 자제할 줄 알아야 한다.

당신은 술을 적당히 마신다고 생각할지도 모르겠다. 하지만 과연 그럴까? 적당한 알코올 섭취 권장량은 여성의 경우 하루에 1표준잔, 그리고 만 65세 미만의 남성은 하루에 2표준잔이다. 65세 이상의 남성이라면 권장량은 1표준잔이다(표준잔이란 술의 종류와 잔 크기에 구애받지 않고 음주량을 측정하기 위한 기준으로, 술에 함유된 순수알코올 양으로 표시한다. WHO에서는 1표준잔을 순수알코올 10g으로 정의하고 있지만 우리나라 보건복지부에서는 7g으로 정의하고 있다 - 옮긴이). 여성에게 불공평한 얘기지만, 남녀의 생리학 자체가 공평하지 않다. 여성과 남성은 체성분이 다르기 때문에 알코올 대사에도 차이가 있다. 젊은 사람과 노인의 차이도 마찬가지다. 다시 표준잔의 개념으로 돌아가보자. 1표준잔은 5도짜리 맥주 340g, 와인 140g, 증류주 42g에 해당하는 양이다. 만약 7도짜리 수제 맥주 1파인트(0.473리터, 500cc와 비슷)를 마신다면 1표준잔 넘게 마시는 것이다. 만약 당신이 여성이고 2시간 동안 4표준잔 이상 마시거나, 당신이 남성이고 같은 시간 동안 5표준잔 이상을 마신다면 폭음에 해당한다.

물론 살다 보면 술을 완전히 끊어야 하는 시기도 있다. 예를 들면 일부 약물, 진통제, 알레르기 약 중에는 술과 어울리지 못하는 것이 있다. 처방약이든, 비처방약이든, 한약이든 약을 복용하고 있다면 술 마시기 전에 의사에게 물어보아야 한다. 임신 중일 때도 절대 금주가 필요하다. 여러 해 동안 이것이 표준의 의학적 권고로 지켜지고 있었는데 근래 들어서는 여성들이 와인 한 잔 정도 마시는 것은 괜찮겠지 하고 긴장이 좀 풀렸다. 샤르도네 와인 한 잔과 함께 긴장을 풀고 싶은 마음은 충분히 이해한다. 하지만 좋은 생각이 아니다. 공식적인 의학적 소견은 다음과 같다. "임신 기간 동안의 안전한 알코올 섭취량에 대해서는 알려진 바가 없다." 안전한 섭취량이 아예 존재하지 않는다는 것이 아니라, 그 양이 얼마나 되는지 알 수 없으며, 그것을 알아내기 위해 임상실험을 하는 것은 비윤리적이라는 의미다. 알코올 섭취가 뱃속의 태아에게 태아알코올증후군을 비롯해 평생 이어질 수 있는 심각한 결과를 초래할 수 있다는 것이 잘 알려져 있으니까 말이다. 더군다나 임신은 정적인 상태가 아닌 복잡한 과정을 지나야 하는 일이다. 임신 기간 중에는 알코올이 태아에게 손상을 입힐 가능성이 다른 때보다 커질 수 있다. 그런 위험을 감수하면서까지 알코올을 섭취할 필요는 없다. 위에서 남녀의 생리학 자체가 공평하지 않다고 말한 부분을 참고하자. 일단 아기가 태어나면, 이 아이는 어른이 될 때까지 알코올을 마시지 말아야 한다. 십대면 이미 성인의 키에 도달하는 경우도 있지만 뇌는 아직 성인에 미치지 못했다. 이 시기의 음주는 인지기능에 영구적으로 부정적인 영향을 미칠 수 있다.

와인, 마티니, 수제 맥주 등을 즐기는 사람이라면 지금까지의 내용이 모두 우울하게 들릴 것이다. 인생이란 원래 그런 것이다. 결국 인생의 우선순위를 스스로 정하고, 인생의 즐거움과 건강 사이에서 적당한 균형을 찾아야 한다. 자, 그럼 건배!

요약

예방 가능성 (85)

이미 알코올에 중독된 상태가 아닌 한 당신은 술을 마실지, 안 마실지, 마시면 얼마나 마실지 선택할 수 있다. 따라서 예방 가능성 점수는 높다. 반면 다른 사람의 음주 여부를 당신이 통제할 수 없고, 다른 사람의 음주 습관이 당신의 삶에 큰 영향을 미칠 수 있기 때문에 완벽한 예방은 불가능하다.

　　　　　　　　　　　　　　　　알코올

발생 가능성 (65)

많은 사람이 별다른 문제없이 가끔씩 음주를 즐기지만, 알코올과 관련된 문제의 발생 비율은 꽤 높다.

결과 (90)

과도한 알코올 섭취에 따른 결과는 두통에서 간 손상, 가정폭력, 죽음에 이르기까지 다양하게 나타난다. 잠재적인 부정적 결과가 대단히 다양하고 심각하기 때문에 결과 점수는 높다.

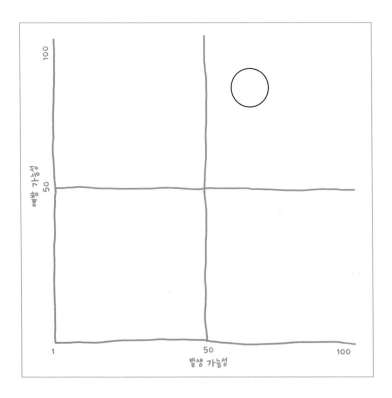

13. 육류

다른 동물의 살을 섭취하는 것은 인류의 진화에서 중요한 부분이었다. 약 250만 년 전에 호미닌hominin(인간의 조상으로 분류되는 종족 - 옮긴이)들은 대량의 고기와 골수를 먹기 시작했다. 처음에 그들은 도구를 이용해 고기를 씹기 알맞은 크기로 얇게 잘라 먹었다. 그러다가 어느 시점에 가서는 고기를 익혀 더 부드럽고 소화하기 쉽게 만드는 법을 배웠다. 그 덕분에 시간이 흐르면서 치아와 턱, 소화관이 작아지는 진화가 이루어졌다. 고기에는 단백질이 풍부하고 미량영양소도 가득 들어 있다. 동물성 단백질은 칼로리 밀도가 높다. 먹거리를 찾아야 하는 사람에게 이런 것들은 모두 긍정적인 특성에 해당한다. 고기가 맛 좋게 느껴지는 이유도 이 때문일 것이다.

아주 초기의 선조들은 아마도 사체의 고기를 찾아서 먹었겠지만 나중에는 동물을 가축으로 만들어 우유와 달걀을 얻고, 때로는 도살해서 고기를 얻었다. 오늘날에는 육류 산업이 거대한 산업으로 자리잡았다. 고기는 전 세계적으로 인기가 많지만 특히나 미국인은 손 큰 소비자다. 미국인은 전 세계 평균보다 세 배 정도 육류 소비가 많은 것으로 추정된다. 하나의 집단으로 보면 미국인은 충분한 양 이상으로 육류를 소비하고 있다. 어떤 면에서는 치사량의 고기를 먹고 있다고도 할 수 있다. 붉은 살코기를 과도하게 섭취하면 전체 원인 사망률이 높아지기 때문이다.

고기를 건강에 좋은 음식이라고 교육받으며 자란 세대에게는 조금 놀라운 얘기일 것이다. 고기를 먹으면 키도 커지고 튼튼해지지 않나? 애초에 우리 선조들이 그 풍부한 단백질과 미량영양소 때문에 죽은 것들을 먹기 시작하지 않았나? 맞는 얘기다. 고기는 훌륭한 영양 공급원이다. 동물성 단백질은 식물성 단백질과 달리 완전식품이다. 우리가 필요로 하는 아미노산이 그 하나에 모두 들어 있다는 의미다. 고기는 철분, 아연, 일부 비타민 성분도 풍부하다. 특히 비타민 B_{12}는 우유와 계란 등 동물성 제품에서만 발견된다. 그래서 채식주의자는 B_{12} 보충제를 복용할 필요가 있다(꼭 동물성 식품이 아니라도 식물성 발효식품인 된장 등에도 비타민 B_{12}가 풍부하게 들어 있다 - 옮긴이). 고기를 적당히 먹는 것은 건강에 이롭다. 다만 고기의 양, 종류, 요리 방식에 따라 문제가 생길 수 있다.

기본적으로 포유류의 고기를 먹는 것과 생선이나 새 같은 다른 동물의 고기를 먹는 것은 차이가 있다. 포유류의 근육은 붉은 살코기라고 부른다. 그리고 가공육과 비가공육도 구분할 필요가 있다. 육류 가공 방식에는 소금에 절이기, 훈제, 통조림, 발효 등이 있다. 기본적으로 갈거나 빻는 과정 이상의 것은 모두 가공으로 여긴다.

가공육의 예로는 햄, 베이컨, 훈제 칠면조, 핫도그, 소고기 육포 등이 있다.

WHO의 부속기관인 국제암연구기관IARC에서는 가공육을 '알려진 발암물질'로 분류한다. 가공육을 먹는 것이 암을 일으킨다고 결론 내릴 만한 과학적 증거가 인간을 대상으로 한 과학 연구를 통해 충분히 나왔다는 의미다. 구체적으로 보면 가공육 섭취는 대장암과 위암을 일으킬 수 있다. 그 이유를 설명하는 가설들이 나와 있다. 예를 들면 질산염 추가가 위험 요인이 될 수 있다는 가설이 있다. 하지만 아직 결정적인 증거는 없는 상태다. 물론 고기를 가공하는 방법이 여러 가지이기 때문에 좀 더 안전한 방법이 있을 수도 있다. 하지만 이 부분은 아직 확인된 바가 없다. 가공육을 대량으로 먹는다고 해도 암 발생 위험이 그렇게 많이 올라가지는 않는다(상대위험 1.18). 하지만 무시할 수 있는 수치는 아니다. 지금까지 WHO에서는 가공육을 얼마나 먹어야 안전한지, 안전한 양이란 것이 존재하는지에 대해 그 어떤 지침도 제공하고 있지 않다.

거기에 덧붙여 국제암연구기관에서는 붉은 살코기를 잠재적 인간 발암물질로 분류하고 있다. 붉은 살코기의 암 유발 효과에 대한 데이터는 결론을 내리고 있지 않지만 잠재적인 위험이 있음을 암시한다. 이번에도 역시 우려되는 암은 대장암이다. 그리고 붉은 살코기를 얼마나 먹는 것이 안전한지에 대한 구체적인 지침도 나와 있지 않다. 붉은 살코기에 대해 한 가지 더 주목할 부분이 있다. 요리 방법이 문제가 될 수 있다는 점이다. 석쇠나 프라이팬에서 굽는 등 높은 열로 요리하면 낮은 온도에서 천천히 익힌 경우보다 발암 화합물이 더 많이 나올 수 있다. 하지만 이것이 전체적인 위험도를 얼마나 높이는지의 여부는 분명하지 않다. 국제암연구기관에서는 가공하지 않은 가금류와 생선이 발암성을 갖고 있는지 여부를 평가하지 않았기 때문에 이런 음식에 대해서는 좋다, 나쁘다 말할 수 있는 부분이 없다.

붉은 살코기 섭취는 암뿐만 아니라 심혈관 질환과 2형 당뇨병의 위험 요인이기도 하다. 특히 가공된 붉은 살코기와 관련이 깊다. 베이컨 섭취를 줄여야 할 또 하나의 중요한 이유다.

대부분의 사람이 알고 있듯, 생고기 제품도 음식 매개 질병의 위험이 있다. 대장균은 흔히 젖소 같은 되새김동물(반추동물)의 소화관에 대량으로 서식하고, 도살 과정에서 교차오염이 일어나면 고기가 오염될 수 있다. 대장균에는 서로 다른 수많은 균주가 존재하고 그중 상당수는 무해하다. 하지만 일부는 아주 고약해서 치명적인 결과를 낳을 수도 있다. 따라서 생고기는 조심스럽게 다루고 요리해야 한다. 선모충병과 톡소플라스마증은 생 돼지고기나 덜 익힌 돼지고기에 들어 있는 기생충에 의해 생긴다. 임산부는 델리 고기deli meat(미리 조리해서 얇게 썰어놓은 햄, 살라미 등의 육류. 샌드위치 등에 넣어 먹는다 - 옮긴이)는 피하는 것이 좋다. 리스테리아균 오염 위험이 있기 때문이다. 하지만 이런 질병들이 잠재적으로 위험하기는 해도 고기를 적절한 온도로 익혀 먹으면 모두 피할 수 있다. 반면 소해면상뇌증(흔히 광우병이라고 한다) 같은 프리온병prion disease(포유동물의 뇌가 프라이온이라는 단백질의 이상 증식으로 스펀지처럼 되는 병 - 옮긴이)은 익힌다고 해도 안심할 수 없다. 예외 없이 치명적인 결과를 낳는 퇴행성 질환인 프리온병은 광우병에 걸린 소의 고기를 먹은 사람에게 나타난다. 최근에는 프리온병에 대한 언론의 관심이 식었지만 한동안은 아주 뜨거운 주제였다. 특히 2017년 7월 앨라배마주의 정례 검사에서 광우병에 걸린 소가 확인되기도 했다.

육류 섭취는 개인에게 직접 미치는 건강 문제뿐만 아니라 2차적인 쟁점도 존재한다. 예를 들어 고기를 얻기 위해 기르는 가축은 새로운 계통의 인플루엔자, 충격적일 정도로 치명적인 니파 바이러스 등 신종 바이러스의 보균 숙주로 알려져 있다(신종플루로 알려진 돼지 독감, 조류 독감 등). 그리고 식용 동물의 경우 질병을 예방하고 체중 증가 속도를 높이기 위해 항생제를 투여하는 경우가 많다. 이런 관행은 슈퍼박테리아 등장에 가장 크게 기여하는 요소 중 하나다. 슈퍼박테리아란 하나나 그 이상의 항생제에 내성을 갖고 있는 세균 균주를 말한다.

하지만 잠깐! 여기서 끝이 아니다. 고기를 얻기 위한 가축 사육은 작물 재배에 비해 토지와 물이 대단히 많이 필요하다. 이것이 고기 가격을 비싸게 만들어 세계적인 식량 불평등과 불안정에 기여하고 있다. 가축은 또한 온실가스를 만들어낸다. 이것은 지구 온난화와 관련이 있다.

지금까지의 내용을 잘 따라온 사람이라면 육류, 특히 가공육 섭취를 줄여야 할 여러 이유가 있다는 사실을 눈치챘을 것이다. 다행히도 현대의 식량 공급 시스템은 콩, 견과류, 씨앗류, 퀴노아, 여러 가지 채소 등 좋은 대체품을 다양하게 제공하고 있다. 붉은 살코기를 가금류, 계란, 생선 등으로 대체하거나, 한 번에 먹는 양을 줄여보자.

육류

그리고 가공육을 좋아하는 사람이라면 특별한 날에만 조금씩 즐기는 것으로 하자.

요약

예방 가능성 (100)
채식주의자 등 많은 사람이 육류를 아예 먹지 않고 있다.

발생 가능성 (33)
붉은 살코기나 가공육을 섭취하면 일부 암의 발생 위험이 살짝 올라간다. 그리고 가공육 섭취는 심혈관 질환의 위험 요인이기도 하다. 다른 위험으로는 식품 매개 질병, 새로운 질병의 등장, 환경에 미치는 영향 등이 있다.

결과 (71)
잠재적으로 발생할 수 있는 결과 중 대수롭지 않은 것은 없지만 확실하게 죽음에 이르는 수준은 아니다.

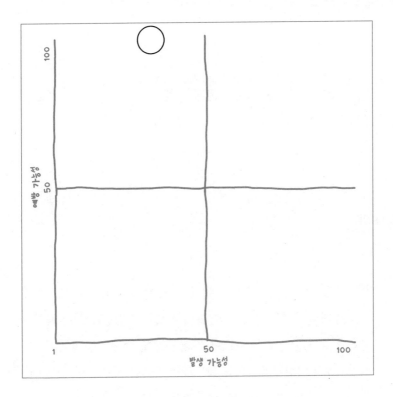

육류

14. 식품 안전

식탁에 앉으면 아마도 당신은 이 음식 맛이 어떨까, 이걸 먹으면 배고픔이 가실까, 이 요리는 허리둘레나 심혈관 건강에 어떤 영향이 있을까 등등의 생각을 할 것이다. 식사는 일상적인 일이다. 길거리 자판기에서 미심쩍어 보이는 핫도그를 사먹는 경우가 아니면 아마도 당신은 앞에 놓인 음식을 먹으면서 몸이 아프지나 않을까 걱정하는 일은 없을 것이다. 당신이 지금 먹으려는 음식이 안전하다는 것을 누군가가 분명 확인했을 것이기 때문이다. 그러니 걱정할 필요가 없다. 그렇지 않은가?

음식은 당신 식탁까지 올라오기 전에 여러 단계를 거치면서 살충제, 세균, 바이러스 등에 오염될 수 있다. 첫째, 농장에서는 먹거리를 재배해야 하는데 수확량을 늘리려고 살충제와 비료를 쓸 수 있다. 뒤이어 먹거리를 분류하고 가공하는 공장에서는 제품을 준비하고 포장하는 과정에서 병원체나 다른 오염원이 유입될 수 있다.

그런 다음에는 창고, 가게, 식당 등으로 유통된다. 만약 일부 식품이 적절하게 냉장처리되지 않으면 세균이나 곰팡이에 오염될 수 있다. 마지막으로 식품은 요리 과정을 거친다. 만약 생고기를 조리하는 데 사용하는 취사도구가 세척이 제대로 되어 있지 않다면 과일이나 채소 같은 다른 식품을 오염시킬 수 있다. 닭고기, 돼지고기, 소고기, 생선 같은 일부 먹거리는 해로운 병원체들이 소멸되도록 반드시 철저히 익혀야 한다. 음식이 당신 식탁 위에 놓일 때까지 그 음식은 농부, 수확하는 사람, 포장하는 사람, 요리사, 서빙 종사자 등 많은 이의 손을 거친다. 만약 그중에 아픈 사람이 있다면 당신이 먹는 음식은 감염될 수 있다. 실제로 호흡기 질환을 야기하는 일부 바이러스는 과일이나 채소 속에서 며칠이나 살아남을 수 있다.

대부분의 국가에서는 식품 공급에 대한 감시와 규제를 담당하는 기관을 두고 있지만 나라마다 그 방식은 다르다. 그리고 집행과 감시의 메커니즘이 항상 뒤따르는 것도 아니다. 오염은 국내 식품 공급에서만 문제가 되는 것이 아니다. 다른 나라에서 수입하는 식품도 문제가 될 수 있다. 미국의 경우 식품 안전을 주로 책임지는 정부기관은 FDA와 미국 농무부다. 농무부는 육류, 가금류, 계란 생산품의 안전뿐만 아니라 라벨 표기와 포장이 제대로 이루어지는지를 확인한다. 농무부 아래 있는 식품안전검사국FSIS은 모든 육류, 가금류, 계란 제품을 감시할 수 있는 권한을 의회로부터 부여받았다. 식품 매개 질병의 위험을 낮추기 위해 식품안전검사국에서는 공장들을 감시하며 회사들이 식품 안전 관행을 준수하는지 확인한다. FDA에서는 농무부에서 담당하지 않는 해산물, 과일, 채소, 빵, 시리

식품 안전

얼, 유제품, 영양제, 병에 든 생수, 식품첨가물 등의 식품을 규제한다(국내산과 수입산 모두).

이런 큰 정부기관들이 식품 공급을 감시하고는 있지만 엄청나게 많은 제조업체와 막대한 양의 식품을 검사하는 일은 실로 큰 부담이 아닐 수 없다. 모든 것을 다 일일이 감시하기는 불가능하기 때문에 식품 매개 질병은 심각한 공공보건 문제가 되었다. 미국에서는 매년 오염된 음식 섭취로 6명 중 1명이 병에 걸리고, 12만 8,000명이 입원하고, 3,000명이 사망한다(CDC 2017년 통계). 이 통계를 알고 나면 육즙 많은 햄버거를 한 입 베어 물기 전에 다시 한 번 생각하게 될지도 모르겠다. CDC에서는 식품 매개 질병을 일으킬 수 있는 30가지 미생물 목록을 제공하고 있다. 미국의 경우 문제를 일으킬 가능성이 가장 높은 병원체는 노로 바이러스, 살모넬라, 클로스트리듐 퍼프린젠스(가스괴저균), 캄필로박터, 황색포도상구균 등이다. 그보다는 덜 흔하지만 더 심각한 식품 매개 질병을 일으키는 것으로는 보툴리누스균, 리스테리아, 시가독소생산대장균 O157, 비브리오균 등이 있다. 미국 농무부나 FDA에서 오염된 제품을 찾아내거나 식품 매개 질병의 발발을 확인하면 리콜 명령을 내리고 대중에게 경보를 보낸다.

이런 식품 매개 질병에서 흔히 나타나는 증상은 배탈, 설사, 위경련, 구토, 메스꺼움 등의 위장관 문제다. 질병을 일으키는 병원체에 따라 노출되고 몇 시간 후, 혹은 며칠 후에 증상이 처음 나타날 수 있다. 많은 사람이 가벼운 불편감만 느끼다가 회복되지만, 어떤 사람은 증상이 심각해져서 입원해야 하는 경우도 있다. 예를 들어 대장균 감염은 콩팥을 손상시키는 독성 화합물질을 만들어낼 수 있다. 살모넬라와 캄필로박터 감염은 만성 관절염을 일으키고 리스테리아 감염은 신경장애를 불러올 수 있다. 리스테리아균은 태반을 통과해서 조산, 사산, 유산 등을 일으킬 수 있기 때문에 임산부가 특히나 조심해야 할 병원체다.

음식 매개 질병을 일으키는 미생물도 문제지만, 식품에 남아 있는 살충제 성분도 소비자의 건강을 위협할 수 있다. 작물을 생산하는 과정에서 곤충, 설치류, 곰팡이균, 잡초, 세균 등을 통제하기 위해 다양한 종류의 농약을 사용한다. 미국에서는 환경보호청EPA에서 특정 용도의 농약을 승인하고, 식품 잔류 농약의 최대 허용치를 정하지만, 감시 대상 제품에서 발견할 수 있는 700종류 정도의 농약에 대한 규제를 집행하는 책임은 FDA와 식품안전검사국에서 맡고 있다. 지침 위반이 드러난 식품을 압수할 수 있고, 수입 식품인 경우에는 입국을 불허할 수 있다.

농약은 농산물 수확량을 늘려주고, 해충이나 유해 동물로부터 생산물을 보호해준다. 하지만 사람이 농약 잔류 식품을 먹으면 당연히 농약을 함께 섭취하게 된다. 작물 재배에 사용되는 농약 중에는 발암물질, 신경독성 물질, 혹은 내분비 교란물질인 것이 있다. 미국 환경보호청에서는 연구를 통해 안전이 확인된 부분을 바탕으로 식품 잔류 농약의 허용치를 정해놓았다.

일부 비평가들은 환경보호청의 데이터가 완전하지 않아서 농약 노출의 장기적인 영향에 대해, 그리고 농약이 발달 중인 아이에게 미치는 영향에 대해서는 제대로 알려진 바가 없다고 주장한다. 유기농 식품을 먹는다고 해도 농약을 완전히 피할 수는 없다. 유기농 식품이라고 해서 농약으로부터 완전히 자유로운 것은 아니기 때문이다. 유기농 작물을 재배하는 농부 중에도 여전히 농약을 사용하는 경우가 많다. 하지만 이 경우 그 화합물들은 보통 합성성분이 아닌 천연성분이다.

FDA에서는 한도 내에서 농약의 잔류를 허용하는데 곤충 몸체의 일부, 설치류의 털, 구더기가 식품에 들어가는 것도 일정 범위 안에서는 허용하고 있다. 예를 들어 땅콩버터의 경우 100g당 곤충 조각 30개 이상, 토마토 통조림은 500g당 구더기 2개 이상, 파프리카 가루는 25g당 설치류 털이 11개 이상 나오면 FDA에서 조치에 나서게 된다. 이 정도 수준은 자연스럽거나 불가피한 부분이라는 판단이 내려졌고, 이런 추가 성분으로 오염된 음식을 먹게 되면 역겹기는 하겠지만 건강 문제를 일으키지는 않을 것이다.

정부기관에서 식품 공급과 안전에 노력을 기울이고 있지만 개개인이 오염된 음식을 최대한 막을 수 있는 단순한 조치들이 있다. 첫째, 음식을 다루기 전후로 손을 깨끗이 씻고 칼이나 가위 등의 자르는 도구를 철저히 세척한다. 그리고 과일과 채소는 표면이 오염되었을지도 모르니 자르기 전에 모두 세척한다. 교차오염을 피하기 위해 생고기, 가금류, 해산물, 그리고 이들의 육즙 등이 생으로 먹는 식품과 섞이거나 접촉하지 않게 한다. 육류, 가금류, 해산물을 요리할 때는 모든 병원체가 죽도록 식재료 내부까지 적절히 가열한다. 음식이 내부까지 모두 적절한 온도에 도달했는지 확신이 들지 않으면 조리용 온도계를 찔러넣어 온도를 측정해보면 된다. 맛있게 식사를 하고 난 다음에는 남은 음식을 모두 냉장고에 넣어 세균의 성장 속도를 늦춰야 한다.

요약

예방 가능성 (61)

모든 사람이 자신의 요리 공간을 깨끗하고 안전하게 유지할 수 있게 조치를 취해야 한다. 하지만 식당에서 식사를 하는 경우에는 요리사와 서빙 종업원이 오염되지 않은 음식을 제공해주리라 믿는 수밖에 없다.

발생 가능성 (83)

식품 매개 질병은 대단히 흔하다.

결과 (48)

식품 매개 질병이 낳는 결과는 문제를 일으키는 주체가 무엇이냐에 따라 달라진다. 증상은 가벼운 위장관 불편감에서 입원이 필요한 감염에 이르기까지 다양하다.

식품 안전

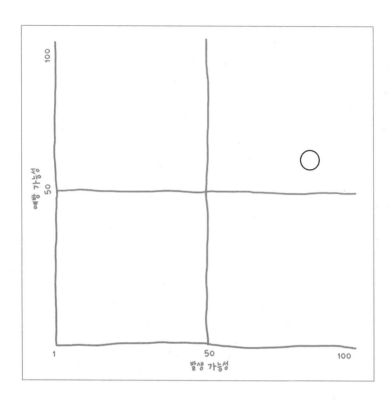

발생 가능성

15. 지방

1990년대를 겪은 사람이라면 저지방 다이어트를 기억할 것이다. 당시만 해도 지방은 다이어트의 최대 적으로 손가락질 받았다. 당시는 누구든 식품 라벨에서 지방 함량을 꼼꼼히 확인하면서 저지방 혹은 무지방 제품을 선택했다. 그런 제품도 많이 나와 있었다. 저지방 열풍에는 의심의 여지가 없었다. 지방이 쌓여 살이 찌는 것을 막으려면 지방을 먹지 않는 것이 논리적으로 옳기 때문이다. 양동이에 들어 있는 라드lard(돼지비계를 정제하여 하얗게 굳힌 것 - 옮긴이)를 한번 보자. 그것이 당신 피부 아래 쌓였을 때 어떤 모습일지 상상하기는 어렵지 않다. 그래서 사람들은 옳다고 생각하는 일을 실천했고, 그 결과 지방이 식탁에서 쫓겨나고 탄수화물이 그 자리를 대신 차지했다. 사람들은 아침식사로는 무지방 크림을 바른 베이글 빵을 먹고, 샐러드에서 아보카도를 빼고, 탈지우유를 마셨다. 하지만 무지방 혁명은 체중 감량에 도움을 주지 않았다. 오히려 반대였다. 미국인들이 식단에서 지방을 멀리하고 탄수화물을 가까이 했음에도 비만률과 2형 당뇨 유병률은 하늘로 치솟았다.

그러다가, 피할 수 없는 일인지도 모르지만, 추가 다시 반대로 기울었다. 근래에는 오히려 저탄수화물 고지방 다이어트가 선풍적 인기를 끌고 있다. 이제는 사람들에게 지방을 먹으라고 한다. 그것도 아주 많이. 이제는 토스트와 같이 먹지만 않는다면 베이컨에 버터를 듬뿍 발라도 괜찮다고 한다. 이게 정말 몸에 좋을까?

가장 먼저 알아야 할 부분은 지방이라고 다 똑같지 않다는 점이다. 식이지방은 지방산fatty acid이다. 지방산은 탄소 원자와 수소 원자로 이루어진 긴사슬 끝에 카르복실기(탄소, 산소, 수소로 이루어진 작용기의 하나로, 아미노산이나 카르복실산에 존재한다 - 옮긴이)가 붙은 것이다. 탄소는 이 사슬에서 뼈대를 이룬다. 수소 원자들은 탄소에 붙어서 옆으로 삐져나와 있다. 식이지방들은 그 길이(사슬에 존재하는 탄소 원자 수), 이중결합의 수, 그 이중결합의 위치에 따라 특성이 달라진다. 지방산이 완전히 포화된 경우에는 대단히 대칭적이고 화살처럼 곧다. 이런 포화지방산은 잘 뭉치기 때문에 실온에서 고체 상태로 존재한다. 하지만 이중결합은 단일결합보다 더 치밀하기 때문에 불포화지방산의 경우 사슬에서 살짝살짝 뒤틀린 부분이 생긴다. 이런 작은 뒤틀림 때문에 지방들이 치밀하게 뭉치지 않는다. 그래서 불포화지방산은 포화지방산보다 유동성이 더 높고, 따라서 실온에서 액체 상태로 존재한다.

트랜스지방은 또 다른 구조의 지방산인데 역사적으로 중요한 역할을 했지만 그 중요성이 떨어지고 있다. 트랜스지방은 천연 다불포화지방에서 일부 이중결합을 깨뜨리고 수소를 첨가해 공업적으로 생산한 것이다. 그 과정에서 남아 있던 이중결합이 비틀어지면서 트랜스 형태trans-configuration로 변한다. 이런 결합이 자연에서 유래한 지방산의 결합과 어떻게 다른지 보여주려면 그림이 꼭 필요하지만 여기서는 그냥 이중결합 때문에 뒤틀림이 반대 방향으로 일어난다는 것만 알아두자.

음식에서 포화지방은 동물성 제품(육류, 유제품), 열대 오일(코코넛 오일과 야자유) 등에 들어 있다. 다불포화지방은 견과류, 씨앗, 생선에 들어 있다. 단일불포화지방은 동물성 제품에도 들어 있고 아보카도나 올리브, 땅콩처럼 지방이 많은 과일이나 채소에도 함유되어 있다. 트랜스지방은 역사적으로 마가린, 쇼트닝(부분적으로 수소를 첨가한 식물성 기름) 같은 제품뿐만 아니라 수많은 가공식품과 패스트푸드에도 들어 있다.

생화학적으로 지방은 대단히 중요한 분자다. 지방산은 우리 몸을 구성하는 모든 세포에서 세포막의 필수 구성 성분이다. 지방산 중에 필수지방산이 있는데 사람이 반드시 섭취해야 하는 성분이어서 이렇게 부른다. 이런 지방은 다불포화지방이고 채소와 씨앗 기름에 들어 있다. 우리 몸에서는 이런 성분을 만들 수 없기 때문에 음식으로 섭취해야 한다. 하지만 지방은 에너지 저장용으로도 중요하다. 즉 대단히 칼로리가 높다. 사실 지방은 탄수화물보다 더 칼로리가 높다. 사람들이 체중감량을 위해 지방 감소에 초점을 맞췄던 것도 이 때문이었다. 우리가 지방을 먹으면 몸은 그것을 분해해서 에너지원으로 사용한다. 그리고 남은 에너지는 지방세포라는 특별

지방

한 세포에 지방 형태로 저장한다. 지방세포의 존재 이유가 바로 이 것이다. 하지만 몸에서 어떤 형태로 섭취한 에너지든 남는 것은 모 두 지방으로 저장된다는 점이 중요하다. 이것이 바로 저지방 다이어 트가 실패한 이유 중 하나다.

1980년대와 90년대에는 어느 곳이든 쿠키, 아이스크림, 감자칩, 마요네즈, 샐러드드레싱, 그리고 당신이 생각할 수 있는 거의 모든 음식의 저지방 버전이 가게에 쏟아져 나왔다. 그런데 애초에 이런 음식에서 좋은 맛을 내는 데 큰 역할을 하는 것이 지방이다. 지방이 없는 식품은 꼭 골판지 같은 맛이 난다. 그래서 맛을 내기 위해 설탕 과 소금이 더 추가되었다. 하지만 그렇게 해도 여전히 맛은 별로였 다. 그런데 이상하게도 사람들은 그런 음식을 먹을 때 훨씬 더 많이 먹는 경향이 있다. 아마 먹으면서 죄책감이 없기 때문일지도 모른 다. 그리고 지방이 포만감을 느끼게 하는 성분인 점도 있다. 어쨌든 전체적인 칼로리 섭취량이 문제였다. 그렇게 해서 아주 잘 입증된(하 지만 인기는 없는) 체중감량의 법칙이 탄생했다. 태우는 칼로리보다 섭취하는 칼로리가 적으면 살이 빠진다는 법칙이다.

하지만 지방과 관련된 문제가 체중감량만 있는 것은 아니다. 지 방 섭취는 심혈관 질환과도 관련되어 있다. 여기부터는 문제가 조금 복잡해진다. 지방의 종류에 따라 서로 다른 영향을 미치고, 이런 영 향이 정확히 어떤 것인지에 대한 분석은 아직도 진행 중이기 때문 이다. 다만 지방의 양보다는 종류가 더 중요해 보인다. 수십 년 전에 포화지방 섭취를 줄이면 심혈관 위험에 긍정적인 효과가 있다는 것 이 관찰되었다. 하지만 지금은 식단 속에서 그 포화지방을 어떤 것으로 대체하느냐도 마찬가지로 중요하다는 점이 알려져 있다. 포화지방 섭취를 줄이고 정제 탄수화물을 먹어서는 아무 소용이 없다. 하지만 그 칼로리를 단일불포화지방과 다불포화지방으로 대체하면 분명히 도움이 된다. 마찬가지로 섭취하는 탄수화물 숫자를 줄일 때도 그 칼로리를 포화지방으로 대체해서는 안 된다. 대신 단일불포화지방과 다불포화지방, 채소, 과일로 대체해야 한다.

복잡하게 들리겠지만, 원래는 훨씬 더 복잡한데 단순화시켜 설명한 것이다. 예를 들면 포화지방산은 심혈관 건강에 안 좋다고 했지만 같은 포화지방산이라 하더라도 종류에 따라 건강에 미치는 위험이 다 다르다. 그리고 다불포화지방이 주는 건강상의 이점은 심혈관계에서 그치는 것이 아닐지도 모르겠다. 하지만 한 가지 확실한 것은 트랜스지방을 먹어서는 안 된다는 사실이다. 트랜스지방은 심혈관 질환과 확실하게 관련이 있기 때문이다. 이런 이유로 트랜스지방은 식품 생산 과정에서 점점 배제되고 있다.

요약

예방 가능성 (72)
식단을 새로 조정하려면 아주 많은 노력이 들어가지만 시간과 돈만 있다면 가능한 일이다.

발생 가능성 (41)
포화지방을 많이 먹으면 심혈관 질환 발생 위험이 높아진다. 하지만

지방

얼마나 높아질지는 유전 같은 다른 요인이 영향을 미칠 수 있다.

결과 (65)

심혈관 질환은 아주 흔하지만 그렇다고 대수롭지 않은 문제라는 의미는 아니다. 심장마비나 뇌졸중은 목숨을 앗아가거나 심신을 황폐화시킬 수 있다.

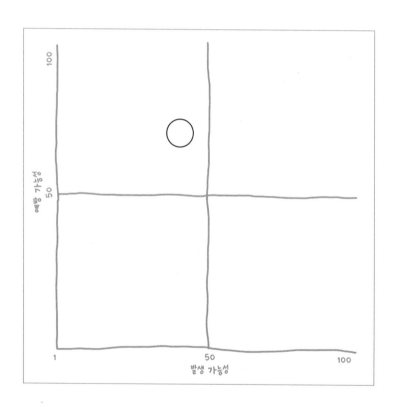

16. 가축 항생제

항생제는 위대하다. 항생제 덕분에 나병, 매독, 콜레라 같은 병은 생명을 위협하는 병이 아니라 치료 가능한 병이 되었다. 항생제는 귓병과 패혈증 인두염, 요도감염도 치료해준다. 지금껏 의학에 등장한 치료법 중에 마법의 특효약이라 불릴 자격을 갖춘 것이 있다면 바로 항생제일 것이다. 이 약은 동물의 살도 찌운다. 고기를 얻기 위해 가축을 키우는 경우라면 반가운 보너스다. 그래서 지난 세기 중반부터 전 세계 목장 주인들이 건강한 가축에게도 일상적으로 항생제를 투여하게 된 것이다. 2014년에는 식용 동물에 사용할 목적으로 1,500만 킬로그램 이상의 항생제가 팔리거나 유통되었다. 그 항생제 중 62퍼센트는 사람에게 의학적으로 중요한 항생제 계열에서 나왔다.

동물은 항생제가 한번 들어가면 돌아오지 않는 블랙홀이 아니다. 그와는 반대로 75에서 80퍼센트에 이르는 대부분의 항생제는 대사되지 않기 때문에 남은 항생제는 변화를 거치지 않고 그대로 배설된다. 가축의 배설물은 비료로 사용되는 경우가 많으므로 항생제가 토양, 지하수, 작물을 오염시킨다. 그러면 곤충과 새도 이 항생제를 섭취한다. 그러면 우리도 섭취한다. 항생제는 도처에 깔려 있다. 그리고 여러 가지 이유로 항생제는 좋지 않다.

첫째, 항생제는 우리 몸의 작동 방식을 망쳐놓을 수 있다. 사람을 비롯한 동물은 수백만 년 동안 세균과 함께 진화하면서 그들과 애증 관계를 유지해왔다. 세상에는 수많은 종류의 세균이 존재하고, 대부분은 사람을 아프게 하지 않는다. 우리는 대다수의 세균 균주를 무시하고 세상 편하게 살 수 있다. 하지만 그중에는 우리를 죽이려 드는 세균도 있고, 우리를 적극적으로 돕는 세균도 있으며, 우리와 친구인 동시에 적인 복잡한 관계를 맺는 세균도 있다. 항생제의 문제점은 상대를 가리지 않는 초토화 전략을 구사한다는 점이다.

항생제는 병원성 세균뿐만 아니라 이로운 세균도 죽여버림으로써 당신의 미생물군을 불안정하게 만든다. 그래서 당신의 피부나 몸속에(피부, 위장관, 폐, 질 등) 살고 있는 세균, 곰팡이균, 고세균(또 다른 종류의 미생물)으로 이루어진 균형잡힌 네트워크를 뒤흔들어 놓는다. 항생제의 가장 흔한 부작용 중에 설사나 칸디다질염 등이 있는 이유가 바로 이 때문이다. 이런 질병은 성가시기는 하지만 치료가 가능하다. 하지만 일부의 경우에서는 일련의 항생제 치료가 클로스트리듐 디피실리균 감염(장 염증 및 설사를 일으킨다 - 옮긴이)을 촉발할 수 있다. 이 재미있는 생명체는 보통 우리의 장 속에 낮은 수준으로 살고 있으며, 다른 세균에게 경쟁에서 밀리는 온순한 세균이다. 하지만 이 균에 감염되면 항생제로 치료하기가 어렵다. 일련의 항생제를 사용해서 우리와 친화적인 세균들을 쓸어버리면 클로스트리듐 디피실리균이 우리 몸을 장악하도록 둘도 없는 기회를 제공하게 된다. 당신도 이런 일이 일어나기를 바라지는 않을 것이다.

매년 수천 명의 사람이 클로스트리듐 디피실리균 감염으로 사망한다. 오염된 환경에서 노출되는 항생제 때문에 이 균의 감염이 일어날 가능성은 낮다. 하지만 이런 약물이 무해하지 않다는 점만은 분명하다. 심한 경우 치명적인 결과로 이어질 수도 있다. 몸이 아플 때는 항생제 치료 쪽으로 마음이 기울 수 있지만 아프지도 않은데 간식으로 페니실린을 복용하고 싶어 할 사람은 없을 것이다. 이것만으로는 경각심이 생기지 않는가? 그렇다면 체중 문제를 들여다보자. 식용 동물에게 만성적으로 항생제를 투여하면 동물의 체중이 증가한다. 사람 역시 동물이다. 우리가 환경으로부터 섭취하는 그 모든 항생제가 우리 몸속에 지방으로 쌓여 아주 멋진 마블링을 만들어내고 있을지도 모른다.

가축에게 정기적으로 항생제를 투여해서 생길 수 있는 더욱 엄중한 결과가 있다. 항생제 내성을 촉진한다는 것이다. 우리의 항생제 중에는 더 이상 효과가 없는 것이 많다. 세균이 그 항생제의 효과를 피하는 법을 배웠기 때문이다. 세균들은 지구에서 오랜 세월을 살면서 훌륭한 재주를 갖게 되었다. 우리가 현재 사용하고 있는 항생제는 거의 모두가 자연에서 온 것들이다. 예를 들어 페니실린은 곰팡이균에서 추출했다. 1928년에 알렉산더 플레밍이 자신의 연구실에서 페니실린을 발견했다. 하지만 세균들은 그 전에도 페니실린을 접해본 적이 있다. 최근 한 과학자 연구진이 뉴멕시코의 한 동굴에서 여러 가지 약물에 내성이 있는 세균을 발견했다. 이 세균은 400만 년 동안 지표면에서 고립되어 있었는데도 그런 내성을 갖고 있었다. 내성균은 아주 오랫동안 존재해왔다. 하지만 이 소위 슈퍼박테리아들은 항생제에 저항할 수 있다는 점에서만 '슈퍼'하다. 다른 세균과의 경쟁에서는 전혀 '슈퍼'가 아니다. 선택압(생존경쟁에 유리한 형질을 갖는 개체군의 번식을 선택적으로 재촉하는 요인 - 옮긴이)이 존재하지 않는 상황에서는 슈퍼박테리아가 다른 균주보다 더 번성할 이유가 없다. 그런데 불행히도 항생제가 그런 선택압을 제공하고 있다. 항생제를 흙에 뿌림으로써 우리는 항생제 내성균이 잘 먹고 잘 살 수 있는 길을 터주고 있는 셈이다. 가축 그 자체가 세균의 유전자 교환과 돌연변이뿐만 아니라 세균의 저장과 전파를 위한 공급원 역할을 하고 있음은 말할 것도 없다.

이것은 앞으로 일어날 일에 대한 경고가 아니다. 이미 일어난 일에 대한 경고다. 미국에서 최후의 보루 역할을 하는 항생제는 콜리스틴colistin이다. 이것은 우리가 즐겨 사용하는 항생제에 내성이 있는 감염을 치료할 목적으로 남겨두었다. 하지만 2016년에 콜리스틴에 내성이 있는 아주 고약한 세균이 펜실베이니아의 한 여성에게서 확인되었다. 이 최후의 보루 항생제는 중국에서 가축 사료에 흔히 사용되어왔다. 중국에서는 내성을 가진 세균 균주가 동물, 생고기, 사람에게서 발견된 바 있다. 2017년 초에는 네바다주의 한 여성이 미국에서 구할 수 있는 26가지 항생제 모두에 내성이 있는 균에 감염되어 사망했다. 포스트 항생제 시대는 다가오고 있는 것이 아니라 이미 와 있다.

그래서 건강한 동물에게 정기적으로 항생제를 사용하는 것은 큰 문제, 그것도 아주 무서운 문제다. 하지만 이 문제에 대해 당신이 취할 수 있는 행동이 있을까? 당신도 무언가를 먹어야 살 수 있으니 환경에 들어 있는 항생제를 완전히 피할 길은 없다. 하지만 항생제를 먹여서 키운 육류나 유제품을 꼭 먹을 필요는 없다. 식품산업의 행동을 변화시킬 수 있는 최고의 방법은 책임감 있게 키운 육류에 대한 수요를 창출하는 것이다. 좋은 소식은 소비자가 접근할 수 있는 무항생제 제품이 점점 더 많아지고 있다는 점이다. 나쁜 소식은 이런 제품은 가격이 비싸다는 것이다. 그래서 당신의 전체적인 소비량이 줄어들 수도 있다. 하지만 밝은 면을 바라보도록 하자. 어쨌거나 붉은 살코기는 암을 유발할 수도 있으니 섭취를 줄일 필요가 있다는 말이다.

요약

예방 가능성 (42)

항생제를 사용하지 않고 키운 동물성 식품을 선택하거나, 동물성 식품을 아예 피할 수도 있지만, 식용 가축 산업 전체를 당신이 규제할 수는 없다. 산업 자체를 규제하지 않고는 큰 차이가 없다.

가축 항생제

발생 가능성 (87)

모든 사람이 항생제 내성이라는 결과를 안고 살아가야겠지만 과학자들은 몇 가지 항생제 대안을 준비 중이다. 이것이 얼마나 효과가 있을지는 지켜보아야 한다.

결과 (80)

세균 감염으로 일부 사람이 죽게 되리라는 데는 의심의 여지가 없다. 이런 일은 이미 벌어지고 있다. 하지만 역사를 참고해볼 때 그것으로 모든 사람이 죽는 일은 없을 것이다.

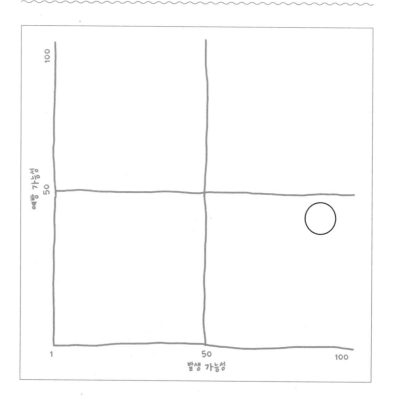

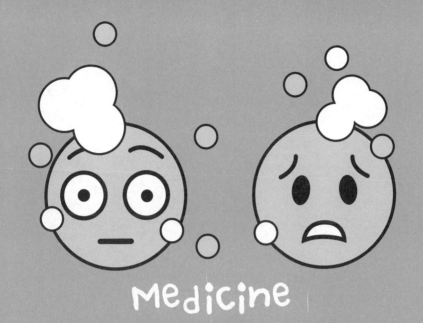

Medicine

의학

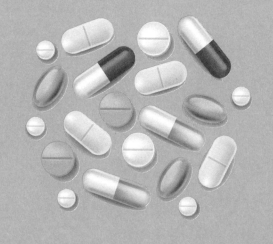

17. 경구 피임약

당신이 개인적으로 어떻게 생각하든 경구 피임약에 관한 논쟁은 역사적으로 계속되어왔다. 1960년대에 도입된 이후로 경구 피임약은 미국에서 가장 인기 있는 피임법으로 자리잡았다. 그리고 피임 용도 외에도 지금은 여드름, 불규칙한 생리주기, 다낭성낭소증후군 같은 다른 질병의 치료에도 처방되고 있다. 하지만 그 인기에도 불구하고 경구 피임약의 안전에 관한 의심은 여전히 사라지지 않고 있다.

경구 피임약은 호르몬 피임법의 한 종류이다. 호르몬 피임에 해당하는 것으로는 주사식 피임법, 피임용 패치, 질내고리 등이 있다. 모든 경우에서 호르몬 피임법은 작용 기간이 짧고 사용을 중단하면 언제든 원래대로 돌아갈 수 있다. 정확히 사용하기만 하면 이 방법은 대단히 효과적이다(실패율 6~12%). 이 피임법은 임신에 관여하는 호르몬 신호 경로를 조절함으로써 임신을 예방한다. 호르몬 피임법은 에스트로겐과 황체호르몬이라는 성호르몬을 통해 여성의 생리주기에 개입하는 것을 목표로 삼는다. 임신 중에는 에스트로겐과 황체호르몬 수치가 모두 올라간다. 그래서 피임약이 임신 상태를 흉내내는 것이라고 생각하는 사람이 많다. 하지만 이것은 절반만 맞는 말이다. 이 호르몬들은 임신 기간 중에 대단히 중요한 일을 해낸다. 배란을 억제하는 것이다. 이 호르몬은 난소에서 난자가 배출되는 것을 막는다. 임신 기간 중에 이것이 중요한 이유는 발생 단계가 서로 다른 여러 개의 수정란을 동시에 임신하면 안 되기 때문이다. 배란이 억제되고, 그에 더해서 자궁경관 점액이 더 걸쭉해지고, 자궁 내벽이 얇아지는 등의 다른 신체 변화가 찾아오면서 호르몬 피임법의 피임 효과가 나타난다. 난자가 나오지 않으니 아기가 더 생길 일이 없다.

호르몬 피임법에는 두 가지의 기본 성분 배합 방식이 있다. 프로게스틴 단독 피임법과 결합형 피임법이 그것이다. 프로게스틴 단독 형태는 이름 그대로 프로게스틴progestin이라는 약만 들어간다. 프로게스틴은 천연 호르몬인 황체호르몬(프로게스테론)의 합성 버전이다. 프로게스틴 단독 방식은 효과적이지만 프로게스틴과 에스트로겐의 한 형태인 에스트라디올estradiol이 모두 들어가는 결합형 방식만큼 효과적이지 않을 수 있다(실패율 9%). 거기에 더해서 프로게스틴 단독 피임법을 사용하는 여성은 파탄성 출혈(피임약의 부작용 때문에 생리기가 아닐 때 자궁 출혈이 일어나는 것 - 옮긴이)을 경험할 확률이 더 높다. 그리고 더 중요한 점은 프로게스틴 단독 피임약(미니필이라고도 한다)을 복용하는 여성은 그 약을 매일 똑같은 시간에 복용해야 한다는 것이다. 결합형 피임약 역시 매일 같은 시간에 복용해야 하지만, 실제로는 몇 시간 정도의 여지가 있다.

결합형 피임약이 효과도 더 좋고 사용법도 더 편한데 프로게스틴 단독 피임약을 사용하는 이유는 무엇일까? 에스트로겐은 모유 수유를 방해하지만 프로게스테론은 그렇지 않기 때문이다. 사실 모유 수유는 그 자체로 피임법이지만 아기에게 오로지 모유만 수유할 때라야 가능하다. 아기가 고형식을 같이 먹기 시작하면 다른 방법이 필요해진다. 그리고 그런 경우에는 미니필이 제격이다.

하지만 프로게스틴 단독 피임약을 사용해야 하는 다른 경우도 있다. 만 35세 이상이거나, 흡연을 하거나, 혈전이나 심혈관 질환의 병력이 있는 경우다. 호르몬 피임법의 널리 알려진 부작용 중 하나가 바로 혈관 속에서 핏덩어리가 굳는 혈전 발생 위험의 증가다. 혈전은 혈관을 틀어막아 피의 흐름을 차단하기 때문에 심각한 문제를 일으킬 수 있다. 특히 혈전이 돌아다니다 심장, 폐, 뇌로 가면 대단히 위험하다. 그런데 에스트로겐이 혈전 위험 증가와 관련이 있다.

생물학에서 흔히 보는 일이지만, 에스트로겐은 하나 이상의 역할을 담당하는 대단히 중요한 생물분자다. 사실 에스트로겐을 사용한다고 해서 위험성이 엄청나게 높아지는 것은 아니다. 새로 나온 피임약은 에스트로겐 함량을 낮춰서 특히 그렇다(상대적 위험도 1.93배). 그리고 젊은 비흡연 여성의 경우에는 혈전 발생률이 더 낮아진다. 하지만 그 위험 증가량이 무시할 수 있는 수준은 아니고, 연령에 비례해서 위험이 더 커진다. 거기에 더해서 피임법의 종류(피임약 성분 배합의 차이, 패치, 질내고리 등등)에 따라 상대적인 위험도 달라진다. 따라서 피임법을 선택할 때는 그 종류도 고려해야 한다. 프로게스틴 단독 피임약은 혈전 발생 위험을 높이지 않기 때문에 대안이될 수 있는 것이다.

호르몬 피임법의 잘 알려진 또 다른 부작용으로는 암이 있다. 피임약 같은 경우는 암 발생 위험을 평가하기가 아주 어렵다. 우선 암이 발생하는 데는 여러 해가 걸리기 때문에 장기적인 연구가 필요하다. 하지만 사람들은 피임약을 사용했다 말았다 하고, 사용하는 피임법도 종종 바뀐다. 암 발생에 영향을 미치는 다른 이유(예를 들면 출산이나 모유 수유)도 있을 수 있고, 복용하던 피임약이 시간이 지나면서 바뀌거나 약을 복용하는 사람의 생활방식도 변할 수 있기 때문에 암 발생 위험을 평가하기는 쉽지 않다. 하지만 그럼에도 호르몬 피임법은 유방암의 위험은 아주 살짝 높이는 것 같고(교차비 odds ratio 1.08), 자궁경부암의 위험은 높일 가능성이 있는 것으로 보인다. 반면 이런 약을 복용하면 대장암(교차비 0.83), 난소암(교차비 0.73), 자궁내막암(교차비 0.57)의 발생 위험은 오히려 낮춰준다. 이런 이유 때문에 비용·편익분석이 아주 어렵다. 사람마다 위험 요인과 내성이 다 제각각이기 때문이다.

호르몬 피임법이 건강에 미치는 위험에서 한 가지 더 고려할 부분은, 호르몬 피임법을 선택하지 않았을 때 따라오는 위험이다. 임신도 그 자체로 건강상의 위험과 이점이 뒤따른다. 여러 번의 임신, 의도하지 않은 임신, 혹은 다른 위험 요인을 안고 있는 여성의 임신 등이 몸에 미치는 영향을 고려할 때는 위험이 특히나 커진다. 따라서 호르몬을 이용하지 않는 다른 형태의 피임법에도 주목할 필요가 있다. 물론 다른 피임법이라 하더라도 완벽하게 안전하다고 할 수는 없다.

근래 들어 미국인들은 한 가지 문제를 새로 의식하게 됐다. 호르몬 피임법이 지하수와 식수에 미치는 영향이다. 사람이 합성 호르몬을 섭취하면 그 약의 일부(대략 50~80%)는 배설되어 폐수 처리 시설로 들어가게 된다. 폐수 처리 방법에 따라서는 이 호르몬이 완전히 제거되지 않을 수도 있다. 에스트로겐과 에스트로겐성 화합물은 내분비 교란물질이다. 사람의 호르몬 신호 경로와 상호작용하기 때문이다. 사실 위에서 설명했듯 이것이 피임약을 유용하게 만드는 바로 그 메커니즘이다. 하지만 이런 성질 때문에 환경 오염원으로도 작용한다. 물속에 에스트로겐성 화합물이 들어 있으면 간성intersex(암컷과 수컷이 혼합된 성 - 옮긴이) 물고기와 수생종이 증가할 수 있다. 이것은 사람에게도 좋지 않아서 몇 가지 생식상의 문제가 생길 수 있다. 하지만 캘리포니아대학교 샌프란시스코 캠퍼스의 연구진이 2011년에 발표한 문헌검토 논문에서는 경구 피임약이 내분비계를 조작하는 여러 오염원 중 하나에 불과하다는 결론을 내렸다. 다른 오염원으로는 사람과 가축(특히 임신한 가축)이 배설하는 천연 에스트로겐, 식물성 에스트로겐 성분이 높은 식물(대두 등)을 가공하는 시설, 농약, 산업용 화학물질 등이 있다. 좋은 소식이자 나쁜 소식을 말하자면 이런 오염원들 중에서 경구 피임약이 수질 오염에 기여하는 부분이 제일 적다는 것이다.

결국 호르몬 피임약은 다른 의학적 치료법과 비슷해서 부작용이 없지 않다. 전체적인 위험도가 높지는 않지만 다른 위험 요소를 함께 안고 있는 사람에게는 중요한 문제일 수 있다. 여기서 핵심은 치료의 위험뿐만 아니라 치료하지 않았을 때의 위험까지도 고려해서 결정을 내려야 한다는 것이다.

요약

예방 가능성 (80)

다른 형태의 피임법도 있기 때문에 경구 피임약이 꼭 필요한 것은 아니다. 하지만 대안으로 선택한 피임법이 실용적이지 않거나 바람직하지 않은 경우도 있다.

발생 가능성 (18)

부정적인 결과가 발생할 가능성은 연령, 병력, 흡연력, 약물의 성분 배합 등에 따라 달라진다. 일부 부작용은 대단히 흔하지만 아주 심각하지는 않다. 심각한 부작용 위험은 그리 높지 않지만, 그렇다고 해서 무시할 수 있는 수준은 아니다.

결과 (75)

혈전과 암은 우습게 여길 수 있는 것은 아니지만, 그렇다고 해서 모두 치명적인 것은 아니다.

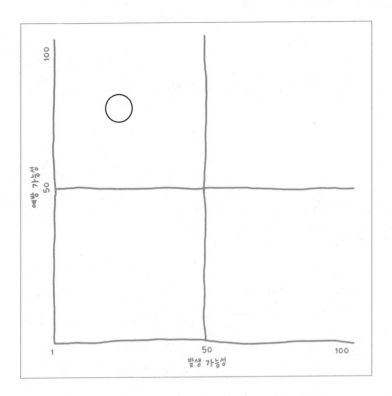

발생 가능성

예방 가능성

경구 피임약

18. 병원 분만

어떤 사람들은 출산에 대해 대단히 강렬한 느낌을 갖고 있다. 조금만 생각해보면 그 이유를 이해할 수 있을 것이다. 출산은 적어도 두 사람의 인생을 바꿔놓는 사건이다. 자연에서 가장 강력한 생리학적 유대 중 하나가 동반되는 심오한 감정적 경험이다. 아이를 낳아본 사람이면 분만이 얼마나 힘든 일인지 알 것이다. 모든 포유류는 새끼를 낳지만(그렇지 않으면 포유류가 아니다) 사람은 머리가 커서 분만이 특히나 힘들다. 아기를 낳는 것은 고통스럽고 힘들 뿐 아니라 산모와 아기 모두에게 위험할 수 있다.

미국 여성 대부분은 병원에서 아이를 낳는다. 하지만 점점 더 많은 여성이 분만센터나 집에서 아이를 낳는 쪽을 선택하고 있다. 감정적인 이유로 그러는 경우도 있다. 사랑하는 사람들로 둘러싸인 집에서 아이를 맞이하고 싶기 때문이다. 하지만 분만에 대한 과잉진료화 때문인 경우도 많다. 일부 사람은 병원에서 출산할 경우 꼭 필요한 경우가 아닌데도 보조 분만이나 제왕절개 분만 같은 의학적 개입이 있지 않을지 걱정한다. 2008년에 나온 다큐멘터리 '출산의 비즈니스The Business of Being Born'에서도 이런 관점을 옹호한 바 있다. 이 다큐는 일부 계층의 사람들에게 아주 큰 영향을 미쳤다.

일부 의사와 과학자들은 가정 분만 경향에 경악하며 불안감을 표시한다. 이들은 이런 경향이 산모와 아기를 중대한 위험에 빠뜨릴 수 있다고 주장한다. 가정 분만을 고집하지 않으면 임신 자체에 따라오는 위험은 아주 낮다는 것이다. 이들은 별 문제 없던 분만도 순식간에 응급상황으로 변할 수 있다는 점이 문제라고 주장한다. 바꿔 말하면 분만은 본격적으로 사건이 터지기 전에는 의학적으로 문제 될 것이 없다. 그리고 사건이 터져도 병원에 있으면 몇 분 안에 도움을 받을 수 있다. 하지만 집에서 분만하는 경우 병원에 도착하는 데 추가로 걸리는 몇 분 때문에 뇌 손상, 심지어 사망의 경계를 넘어갈 수도 있다는 것이다.

이 주제와 관련해서는 양쪽에서 내놓은 주장 모두 옳다. 따라서 병원 분만이 안전한지, 가정 분만이 안전한지 물을 때는 묻는 사람이 말하는 안전의 의미가 무엇이냐에 따라 여러 대답이 나올 수 있다.

1915년에 미국의 영아 사망률은 10퍼센트 정도였고, 임산부 사망률은 9퍼센트 정도였다. 1997년에는 이런 사망률이 각각 90퍼센트와 99퍼센트 줄어들어서 CDC에서는 '더욱 건강해진 산모와 아기'를 20세기 공공보건이 달성한 위대한 업적 10가지 중 하나로 선정했다. CIA(맞다, 미국 중앙정보국의 CIA다)에서는 2016년 미국의 영아 사망률을 0.0058로 추정한다. 즉 1,000명이 태어날 때 5.8명이 사망했다는 의미다. 따라서 미국에서 아기를 낳는 것은 꽤 안전하다. 가정 분만이 아기에게 더 부정적인 결과를 가져온다는 것도 사실이다. 스노든 등이 발표한 2015년 보고서(「계획된 병원 밖 분만과 그 분만 결과」)에 따르면, 계획적으로 병원 밖에서 분만한 경우에는 분만 시 사망(출생 직전이나 직후의 사망)의 가능성이 2.43배 높게 나왔다(일부 여성은 문제가 생겼을 때 병원으로 이송되었다). 더군다나 집에서 태어난 아기는 신생아 경련이 발생할 가능성이 3.6배 더 높았다. 하지만 이런 부정적인 사건이 일어나는 절대적인 숫자 자체가 애초에 낮다는 점을 기억하는 것이 중요하다. 그렇게 따지면 분만 1,000건 당 사망 숫자가 2.1건 더 추가되는 수준에 불과하다. 이것은 다른 연구 결과들도 뒷받침해주고 있다. 하지만 위험 증가 수치는 연구마다 다양하게 나타난다.

반면 이 연구에서는 집에서 분만하는 여성은 의학적 도움 없이 자연분만을 할 가능성이 5.63배 더 높고, 병원에서 분만하는 여성은 제왕절개 분만을 할 가능성이 5.55배 더 높은 것으로 나왔다. 지금은 아주 흔하게 이루어지다 보니 별 것 아닌 듯 느껴지지만 제왕절개는 여전히 큰 수술이다. 그 자체로 어느 정도의 위험을 안고 있다는 의미다. 수술에서 회복하는 동안에도 아이를 돌보아야 하는 어려움, 특히 다른 자녀가 함께 있는 경우의 어려움을 말하는 것이 아니다. 제왕절개 분만을 하면 다음 분만 때도 같은 방식으로 분만할 가능성이 높아진다. 그리고 수술을 거듭할수록 위험도 커진다. 거기에 더해 과학자들은 자연분만이 아이에게 더 이롭다는 사실을 이제 막 이해하기 시작했다. 자연분만으로 태어나는 아이는 엄마

로부터 면역계 발달에 도움이 되는 미생물군을 획득하게 된다. 반면 제왕절개로 태어난 아이는 비만, 천식, 알레르기, 면역결핍의 위험이 높아진다. 2016년에 《네이처 메디슨Nature Medicine》에 발표된 한 연구에 따르면, 제왕절개로 태어난 아이에게도 이 미생물군을 부분적으로 회복시켜주는 것이 가능할지도 모르지만 아기의 건강에 장기적으로 영향이 미칠지는 아직 확실치 않다.

따라서 아기를 낳을 가장 안전한 장소를 선택하는 문제는 당신이 절대적 위험과 상대적 위험을 어떻게 저울질해서 생각하느냐에 달려 있다. 어디서 아기를 낳기로 결정하든 상관없이 전체적인 위험을 낮추기 위해 산모가 취할 수 있는 조치들이 있다. 가정 분만을 결심했다면 반드시 자격증이 있는 경험 많은 조산사를 곁에 두어야 한다. 그리고 의사와 상의해서 가정 분만에 적합한 상황인지 확인하고 행여 문제가 생겼을 경우를 대비해 병원 이송 계획도 짜두어야 한다.

만약 병원 분만을 결심했다면 분만 전에 자신이 중요하게 여기는 부분에 대해 담당 의사와 반드시 얘기해두어야 한다. 어디서 아기를 낳든 모든 여성은 미리 분만 계획을 세워놓아야 하고, 그 계획을 자신의 담당 의료인과 공유해야 한다. 의사와 병원에 따라 이런 부분에 더 협조적인 곳이 있으니 결정을 내리기 전에 조사를 해서 상황에 맞게 준비하는 것이 좋다. 또 조산사를 두고 분만할 수 있는 병원도 많다. 병원에서 분만하더라도 환자에게는 항상 의학적 개입을 거부할 권리가 있음을 기억하자. 출산하러 갈 때는 자신의 대변인 역할을 해줄 배우자, 친구, 부모, 출산 경험이 있는 조언자 등을 대동해야 하고, 이 사람들은 결정이 필요한 모든 부분에서 병원 측에 충분한 정보를 요구해야 한다.

출산에서 무엇보다 중요한 것은 산모와 아기의 건강이다. 진짜 문제는 아이를 집으로 데려와 자신이 부모가 되었음을 깨닫는 순간부터 시작된다. 아무리 철저히 계획을 세웠다 해도 완벽한 준비란 있을 수 없다.

요약

예방 가능성 (100)
일부의 경우에서는 병원에서 분만하는 것이 훨씬 안전하지만 어디서 분만할지 결정하는 것은 궁극적으로 산모의 몫이다.

발생 가능성 (28)
병원에서 분만할 경우 제왕절개나 다른 의학적 개입을 받게 될 가능성이 더 높지만, 통계적으로 보면 아기의 건강과 관련해서는 더 나은 결과가 나올 가능성이 크다. 병원 분만이나 가정 분만 모두 영아 사망률과 임산부 사망률은 아주 낮다.

결과 (35)
정말로 필요한 경우라면 제왕절개 분만은 아주 훌륭한 선택이다. 그리고 꼭 필요한 경우가 아니라면 그리 좋은 선택이 아니다. 하지만 제왕절개 후의 회복 과정이 고통스럽고 힘들기는 해도 치명적일 가능성은 낮다.

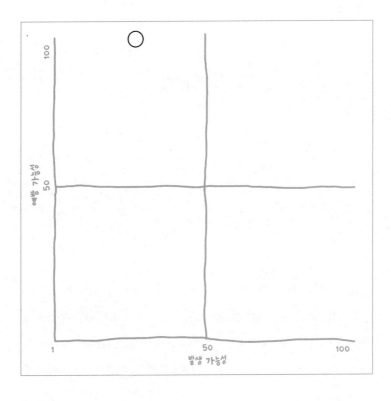

발생 가능성

예방 가능성

병원 분만

19. 에볼라

에볼라Ebola는 콩고민주공화국에 있는 강 이름이다. 이것은 또한 대단히 치명적인 바이러스성 출혈열을 일으키는 바이러스속屬의 이름이기도 하다. 에볼라 바이러스병은 1976년에 에볼라강 근처의 한 마을에서 처음 등장했다. 그래서 에볼라라는 이름이 붙게 되었다. 바이러스성 출혈열은 증상에 따라 분류되지만, 사실 과가 다른 몇몇 바이러스에 의해 걸릴 수 있다. 에볼라 바이러스는 필로바이러스과Filoviridae에 속한다. 이 과에 속하는 다른 구성원으로는 마르부르크 바이러스Marburgvirus(독일의 마르부르크 지역의 이름을 땄다) 하나밖에 없다. 이것은 당신이 얽히고 싶어 할 바이러스과는 아니다. 에볼라 바이러스와 마르부르크 바이러스는 아주 소름끼치는 녀석들이다. 이들 바이러스에 감염되면 평균 사망률이 50퍼센트나 된다. 다양한 발발 사건에서 기록된 사망률을 보면 25퍼센트에서 무려 90퍼센트까지 다양하게 나온다. 감염으로 사망에 이르지 않는다 해도 이 병은 아주, 아주 불쾌하다. 초기 증상으로는 발열, 두통, 인후염, 불안감 등이 있다. 이어서 구토, 설사, 발진 그리고 내출혈과 외출혈이 일어난다(그래서 출혈열이라는 이름이 붙었다).

1995년에 많은 미국인이 에볼라 바이러스에 대해 알게 되었다. 그해에 콩고민주공화국에서 실제로 에볼라 바이러스가 창궐한 것과 때를 맞춰 리처드 프레스턴의 베스트셀러『핫 존The Hot Zone』과 박스오피스 히트 영화〈아웃브레이크Outbreak〉가 나왔기 때문이다. 이로 인해 바이러스병에 걸린 사람 중 81퍼센트가 사망했지만 전체적인 규모는 작았다(총 315명 사망). 그리고 매년 새로 불쑥불쑥 발발이 일어나기는 했지만 항상 아프리카 안에서 잘 억제되었다.

에볼라가 여러 해 동안 대부분 지역적인 문제로 머무른 데에는 몇 가지 이유가 있다. 첫째, 감염력이 높지 않다. 평균적으로 에볼라 감염자 한 명이 한두 명 정도만 추가로 감염시킨다. 이 정도도 분명 달가운 수준은 아니지만(특히 그 한두 명에게는), 홍역 바이러스보다는 훨씬 덜하다. 홍역 감염자는 한 명이 평균 12~18명 정도를 감염시켜 전 세계적으로 가장 전염력이 강한 질병 중 하나가 되었다(이 얘기에 또 슬슬 홍역이 걱정될지도 모르겠다). 에볼라는 주로 증상이 발현된 이후의 감염자 체액과 접촉하면서 주로 전파된다. 그러니까 감염된 사람을 돌보거나 그 시신을 만지거나 씻어줄 때만 감염될 가능성이 있다는 의미다. 에볼라가 오래도록 크게 창궐하지 않은 두 번째 이유는 너무 치명적이기 때문이다. 바이러스가 미처 전파되기도 전에 감염자가 너무 빨리 죽어버린다. 이런 요인들이 복합적으로 작용하는 바람에 에볼라는 수면으로 떠올랐어도 머지않아 스스로

에볼라

소멸해버린다. 미국에서는 에볼라가 아이들 겁줄 때 들먹이는 귀신 같은 존재가 되었다.

하지만 2013년이 끝나갈 무렵, 에볼라 귀신이 다시 본격적으로 얼굴을 드러냈다. 그해 12월 26일에 아프리카 서부 해안 지방 기니에서 2세 남자아이가 병에 걸렸다. 그 아이가 어떻게 에볼라에 걸렸는지는 오리무중이지만 아마도 동물과의 접촉 때문일 것이다. 그 동물은 바이러스의 자연숙주로 추정되는 과일박쥐fruit bat일 확률이 높다(참고로 말하자면 박쥐는 세상에서 가장 무서운 일부 질병들의 저장소 역할을 한다). 이틀 후에 남자아이가 사망했고, 이 병이 퍼지기 시작했다. 이번에는 그 지역에 국한되지 않고 기니의 수도인 코나크리까지 퍼졌다. 그런 다음 이웃 국가인 라이베리아와 시에라리온까지 전파되었다. 거기서 각각의 수도로 퍼진 다음에는 마치 들불처럼 번져나갔다. 이렇게 해서 에볼라는 서부 아프리카의 유행병으로 자리잡았다. 2014년에서 2016년 사이에 기니, 라이베리아, 시에라리온에서 2만 8,000명 이상의 사람이 이 병으로 쓰러졌고, 1만 1,000명 이상이 사망했다. 이 위기가 정점에 도달했을 때는 미국을 포함한 9개국가로 퍼졌다. 수많은 사람이 에볼라 공포에 떨었다. 이 유행병은이제 끝났지만, 바이러스는 사라지지 않았다.

에볼라를 걱정하는 방법도 여러 가지다. 우선 서부 아프리카에서 에볼라가 야기했던 믿기 어려울 정도의 고통과 괴로움 그리고 사망에 대해 걱정할 수 있다. 이것은 분명 타당한 걱정이다. 유행병과맞서 싸울 수 있는 자원과 기반시설이 부족한 국가의 사람들은 에볼라 감염에 취약하다.

그 다음으로는 혹시 나도 에볼라에 걸리지 않을까 걱정할 수 있다. 이것은 자연스러운 두려움이지만, 미국에서 에볼라가 크게 발발할 가능성은 낮다. 미국은 질병 확산을 멈출 수 있는 자원과 기반시설을 갖추고 있기 때문이다(적어도 현재 형태의 에볼라 바이러스에 대해서는 그렇다). 2014년의 유행은 아무리 미국이라고 해도 이 병을 멈추기가 예상처럼 쉽지는 않았음을 보여주었다. 하지만 미국에서는 유행하지 않았기 때문에 그 후로 공공보건 체계에서 에볼라 바이러스 대처가 개선되어 병원과 의료 종사자들에게 더 많은 지침과 지원이 제공되고 있다.

에볼라 바이러스 유행에 대해 걱정할 만한 또 한 가지 이유는 이런 유행을 통해 바이러스가 진화할 기회가 열린다는 점이다. 이번의 발병이 기존과 달랐던 이유 중 하나는 인구 밀도가 높고 이동이 활발한 수도까지 도달했다는 점 때문이었다. 그래서 유행병으로 크게 번지기 시작할 즈음에는 이미 이 바이러스가 인간 세포에 대한 감염성이 높아지는 돌연변이를 거쳤을지도 모른다. 이것은 분명 좋지 않은 일이다.

마지막으로 에볼라의 전 세계 대유행을 걱정할 수도 있다. 이 질병에 똑같이 취약한 다른 국가들이 있다. 인도처럼, 서부 아프리카에 비해 나머지 국가들과 물리적으로, 경제적으로 훨씬 복잡하게 얽혀 있는 국가들이다. 인도주의적 관점에서 봐도 끔찍한 일이지만, 이것이 세계 금융 위기로 이어질 수도 있다.

좋은 소식은 이제 사람들이 에볼라 바이러스에도 관심을 쏟기 시작했고, 문제 해결을 위해 국제적인 대응이 이루어지고 있다는 점이다. 유망한 새로운 백신도 나와 있다. 하지만 그렇다 해도 에볼라에 대한 걱정을 끝내기는 너무 이르다. 정말로 나쁜 소식은 따로 있다. 언제라도 그런 식으로 번질 준비를 하며 도사리고 있는 다른 바이러스들이 있다는 점이다(2020년 현재 코로나19 세계 대유행을 통해 이 점은 우리 모두 뼈저리게 경험하고 있다 - 옮긴이). 지카 바이러스, 니파 바이러스, 메르스 바이러스, 인플루엔자 바이러스처럼 우리가 이미 알고 있는 위험한 바이러스들도 존재한다. 하지만 동물 집단에서 잠복 중인, 우리가 아직 경험하지 못한 훨씬 많은 바이러스가 기다리고 있다. 더군다나 시간이 흐를수록 감염성 질병의 발생 비율이 꾸준히 올라가고 있다. 인간의 개발이 야생의 서식지를 잠식하는 것도 이런 현상이 일어나는 데 한몫하고 있을 것이다. 그로 인해 사람과 야생동물 간의 상호작용이 늘어나면서 우리 인간에게 건너올 수 있는 기회의 창이 열리는 것이다.

미국에 사는 사람이라면 에볼라에 걸릴 가능성은 낮다. 하지만 전 세계 공공보건 정책 투자에 대한 관심은 높아져야 할 것이다.

요약

발생 가능성 (57)

현재 형태의 에볼라 바이러스는 다른 질병들처럼 전염력이 강하지 않기 때문에 증상이 나타나는 사람과 거리를 유지하면 피할 수 있다. 하지만 국제 공공보건 체계에 더 많은 자금을 투자하자는 주장을 지지하는 목소리가 부족하다 보니 통제에서 벗어난 다른 지역의 유행병 발발을 막기 위해 당신이 할 수 있는 일은 많지 않다.

발생 가능성 (16)

미국에서 에볼라에 걸릴 가능성은 대단히 낮지만 병에 직접 걸리지 않더라도 다른 곳에서 발발한 유행병에 영향을 받을 수는 있다.

결과 (100)

에볼라에 걸린다면 당연히 그 결과는 심각하다.

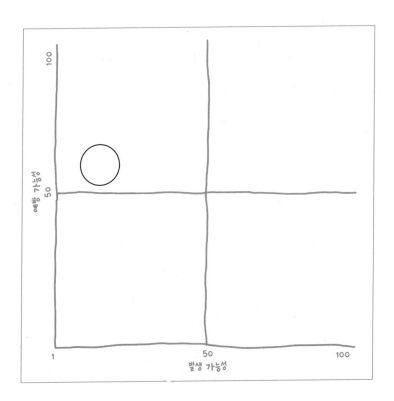

에볼라

20. 뇌 먹는 아메바

~~~~~

좀비가 손을 앞으로 뻗으며 비틀거리며 달려온다. 사람의 뇌를 먹고야 말겠다는 그 의지는 변함없이 확고하다. 이것이 할리우드 영화들이 우리 머릿속에 심어놓은 좀비의 이미지다. 하지만 당신의 뇌는 죽지도 살지도 않은 자들의 식탐으로부터 안전하다. 좀비 같은 것은 세상에 존재하지 않기 때문이다. 그런데 뇌를 좋아하면서도 좀비보다는 훨씬 작은 실제 생명체가 당신을 걱정시킨다. 바로 네글레리아 파울러리Naegleria fowleri 아메바다.

흔히 '뇌 먹는 아메바'로 알려진 네글레리아 파울러리는 현미경으로 들여다볼 수 있는 작은 단세포 생물체로 전 세계의 토양, 민물 호수, 연못, 강, 온천에서 발견된다. 이 아메바 감염 사례는 남극 대륙을 제외한 모든 대륙에서 보고되고 있다. 뇌 먹는 아메바는 따뜻한 기후를 좋아하고 온도가 섭씨 30도 이상일 때 증식한다.

멀리서도 보이는 할리우드 좀비와 달리 뇌 먹는 아메바는 그보다 훨씬 은밀한 경로를 통해 뇌로 들어간다. 이 아메바는 보통 감염된 물에서 수영하는 사람들을 공격하는데, 아메바가 들어 있는 물에서 수영하는 사람의 코로 들어가면서 감염이 시작된다. 이 아메바는 비점막과 합쳐져 후각신경과 후삭嗅索(후각 신경 다발 부분 - 옮긴이)을 타고 들어간 다음, 비강과 뇌를 분리하고 있는 벌집뼈(코안의 천장에 있는 뼈 - 옮긴이)를 통해 뇌까지 도달한다. 일단 뇌에 이르면 신경조직을 파먹기 시작해 원발성 아메바성 수막뇌염을 일으킨다. 이 아메바는 먹이를 끌어들여 소화시키는 먹이컵을 세포 주변으로 뻗어 먹이활동을 한다. 아메바가 단백질을 녹이는 단백질 분해효소를 분비하면 이 과정이 더 순조롭게 이루어진다. 이 과정에서 뇌에 가해지는 손상으로는 내출혈, 염증, 세포 죽음이 있다. 증상은 보통 후각의 변화, 두통, 발열, 메스꺼움과 구토 등으로 시작하고 더 진행되면 발작, 목의 결림, 환각, 혼수, 사망 등으로 이어질 수 있다. 사망은 염증으로 인한 부종이 두개내압을 증가시켜 일어나는 것으로 여겨진다. 이 압력이 호흡을 통제하는 뇌줄기에 영향을 미치는 것이다.

뇌 먹는 아메바 감염은 노출 후 2주일 안에 대략 97퍼센트의 사례에서 치명적으로 작용한다. 하지만 주의할 점이 있다. 이 아메바가 문제를 일으키려면 코를 통해 뇌로 들어가야만 한다. 아메바에 오염된 물을 목으로 삼켰을 때에는 아무 위험이 없다. 이 작디작은 해충들을 위산이 죽여버리기 때문이다. 따라서 코를 통한 감염이 아니면 문제 될 것이 없다.

뇌 먹는 아메바에 의한 감염은 흔하지 않다. 1937년에서 2013년 사이에 CDC와 다른 데이터뱅크에 보고된 사례는 총 142건에 불과

뇌 먹는 아메바

하다. CDC에 보고된 환자 대부분은 남성(76%)에 18세 이하(83%)였다. 유병률을 보면 많은 사람이 이 아메바에 노출되지만 그 어떤 증상도 나타나지 않을 가능성이 높음을 알 수 있다. 어떤 사람은 증상이 심각하고 어떤 사람은 그렇지 않은 이유는 알려져 있지 않다. 암포테리신 B(항진균제)와 아메바를 죽이는 밀테포신 같은 약을 투여해 몇몇 감염자의 목숨을 구한 바 있다.

뇌 먹는 아메바의 잠재적 피해자가 따뜻한 물에서 수영하는 사람만 있는 것은 아니다. 축농증이나 알레르기 비염 때문에 코막힘이 있는 사람은 비강을 청소해주는 코세척기를 사용한다. 일부 종교 의식에서 세정식을 할 때도 이것을 사용한다. 사용법이 중요한데, 철저히 청결을 유지한 상태에서 멸균수, 증류수, 혹은 끓여서 식힌 물 등으로 식염수(소금물)를 준비한 다음 코세척기 주둥이를 콧구멍에 넣어서 비강을 세척한다. 여기서 끓이지 않은 수돗물이나 자연에서 가져온 물을 이용해서는 절대 안 된다. 그 안에 뇌 먹는 아메바를 비롯한 미생물이 들어 있을 수 있기 때문이다. 파키스탄, 루이지애나주 그리고 기타 지역(예를 들면 미국 버진아일랜드) 등에서 뇌 먹는 아메바로 인한 몇몇 사망 원인을 추적해보았더니 코세척기가 원인이었던 것으로 밝혀졌다. 루이지애나주에서는 사망 발생 이후 아메바를 죽이기 위해 수돗물에 첨가하는 최소 염소 수치를 상향 조정했다.

사람들을 겁주려고 일부러 무시무시하게 쓴 신문 표제기사(〈강물 속에 도사리고 있던 '뇌 먹는 아메바'가 결국 강 수영을 즐기던 한 여성의 목숨을 앗아가다〉) 때문에 즐겨 찾던 수영 장소를 포기할 필요는 없다. 뇌 먹는 아메바에 노출되는 사람은 굉장히 많지만 감염되는 경우는 지극히 적다. 물론 감염으로 인한 결과는 대단히 파괴적이지만 실제로 걸릴 위험은 낮다.

다음과 같은 지침을 따르면 감염 위험을 낮출 수 있다.

- 민물 호수, 연못, 온천같이 따뜻한 물은 피한다.
- 따뜻한 물에서 수영할 때는 노즈클립을 사용하거나 코를 막는다.
- 수영장이나 온천에 적절한 화학물질(예를 들면 염소)을 첨가한다.
- 코세척기를 사용할 때는 지시사항을 준수한다. 가장 중요한 점은 멸균수, 증류수, 끓인 물만 사용해야 한다는 것이다. 미생물을 걸러내는 특수 필터도 효과가 있다.

뇌 먹는 아메바가 당신의 뇌를 먹을 가능성은 낮다. 이 아메바가 걱정되지만 따뜻한 물에서 수영하고 싶어 견딜 수 없을 때는 민물 대신 바다에서 수영하는 것이 좋다. 바다에는 뇌 먹는 아메바가 살지 않는다.

요약

예방 가능성 (88)

민물 호수, 연못, 강, 온천을 피하고, 코세척기를 사용하지 않으면 뇌 먹는 아메바 감염을 피할 수 있다.

뇌 먹는 아메바

발생 가능성 (3)

뇌 먹는 아메바는 민물에 흔히 살지만 감염은 거의 일어나지 않는다.

결과 (97)

뇌 먹는 아메바 감염은 거의 항상 치명적인 결과를 낳는다.

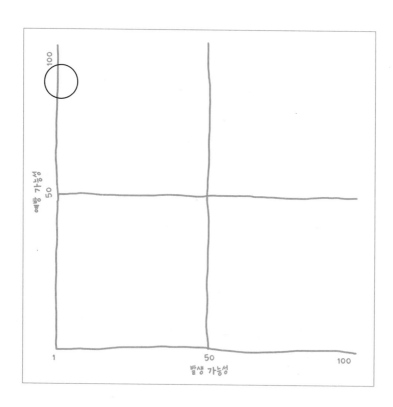

21. 의료과실

~~~~~~

나중에 내가 어떻게 죽게 될까 생각할 때 의료 과실로 죽는 경우를 떠올리는 사람은 별로 없을 것이다. 하지만 그런 가능성도 고려해보아야 한다. 의료과실은 당신 생각보다 훨씬 흔하다. 그리고 그중 대부분은 심각하지 않지만 일부는 치명적인 결과로 이어지기도 한다.

대부분의 사람은 의료과실이라고 하면 윌리 킹 같은 사람을 떠올린다. 그는 1995년에 병원의 실수로 엉뚱한 다리를 절단당한 당뇨병 환자다. 하지만 보건의료가 점점 복잡해지는 만큼, 그보다는 덜 극적이지만 수많은 다른 종류의 의료과실이 생길 수 있다. 예를 들면 해야 할 검사를 지시하지 않거나, 엉뚱한 검사를 지시하거나, 검사 결과를 잘못 해석하거나, 엉뚱한 약의 복용을 지시하거나, 약 용량을 잘못 투여하거나, 약물 간의 상호작용을 고려하지 않거나, 기구를 적절히 세팅해놓지 않거나, 적절한 기구나 재료를 준비해놓지 않거나 등등. 단지 손 씻기를 깜빡하는 것도 부정적인 결과로 이어질 수 있는 의료과실이다.

1999년에 의학연구소Institute of Medicine(현재는 National Academy of Medicine)에서는 미국의 의료과실에 대한 폭탄선언과도 같은 보고서「실수는 인간의 몫 — 더 안전한 보건의료 체계의 구축To Err Is Human: Building a Safer Healthcare System」을 제출했다. 이 보고서의 저자들은 현대에 나온 두 가지 연구에서 추론해 매년 4만 4,000명에서 9만 8,000명의 사람이 종합병원에서 의료과실로 사망한다고 추정했다. 아마도 외래, 양로원, 재택의료, 외래진료용 시설에서는 더 많은 사망이 일어날 것이다. 1998년에 자동차 사고로 사망한 사람이 4만 1,826명임을 고려하면 문제의 심각성이 눈에 들어온다. 의료과실로 인한 사망자 규모는 대단히 크다. 큰 문제가 아닐 수 없다. 이 보고서를 쓴 위원회에서는 보건의료 체계의 안전성 증진을 위해 국가적 리더십의 창출, 의무적 보고의 강화, 의사와 행정가의 태도 변화, 안전 조치 시행 등에 초점을 맞춰 몇 가지 제안을 내놓았다.

물론 1999년이면 꽤 오래전 일이다. 그럼 지금은 어떨까? 안타깝게도 그리 나아지지 않았다. 2016년에 존스홉킨스대학교의 한 연구진이 발표한 논문에서는 1999년 이후로 다른 연구집단에서 발표한 연구 결과들을 분석했다. 연구자들이 메타분석(수년간에 걸쳐 축적된 연구논문들을 요약하고 분석하는 방법 – 옮긴이)을 통해 추론한 바로는 1년에 25만 1,454명의 병원 환자가 의료과실 때문에 사망한 것으로 나타났다. 만약 이 추정치가 맞다면 의료과실은 심장 질환과 암의 뒤를 이어 미국에서 세 번째 사망 원인인 셈이다. 이번에도 역시 이 추정치는 종합병원 환자만을 고려한 것이기 때문에 과소평가되어 있을 가능성이 크다. 이 추정치는 논란도 있고, 조금은 호도하는 부분도 없지 않지만(진료를 받으러 오는 환자는 대부분 몸에 문제가 있어서 오기 때문에) 어쨌거나 기운 빠지는 결과인 것은 분명하다.

이 연구의 저자들이 지적하는 한 가지 큰 문제는, 이런 정보가 수집되지 않기 때문에 사망으로 이어지는 의료과실의 실제 숫자에 대해 대략적인 추정만 가능하다는 점이다. 사망진단서에는 국제질병분류를 바탕으로 사망의 직접적인 원인을 기록한다. 하지만 사망의 기여 요소에 대해서는 어떤 정보도 기록하지 않는다. 따라서 약물이 부정확한 용량으로 투여되어 심장마비로 사망한 경우에도 사망진단서에는 사망 원인을 그냥 심혈관 문제로 기록할 것이다. 불행히도 이런 방식 때문에 우리는 의료과실이 얼마나 큰 문제인지 모르고 있다.

의료과실은 왜 그렇게 많이 일어날까? 의사, 간호사, 기타 보건의료 종사자들도 사람이고, 사람은 실수를 하기 마련이어서 그렇다. 분명 중과실이나 무능력에 의한 사례도 존재한다. 하지만 많은 의료과실은 단순한 실수로 일어난다. 사람은 일을 하다 보면 피곤해진다. 특히 긴 근무시간이 끝날 즈음에는 더 피곤하다. 더러는 정신이 산만해지거나 계산 실수를 하거나 엉뚱한 물건을 집어들거나 다른 사람의 손 글씨를 잘못 읽기도 한다. 당신이 하루에 자잘한 실수를 얼마나 많이 하는지 생각해보라. 그리고 이런 실수들 중 하나가 누군가에게 실제로 해를 입힐 수 있는 행동이라고 상상해보라. 의료 종사자들이 바로 이런 상황에 처해 있다. 전문가들이, 실효성 있는 조치를 위해서는 시스템 차원에서 문제를 해결해야 한다고 주장하는 이유도 이 때문이다. 사람은 항상 실수를 한다. 이 문제를 해결하는 핵심은 이런 실수가 당연히 발생할 것을 예상하고 실수를 포착할 수 있도록 안전조치를 마련하는 것이다.

이것을 가능하게 하는 가장 근본적인 조치 중 하나는 체크리스트를 활용하는 것이다. 이것은 항공업 같은 다른 복잡한 산업에서 흔히 사용되는 개념이다. 의료계에서도 체크리스트를 사용하자는 주장이 점점 힘을 얻고 있다. 연구에 따르면 체크리스트는 아주 원시적인 도구지만 입원환자의 수술 후 사망률과 정맥 카테터(장기 속에 넣어 상태를 진단하거나 약물 등을 주입할 때 쓰는 관 모양의 기구 - 옮긴이)와 관련된 혈류 감염을 줄이는 데 효과적인 것으로 나타났다.

다른 여러 첨단 도구도 유용하다. 전자차트는 의료 종사자들이 완전한 정보를 더 쉽게 얻을 수 있게 해주고, 전자처방을 사용하면 수기에 따르는 오류가 줄어들며 잠재적인 약물 상호작용의 위험이나 복용량 과실도 포착할 수 있다. 자동화 의료장비도 의료 인력이 그 사용법을 적절히 훈련한다면 도움이 된다. 여러 면에서 가장 중요한 개선책 중 하나는 문화적 변화다. 의료 종사자들은 의학 처치의 우선순위를 정하는 일에 집중하고, 의료 행정가들은 열린 소통과 징벌 걱정 없이 보고할 수 있는 환경 조성에 집중할 때 상황은 훨씬 더 좋아질 것이다.

하지만 변화의 책임이 의료 체계에 있다면 나머지 우리가 할 수 있는 일은 무엇일까? 최고의 전략은 바로 똑똑한 소비자가 되는 것이다. 선택권이 있는 경우라면 치료받으려는 병에 전문성을 지닌 의사와 시설을 선택하자. 의료과실에 가장 취약한 아동에게는 이것이 특히나 중요하다. 의사가 바빠 보이더라도 진료가 이루어지는 전후로 많은 질문을 하자. 사람들이 각자 할 일을 알아서 잘하고 있겠거니 가정해서는 안 된다. 뭔가 잘못되었거나 불분명해 보이는 부분이 있으면 거리낌없이 얘기해야 하고, 사람들이 손을 잘 씻는지도 확인해야 한다. 자신에게 처방되는 약이 무엇인지, 복용법은 어떤지 파악한 다음, 의사가 지시한 부분을 약사에게 한 번 더 확인하자. 아이에게 약을 먹이는 경우라면 올바른 양을 올바른 시간에 먹이고 있는지 이중으로 확인하자.

의사가 당신의 병력, 알레르기, 혹은 당신이 복용 중인 다른 약물에 대해 모두 알고 있을 거라고 가정해서는 안 된다. 관련 정보를 덜 제공하는 것보다는 과다하게 제공하는 것이 훨씬 낫다. 민망한 정보라도 숨겨서는 안 된다. 만약 진료받는 의사가 여러 명이거나 복잡한 질병을 갖고 있는 경우에는 그 의사 중 한 명(예를 들면 주치의)이 모든 진료를 총괄 조정하게 해야 한다. 마지막으로, 입원을 한 경우라면 당신이 의식을 잃거나 다른 부분에서 문제가 생겼을 경우 당신을 대신해 결정할 수 있는 친구나 가족을 지정해놓는 것이 좋다.

모든 의료과실을 예방할 수는 없지만 현대 의료로 죽는 사람보다는 목숨을 건지는 사람이 압도적으로 많다는 사실을 명심하자.

의료과실

요약

예방 가능성 (17)
안타깝게도 의료과실에 대해 우리가 통제할 수 있는 부분은 많지 않다. 우리가 할 수 있는 최선은 좋은 의사와 좋은 진료기관을 고르는 것이다.

발생 가능성 (79)
보고상의 간극 때문에 의료과실이 얼마나 많은지 알기는 어렵지만 생각보다 훨씬 더 흔하다는 점은 분명하다.

결과 (92)
의료과실이 모두 안 좋은 결과로 끝나는 것은 아니지만 일부는 분명 그럴 수 있다.

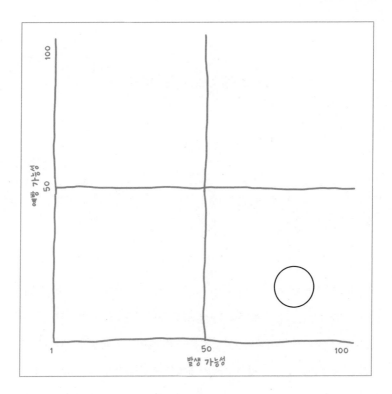

発생 가능성

의료과실

22. 아세트아미노펜

~~~~~~~~

아세트아미노펜은 엄청나게 인기 좋은 비처방 진통제 겸 해열제다. 어떤 면에서는 전 세계에서 가장 널리 이용되는 약이라고도 할 수 있다. 당신도 분명히 어떤 형태로든 아세트아미노펜을 복용해본 적이 있을 것이다. 미국에서 가장 인기 있는 상표명은 타이레놀이다. 하지만 이 약은 특허권이 없기 때문에 다른 여러 회사에서도 제조해 팔고 있다. 아세트아미노펜이 인기를 끄는 이유 중 하나는 오랫동안 아주 안전한 약으로 여겨졌기 때문이다.

1800년대에 처음 발견된 아세트아미노펜은 1950년대 이후로 미국에서 구입이 가능해졌다. 아세트아미노펜은 비스테로이드성 항염증제가 아니라는 점에서 대부분의 비처방 진통제와 차이가 있다. 이 약은 아닐린aniline 계열이다. 이부프로펜, 나프록센, 아스피린 등은 모두 비스테로이드성 항염증제에 해당한다. 이런 약들은 진통 효과는 아세트아미노펜보다 뛰어나지만 위출혈, 심장마비, 뇌졸중 등

끔찍한 부작용이 나타날 수 있다. 이부프로펜은 아기의 선천성 결함, 조산, 유산과 관련이 있다. 아스피린은 잠재적으로 치명적인 뇌 질환 라이 증후군Reye syndrome 위험이 있어서 아이에게 투여하면 안 된다. 이 모든 면에서 아세트아미노펜은 비스테로이드성 항염증제보다 우월하다. 사실 권장사항만 지키면 부작용이 없는 것으로 오랫동안 여겨져 왔다. 이 약이 안전한 약으로 평가받고, 1차 치료제로 처방 혹은 권장되는 경우가 많은 이유도 이 때문이다.

그런데 2009년에 FDA에서 소집한 전문가위원회에서 아세트아미노펜의 성인 1회 최고 복용량뿐만 아니라 일일 최고 복용량도 낮출 것을 권장하자 많은 사람이 놀랐다. 나중에 FDA에서는 아세트아미노펜이 들어 있는 모든 제품에 더욱 강력한 경고 라벨을 붙일 것을 제안했다. 2013년에 '디스 아메리칸 라이프This American Life'라는 라디오 프로그램에서 비영리단체 프로퍼블리카ProPublica와 공동으로 '지시한 대로만 사용하세요Use Only as Directed'라는 제목의 프로그램을 만들었다. 이 쇼는 아세트아미노펜을 권장량에서 조금만 더 복용해도 급성 간부전 위험이 있다는 사실을 잘 모르는 소비자가 많다고 환기시켰다. 실제로 쇼에서 지적한 바와 같이 매년 적어도 수백 명의 미국인이 아세트아미노펜 과다복용으로 사망한다. 이제 많은 사람이 어쩌면 아세트아미노펜이 그렇게 안전한 약은 아닐지도 모른다고 느끼기 시작했다.

잘된 일이다. '지시대로 사용하면 안전한 것'과 '그냥 안전한 것'의 차이가 밝혀진 셈이니까 말이다. 아세트아미노펜은 너무 많이 복용하지 않는 한(그리고 그 약에 알레르기가 있지 않은 한) 굉장히 안

　　　　　　　　　　　　　　아세트아미노펜

전하다. 하지만 너무 많이 복용하면 죽을 수도 있다. 아세트아미노펜은 간에서 대사되어 소변을 통해 배출된다. 이것은 간이 조용히 우리를 위해 처리하고 있는 중요한 일 중 하나에 불과하다. 대사는 몇 가지 다른 방식으로 일어날 수 있다. 아세트아미노펜은 두 가지 주요 경로를 통해 무해한 부산물로 분해된다. 하지만 이 경로의 대사 처리 용량은 한정되어 있다. 이 경로가 포화되면 제3의 경로를 통해 대사되는 양이 많아진다. 그런데 불행히도 이 경로에서 만들어지는 부산물 중 하나가 간독성을 갖고 있다. 이 성분은 간세포와 결합해 그 세포를 죽인다. 당신은 간에 대해 별 걱정이 없을 테지만, 사실 걱정을 좀 해야 한다. 간이 제대로 기능하지 못하는 경우, 새로운 간을 구하지 못하면 죽게 되니까 말이다.

따라서 아세트아미노펜의 가장 큰 문제는 사람들이 너무 많이 복용한다는 것이다. 사람들은 다른 진통제 역시 너무 많이 복용하는 경향이 있는데 그것 역시 문제다. 하지만 아세트아미노펜 과다 복용이 훨씬 심각하다. 아세트아미노펜은 치료의 창이 좁기 때문이다. 즉 안전한 용량과 치명적 용량 사이의 차이가 적다. 예를 들어 이부프로펜 같은 경우는 그렇지 않다. 안타깝게도 아세트아미노펜은 이부프로펜처럼 약이 잘 듣지 않기 때문에 효과가 없으면 더 복용해보고 싶은 생각이 든다. 더군다나 아세트아미노펜은 기침약, 감기약, 알레르기약, 수면제, 아스피린 기반의 두통 치료제, 오피오이드 계열의 진통제에 함께 포함되어 있는 경우가 많다. 이곳저곳에 흔히 들어가 있어서 많은 사람이 모르는 사이에 복용하게 된다. 이것도 문제다. 이런 것들이 다 더해져서 독성을 야기하는 복용량에 도

달할 수 있기 때문이다. 많은 양을 한 번에 복용하거나, 권장 제한량이 조금 넘는 양을 지속적으로 복용한 후에는 간 손상이 일어날 수 있다. 일반적인 생각과 달리 즉각적인 의료 대응이 필요한 경우 해독제가 있기 때문에 만성 과복용보다는 급성 과복용이 예후가 더 낫다. 따라서 뜻하지 않게 아세트아미노펜을 과량 복용한 경우에는 증상이 없더라도 바로 의사를 찾아가야 한다.

지시받은 대로 복용해도 아세트아미노펜은 예전에 생각했던 것처럼 부작용에서 자유롭지 않은 것으로 밝혀졌다. 특히 장기간 복용한 경우에 그렇다. 임신 기간에도 안전한 약으로 여겨지고는 있지만 산모가 아세트아미노펜을 복용하면 아기에게 천식, 주의력 결핍 및 과잉행동장애, 신경발달상의 문제 그리고 성기관 발달의 문제가 생길 수 있다. 하지만 기존의 임상 권장사항을 변경해야 할 정도로 증거가 충분히 쌓인 것은 아니다.

부작용이 있다는 말에 놀랐을지도 모르겠지만, 사실 놀랄 일이 아니다. 아세트아미노펜도 약이다. 이것을 복용하는 이유는 딱 하나, 생물학적으로 활성이 있기 때문이다. 이 약은 당신 몸과 화학적으로 상호작용하며, 대부분의 약물처럼 이것도 비특이적 방식으로 작용한다. 완벽하게 안전한 약이란 없다. 그렇다고 아세트아미노펜 사용이 보장되는 상황이 전혀 없다는 의미도 아니다.

아세트아미노펜 복용에 앞서 이 약이 잠재적으로 긍정적 또는 부정적 영향을 끼칠 수 있다는 점뿐만 아니라 그 대안 약물의 긍정적 또는 부정적 영향도 함께 고려해야 한다. 아세트아미노펜을 먹지 않겠다면 다른 약을 복용하거나 통증을 안고 사는 수밖에 없다. 경우에 따라서는 이런 방침을 고수해보는 것도 가치가 있다. 산책을 하거나, 따뜻한 목욕을 하거나, 낮잠을 자거나, 실컷 웃어보기도 하자. 하지만 현실에서 이런 방법으로 항상 효과를 보기는 힘들다. 통증은 심신을 허약하게 만들 수 있고, 발열은 위험할 수 있다. 가장 취약한 인구집단인 아동과 임신한 여성에게는 발열이 특히나 큰 문제가 될 수 있다. 그런데 이 인구집단은 비스테로이드성 항염증제의 위험성이 잘 판명된 집단이기도 하다. 그래서 아세트아미노펜이 가장 적절한 치료 방법일 경우가 많다. 다만 신중하게 사용하자는 것이 핵심이다.

자신이 아세트아미노펜을 얼마나 사용하고 있는지 추적해서 적어놓자. 액체 형태의 약을 복용할 때는 용량을 잘 측정하자. 권장 복용량보다 조금이라도 더 복용해서는 안 된다. 다른 약품에 어떤 성분이 들어 있는지 관심을 기울이고, 아세트아미노펜이 들어 있는 제품을 한 번에 하나 이상 복용하지 말자. 최대한 적은 양을 복용하고, 술과 함께 복용하지 말자. 그리고 어떤 경우든 아세트아미노펜을 비롯한 약물들은 아이 손이 닿지 않는 곳에 보관하자.

요약

예방 가능성 (60)

경우에 따라서는 다른 종류의 진통제를 사용하거나 아세트아미노펜이 성분으로 들어가지 않은 제품을 사용할 수도 있지만, 일부 인구집단에서는 아세트아미노펜이 가장 안전한 선택이다.

발생 가능성 (22)

아세트아미노펜에 알레르기가 없고, 지시대로 이용한다면 부정적인 결과를 경험할 가능성은 낮다. 하지만 아세트아미노펜은 치료의 창이 좁기 때문에 과다복용하기가 깜짝 놀랄 정도로 쉽다.

결과 (86)

아세트아미노펜을 너무 많이 복용하면 간이 죽어서 간 이식을 받아야 할 상황이 되거나 사망할 수도 있다.

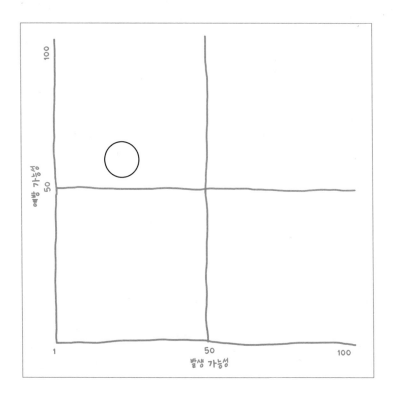

23. 전신마취

무통 수술이 가능한 효과적인 마취법의 발달은 의학 역사에서 가장 위대한 업적 중 하나로 칭송받아 마땅하다. 1800년대 중반까지만 해도 일부 의사들은 환자의 수술 통증을 무디게 하기 위해 아편이나 술을 먹였다. 어떤 의사는 수술이 임박한 환자의 관심을 딴 데로 돌리기 위해 최면을 시도하거나 정신을 다른 곳으로 돌리려고 했다. 사지절단술, 종양 제거, 탈장 수술, 치아 발치 그리고 다른 수술 모두 환자가 깨어 있는 상태에서 이루어졌다. 하지만 통각을 멈추고, 환자를 일시적인 무의식 상태로 만드는 약이 개발되면서 이런 소름끼치는 수술도 끝을 보게 되었다.

외과의사의 날카로운 칼이 피부를 가르고 들어오는 느낌을 경험하고 싶은 사람은 없을 것이다. 바로 여기서 마취가 구원투수로 등장한다. 마취는 환자의 긴장을 풀고, 통증을 제거하고, 무의식 상태를 유도하는 용도로 사용된다. 국소마취제local anesthetics는 몸의 한 부분에서 통증을 차단하지만 무의식 상태를 유도하지는 않는다. 이런 약은 작은 상처를 꿰매거나, 충치를 치료하는 등의 소규모 외과 시술에 사용할 수 있다. 국부마취제regional anesthetics는 몸의 더 넓은 영역을 무통 상태로 만들어야 하는 경우에 사용한다. 예를 들면 콩팥이나 방광을 수술할 때나 제왕절개를 할 때 사용한다. 전신마취제general anesthetics는 몸 전체에 영향을 미친다. 이 마취는 무의식 상태를 유도하기 때문에 큰 수술을 할 때, 특히 수술 시간이 길거나 호흡이 영향을 받을 때, 상당한 출혈 가능성이 있을 때 사용한다.

1840년대 중반에 환자에게 에테르ether를 처음 사용한 이후로 마취제는 놀라운 발전을 거듭해서 이제 무통 수술은 일상이 되었다. 그럼에도 큰 수술이 필요한 병으로 진단받게 되면 대부분의 사람은 불안감을 느낀다. 수술을 앞두고 불안해하는 것은 당연히 이해할 만하다. 환자의 건강이 수술 결과에 달려 있으니까 말이다. 하지만 수술실에는 수술을 담당하는 외과의사와 간호사 외에도 환자의 활력징후vital sign(호흡·심장 기능·체액·의식 수준 등)를 감시하고, 환자가 잠에 빠져들게 하는 약을 투여하고, 수술이 마무리된 후에는 깨어나게 돕는 마취과 의사도 함께 들어간다. 자기 몸에 칼을 대야 한다는 두려움이 전신마취의 불확실함 때문에 더 고조될 때가 많다. 실제로 2013년의 한 연구를 보면 수술 환자의 81퍼센트가 수술 전에 불안감을 경험하는 것으로 나타났다. 이런 환자 중 64.8퍼센트는 수술이 끝나고 깨어나지 못할까 봐, 42.8퍼센트는 수술받는 도중에 의식이 돌아올까 봐, 33.5퍼센트는 마취 때문에 마비가 될까 봐 걱정했다.

통계적으로 보면 미국에서는 1년에 전신마취를 받는 사람 10만 명당 대략 1명이 사망한다. 그리고 마취 관련 사망 중 거의 절반(46.6 퍼센트)은 마취제의 과다투여 때문이었다. 나이가 들면서 전신마취로 인한 사망 위험이 커지므로 노인에서 사망률이 가장 높게 나타난다.

수술 도중에 의식이 돌아오는 일도 있다. 정말 끔찍한 경험이다. 수술실에서 소리를 들을 수 있다고 상상해보라. 수술하는 동안에 마취제로 몸이 마비가 되어 소리치지도, 몸을 꼼짝하지도 못한다고 생각하면 더 끔찍하다. 전신마취를 하는 동안에는 마취과 의사가 환자 상태를 감시하면서 의식이 돌아오는 것을 막고 환자를 충분히 무의식 상태로 유지하기 위해 약물 투여를 조정한다. 뇌 기능을 감시하는 기구도 마취과 의사가 의식의 심도를 평가하는 데 도움이 될 수 있다. 다행히도 전신마취에 들어간 환자가 의식이 돌아오거나 그 상황을 기억하는 경우는 지극히 드물다. 한 연구에서는 전신마취를 받은 환자 8만 7,361명 중 6명(0.0068%)만 수술 도중 의식이 돌아오거나, 수술 과정을 기억하는 사람으로 분류되었다고 보고했다. 어느 정도의 의식이나 기억을 갖고 있던 그 여섯 명의 환자는 나이가 많은 경향이 있었고, 그 어떤 의식이나 기억도 없는 환자에 비해 전신마취 시간이 더 길었다.

전신마취는 잠재적 부작용도 갖고 있다. 전신마취 후에 깨어난 환자에게서 현기증, 메스꺼움, 구토가 드물지 않게 일어난다. 어떤 환자는 호흡관을 사용한 경우 인후통을 느끼기도 하고, 관 삽입부 주변으로 약한 통증을 느끼기도 한다. 특히나 노년층 환자에게서는

전신마취

일시적인 착란이나 기억상실이 일어나기도 한다. 드물지만 특히 노년층 환자에서 수술과 마취의 조합이 뇌졸중을 일으켜 뇌손상이 발생하는 경우도 있다.

전신마취의 위험을 줄이기 위해 환자가 취할 수 있는 몇 가지 조치가 있다. 몸의 건강 상태를 최적으로 유지하는 것이 마취에 따르는 합병증을 줄이는 데 도움이 된다. 흡연, 폐쇄성 수면 무호흡증, 비만, 고혈압, 알코올중독 그리고 기타 질병의 병력은 수술을 하는 동안 합병증 발생 위험을 높인다. 환자는 수술 전에 미리 의사와 상담해서 궁금한 점을 모두 묻고 답변을 들어야 한다. 예를 들어 전신마취 대신 국소마취나 국부마취를 사용할 수 없는지도 물어보아야 한다. 어떤 환자는 유전적 요인 때문에 마취의 부작용에 취약할 수 있다. 따라서 환자는 전신마취를 받은 적이 있는 가족에게 당시의 경험을 물어보는 것이 좋다. 만약 가족이나 가까운 친척 중에 전신마취에 대한 경험이 좋지 않았던 사람이 있으면 의사에게 이 정보를 알려야 한다.

의사도 환자에게 질문을 던지고, 수술 준비에 대한 중요한 지시사항을 전달해준다. 예를 들면 의사는 환자가 약물에 알레르기가 있는지, 현재 복용하고 있는 약(오락성 마약도 포함해서) 또는 비타민, 보충제 등이 있는지 물어볼 것이다. 복용 중인 약이나 비타민 성분이 투여하려는 마취제와 화학적 상호작용을 일으킬 수 있기 때문이다. 또 환자에게 수술 전날 밤에는 아무것도 먹지 말라고 지시하는 경우가 많다. 환자가 음식을 토하는 것을 막기 위해서이다. 토한 음식 때문에 산소가 폐에 공급되지 못할 수 있고, 음식 자체가 폐로 흡인되어 폐렴을 일으킬 수도 있기 때문이다.

마취는 항상 어느 정도의 위험을 안고 있지만, 그 대안이 대체 무엇인지 생각해보자. 그럼 무통 수술의 이점과 편안함을 거부할 환자는 거의 없을 것이다.

요약

예방 가능성 (41)
큰 수술을 받아야 할 사람이면 전신마취를 원할 것이다. 이것을 피할 방법은 별로 없다. 하지만 환자는 의사에게 자신의 모든 병력을 제공해야 하고, 잠재적 문제점을 피할 수 있는 다른 마취 방법에 대해 물어볼 수도 있다.

발생 가능성 (5)
전신마취는 대부분의 경우, 대부분의 사람에게 안전하다.

결과 (88)
수술 도중에 의식이 돌아온다고 생각하면 정말 끔찍하다. 그리고 전신마취의 부작용은 정도가 다양하게 나타난다. 드문 경우지만 전신마취 때문에 사망에 이를 수도 있다.

전신마취

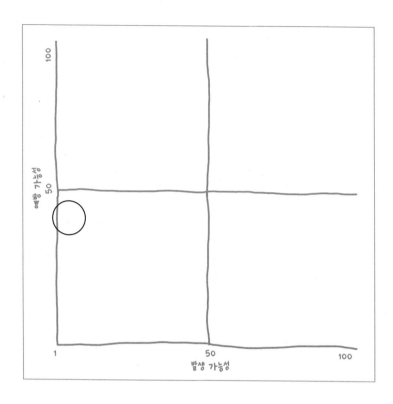

발생 가능성

174

24. 의료영상

피부는 불투명해서 우리 몸의 내부가 어떻게 작동하는지 들여다볼 수 없다. 그래서 예전에 인체 내부가 어떻게 작동하고 있는지 살펴볼 수 있는 방법은 딱 하나, 열어서 들여다보는 것밖에 없었다. 의학적으로는 이것을 시험적 수술exploratory surgery이라고 부른다. 당연한 얘기지만 이런 방법은 몇 가지 바람직하지 못한 부작용을 갖고 있다. 하지만 독일의 물리학자 빌헬름 뢴트겐이 1895년에 최초로 자기 아내의 손을 X선 영상 촬영하면서 이런 상황은 반전되었다. 이 사건을 계기로 의료영상의 시대가 도래했고, 의사들은 메스로 몸을 열어보지 않고도 인체 내부의 구조물을 시각화해서 볼 수 있게 되었다. 현재의 의료영상 기술은 흐릿했던 최초의 영상에 비해 비약적으로 발전했다. 지금은 신체의 3차원 이미지 영상을 고해상도로 기록하고, 심장박동 같은 생리적 과정을 동영상으로 촬영하는 것도 가능해졌다. 그리고 엄마 뱃속의 아이를 먼저 영상으로 촬영해보는 것이 표준으로 자리잡았다.

　X선의 선구자들은 이것을 완전히 제멋대로 사용했다. 이 사람들은 머지않아 X선 조사량照射量이 너무 많으면 화상을 입을 수 있음을 알게 되었지만, X선 촬영에서 더 은밀하게 나타나는 장기적 영향에 대해 알게 된 것은 나중의 일이었다. 대부분의 사람이 이미 알고 있듯, X선은 감마선처럼 암을 유발할 수 있다. 이는 X선이 일종의 전리방사선(통과하면서 물질과 반응하여 이온을 생성할 수 있을 만큼의 에너지를 가지고 있는 방사선 - 옮긴이)이기 때문이다. X선은 원자나 분자에서 전자를 떼어낼 수 있을 정도의 에너지를 갖고 있다. 우리 DNA를 구성하고 있는 분자도 예외가 아니다. 우리 몸은 이런 손상을 복구하는 메커니즘을 갖고 있지만 완벽하지 않다. 방사선 조사량이 많을수록 손상도 더 크고, 결국 암 발생으로 이어질 가능성도 그만큼 높아진다. 그래서 X선의 매력이 조금은 깎이고 만다. 그리고 이런 점 때문에 의료영상 촬영을 아예 거부하는 사람도 있다. 하지만 위험성 측면에서나 진단적 가치의 측면에서나 모든 영상 촬영 기법이 똑같지는 않다.

　X선 영상은 몇 가지 다른 맥락에서 사용된다. 그리고 사용 방법에 따라 전체적인 위험도가 달라진다. 예를 들어 일반적인 X선 촬영의 경우 CT 스캔computed tomography scan보다 방사선 조사량이 훨씬 적다. 흉부 CT 스캔은 표준 흉부 X선 촬영에 비해 유효선량(조직 및 장기에 따라 다른 방사선의 영향을 고려한 선량 - 옮긴이) 노출이 3,500배나 높다. 반면 CT 스캔은 훨씬 높은 해상도와 3차원 위치 분석 능력을 제공한다. 전리방사선 노출의 위험은 일반적으로 2차 세계대전 말에

일본에 떨어진 두 번의 핵폭탄에서 살아남은 사람들의 건강 결과를 바탕으로 추정한다. 이 생존자들을 조사한 결과, 방사선으로 인한 암 발생 위험도에서 작지만 의미 있는 증가가 나타났다. 이들은 5에서 20밀리시버트mSv(유효선량의 단위)의 방사선에 노출되었다. 이 정도면 1에서 10밀리시버트에 해당하는 CT 스캔 1회 촬영 유효선량보다 그리 높은 값이 아니다.

CT 촬영의 방사선 노출량을 핵폭탄과 비교하니 깜짝 놀라는 사람도 있겠지만, CT 스캔을 한 번 촬영했을 때 추정되는 암 발생 확률의 증가 수치가 0.05퍼센트 정도니까 당신이 어떻게든 암에 걸릴 확률인 1/5에 비하면 훨씬 낮은 값이라는 것을 기억하자. 이것이 좋은 소식인지 나쁜 소식인지는 당신이 판단할 문제다. 어쨌든 방사선으로 인한 위험이 무시할 수 있는 수준은 아니기 때문에 그에 대해 고민해보고 다른 선택지에 대해 의사와 상담해보는 것은 가치 있는 일이다. 이런 선택지에 대해 고민할 때는 다음과 같은 점을 염두에 두면 좋다. 첫째, 방사선 노출은 누적된다. 둘째, 여성과 특히 아동은 방사선에 더 취약하다. 마지막으로 CT 스캔이 의학적으로 꼭 필요하거나 심지어 목숨을 구할 수 있는 상황이 올 수 있다.

양전자 방출 단층 촬영술positron emission tomography, PET은 CT처럼 전리방사선을 이용해 영상을 만들어낸다. 이 영상을 촬영할 때는 실제로 방사성 포도당 분자를 삼킨다. 방사능 표지가 된 이 포도당은 에너지를 필요로 하는 세포에 흡수된다. 그럼 이 분자에서 방출하는 방사능이 등대처럼 작용하기 때문에 그 방사능을 흡수한 세포의 위치를 효과적으로 알 수 있다. PET는 암 영상에 주로 사용된다. 급속히 세포분열하는 암세포들은 다른 체내 세포보다 더 많은 대사에너지를 필요로 하기 때문에 방사능 표지 포도당을 더 많이 흡수한다. PET 스캔 1회 촬영의 유효선량은 14밀리시버트 정도로 CT의 유효선량 범위를 넘어선다.

CT처럼 자기공명영상MRI도 우리 몸 내부의 구체적인 3차원 영상을 만들어낸다. 하지만 CT와 달리 MRI는 전리방사선을 사용하지 않으며, 암도 유발하지 않는 것으로 알려져 있다. MRI는 자기장과 전파의 조합을 이용한다. 이런 유형의 영상을 촬영하려면 보통 작은 튜브 형태로 생긴 자석 속에 누워 있어야 한다. MRI는 CT보다 촬영 시간도 더 오래 걸린다. 좁은 공간에서 아주 오랫동안 꼼짝 않고 있어야 한다는 의미다. 아이나 밀실공포증이 있는 사람에게는 아주 힘든 일이 될 수 있다. 아주 강력한 자기장을 걸기 때문에 신체 내외에 어떤 금속도 없어야 한다는 점이 중요하다. 심지어 자석이 켜져 있을 때는 당신이 머물고 있는 실내에도 금속이 없어야 한다. 따라서 몸 안에 인공관절, 뼈 고정판, 뼈 나사, 심박조율기, 뇌심부 자극기, 혹은 다른 금속 장치가 있는 사람은 MRI 스캔을 받으면 안 된다. 금속 이식물은 가열되고 움직일 수 있기 때문에 이런 것들이 몸 안에 있으면 문제가 된다. 또 금속 물체는 자기장을 왜곡하기 때문에 영상이 망가질 수 있다.

그리고 자기장이 DNA를 변화시키지 않는다고 해서 아무런 생물학적 영향도 미치지 않는다는 의미는 아님을 지적하고 넘어가야겠다. 우리 몸, 그중에서도 특히 뇌는 주로 전기를 이용해서 기능을 수행한다. 강력한 자기장을 적용하면 이런 기능을 뒤흔들어 놓을 수 있다. 그럼에도 MRI는 금속 이식물이 없는 사람에게는 대단히 안전한 촬영으로 여겨진다. 자기장이 태아에게 어떤 영향을 미치는지에 대해서는 알려진 바가 많지 않아서 산모나 뱃속의 아기를 위해 의학적으로 꼭 필요한 경우가 아니면 임신 여성에게는 권장하지 않는다.

많은 사람이 초음파라고 하면 아기를 떠올린다. 임신한 경우 대부분 적어도 한 번은 초음파를 찍는 것이 표준으로 자리잡았기 때문이다. 초음파 영상을 촬영하면 태아의 구조적 이상이 드러나고, 둔위분만(분만 시 태아의 머리보다 엉덩이 쪽이 먼저 나오는 경우 - 옮긴이)을 눈으로 확인할 수 있고, 전치태반(태반이 자궁 경관을 덮고 있는 경우 - 옮긴이) 같은 다른 문제도 드러난다. 초음파 영상은 기계적 파동, 혹은 압력파의 반사를 바탕으로 이미지를 만들어낸다. 이런 파동은 음파와 비슷하지만 인간이 들을 수 있는 범위를 벗어나 있다(그래서 초음파라고 한다). 초음파는 전리방사선을 이용하지 않기 때문에 대단히 안전한 것으로 여겨져 임신 기간에도 사용할 수 있다. 하지만 조직에는 어느 정도 영향을 미친다. 특히 열을 발생시킨다. 이것은 좋을 것이 없고, 특히 발달 중인 태아에게는 더 좋지 않다. 이런 이유 때문에 초음파는 의학적으로 꼭 필요한 경우에만 권장한다.

한 연구에서는 자폐아동의 자폐증 심각도(일반 대중에서의 자폐증 발생률이 아니다)를 임신 초기의 초음파 스캔 촬영 횟수와 연관짓기도 했지만, 이런 상관관계에 대해서는 논란이 있다. 하지만 기념할 목적으로 쇼핑몰에서 태아의 고해상도 초음파 영상을 촬영하는 것은 말리고 싶다. 초음파는 태아 초음파 영상 외에도 여러 분야에서 응용되고 있다. 동작을 포착하는 데 특히나 유용하기 때문에 심장 초음파 영상 촬영이 아주 흔히 이용된다.

의료영상은 진단상의 가치가 정말 크다. 수많은 사람의 목숨을 구했고, 많은 통증과 괴로움을 완화해주었다는 데는 의문의 여지가 없다. 하지만 인생 대부분의 일이 그렇듯 의료영상 역시 정확한 정보를 바탕으로 신중하고 사려 깊게 사용하는 것이 현명하다.

요약

예방 가능성 (51)
의료영상 촬영에 따르는 위험을 인식하고 영상 촬영 횟수를 최소화하려는 노력을 해볼 수 있다. 그리고 기념용 초음파 영상 촬영은 확실히 피할 수 있다. 하지만 의료영상 촬영은 필수적이고 적절한 경우가 많다.

발생 가능성 (25)
성인의 경우, 특히 남성의 경우 의료영상 촬영이 암이나 다른 부정적인 건강 문제를 일으킬 위험은 많지 않다. 반면 아동의 경우 전리방사선 노출에 따르는 위험이 더 크다.

결과 (97)
전리방사선은 암을 유발하는 것으로 알려져 있기 때문에 머리 CT 스캔을 너무 많이 촬영하면 잠재적으로 암울한 결과가 나올 수도 있다.

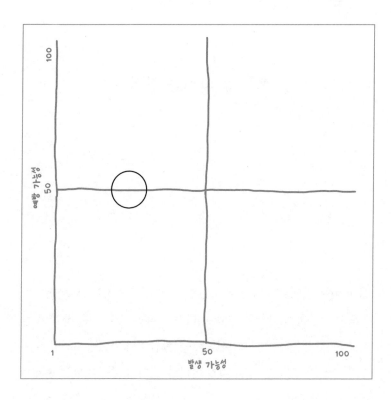

의료영상

25. 살 파먹는 감염

〜〜〜〜〜

'살 파먹는 감염'이라는 말을 들으면 좀비 때문에 세상의 종말이 찾아오지 않을까 하는 두려움에 어디라도 빨리 숨고 싶은 생각이 들지도 모르겠다. 하지만 여기서 당신을 불안하게 만드는 주인공은 휘청거리며 걸어다니는 좀비 떼가 아니다. 여기서 살을 파먹는 존재는 A군 연쇄상구균group A Streptococcus, 클렙시엘라Klebsiella, 클로스트리듐Clostridium, 에로모나스균Aeromonas hydrophila, 대장균, 황색포도상구균 같은 세균들이다.

괴사성 근막염이라고도 불리는 살 파먹는 감염은 이런 세균들이 피부에 생긴 틈으로 체내에 침입해 들어와 증식할 때 발생한다. 이 세균은 결합조직(근막)과 근육, 신경, 지방, 혈관에 손상을 입히고 파괴한다. 세균을 억제하지 못하고 감염이 되면 사지절단술이 필요한 상황이 되거나 사망에 이를 수도 있다.

물집, 베인 상처, 긁힌 상처, 벌레 물린 곳, 찔린 상처 모두 세균이 체내로 침투할 수 있는 통로이다. 대부분의 살 파먹는 감염 사례는 패혈증 인두염을 일으키는 세균인 A군 연쇄상구균 때문에 일어난다. 건강한 사람의 몸 안팎에는 대개 A군 연쇄상구균이 자리잡고 있지만 일반적으로는 감염이 일어나지 않는다. 면역계가 세균의 공격을 막기 때문이다. 하지만 미국에서는 매년 500명에서 1,500명의 사람에게서 이 세균이 굶주린 짐승으로 돌변해 피부, 근육, 지방을 게걸스럽게 먹어치운다. 이 세균은 독성 화합물을 분비해서 조직을 파괴할 수도 있다. 살 파먹는 감염에 걸리는 사람은 대부분 면역계를 약화시키는 병을 갖고 있다(예를 들면 암, 콩팥 질환, 당뇨 등). 하지만 건강한 사람도 이 감염에서 안전한 것은 아니다.

괴사성 근막염의 증상은 부상을 입은 지 불과 몇 시간 만에 찾아올 수도 있다. 감염의 첫 증상으로는 보통 통증과 쓰라림이 있는데, 눈에 보이는 부상의 정도와는 어울리지 않는 심한 강도로 찾아온다. 부상 부위 주변의 상처가 부풀어오르고, 열감과 함께 붉게 변한다. 감염의 다른 증상으로는 발열, 메스꺼움, 무력감, 구토 등이 있다. 물집이나 반점도 생길 수 있으며, 해당 부위를 만지면 아플 수 있다. 감염은 시간당 최고 2.5센티미터의 속도로 신체 다른 부위로 퍼질 수 있다. 감염 여부와 손상 정도를 진단하기 위해 의사가 CT 스캔이나 MRI 등의 영상 촬영을 지시할 수도 있다. 치료하지 않고 방치하면 혈압 저하, 패혈증, 독성 쇼크, 장기부전, 사망 등을 초래할 수 있다.

안타깝게도 괴사성 근막염의 초기 증상은 독감이나 작은 부상과 비슷해 보일 수 있어서 진단이 어렵다. 그래서 감염이 일어났는

살 파먹는 감염

데도 바로 병원을 찾아가지 않는 경우가 많다. 이것이 치명적인 실수가 될 수도 있다. 괴사성 근막염은 퍼지는 속도가 대단히 빠르기 때문이다. 치료가 지연되면 생존 가능성은 그만큼 낮아진다. 치료하지 않으면 치명적일 때가 많으며, 치료를 받는 경우에도 25퍼센트가 사망한다.

괴사성 근막염 치료는 보통 항생제 정맥주사로 시작한다. 침입한 세균이 증식하지 않도록 몇 가지 다른 유형의 항생제를 함께 투여할 때가 많다. 의사가 손상 조직을 제거하거나 감염 확산을 막기 위해 수술을 할 수도 있다. 심각한 경우에는 환자를 보호하기 위해 팔이나 다리 전체, 혹은 다른 신체 부위를 절단해야 하는 경우도 있다. 괴사성 근막염 치료에 고압산소요법도 사용되어 왔지만 그 효과에 대해서는 엄격한 검증이 이루어진 바 없다. 고압산소요법은 환자를 고농도 산소가 공급되는 특수한 용기에 두는 방법이다. 고농도 산소가 혐기성 세균의 성장을 늦춰 증상을 완화시키고 건강한 조직을 보존해준다.

감염을 예방하는 최고의 방법은 청결한 위생 습관을 갖는 것이다. 열린 상처는 반드시 비누와 물로 철저히 깨끗하게 씻어내야 한다. 열린 상처가 있는 사람은 수영장, 강, 호수, 바다에 들어가지 말아야 한다. 부상 부위가 치유될 때까지 깨끗한 상태를 유지하며 수시로 확인해야 한다. 만약 부상 부위의 통증이 상처 크기에 비해 유독 심하다고 느껴지면 즉시 병원을 찾아야 한다. 다행히도 괴사성 근막염은 대개 사람에서 사람으로 퍼지지는 않는다. 세균이 감염을 일으키려면 피부를 뚫고 체내로 침투해야 하기 때문이다. 하지만 다른 사람의 감염된 상처를 만지는 것은 피하는 것이 좋다. 아마 당신도 상처를 보면 만져보고 싶지는 않을 것이다.

요약

예방 가능성 (82)
위생을 잘 실천하고 필요할 때 바로바로 병원을 찾아가면 살 파먹는 감염을 예방할 수 있다.

발생 가능성 (4)
괴사성 근막염에 걸릴 가능성은 낮다.

결과 (94)
즉각적으로 효과적인 치료를 받지 않으면 치명적인 결과로 이어질 수 있다.

살 파먹는 감염

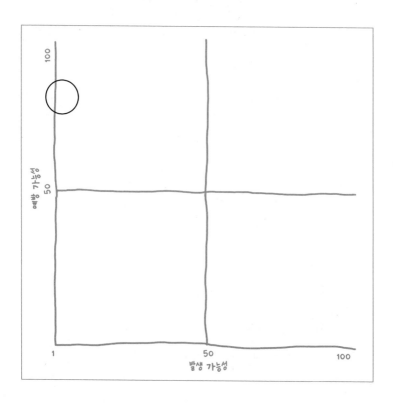

예측 가능성

100

50

1

발생 가능성

50

100

26. 의료 관련 감염

몸이 아프거나 부상을 입으면 입원해서 치료해야 하는 경우가 생긴
다. 병원에 입원할 때는 보통 건강이 회복되리라 생각하지, 입원 전
보다 더 아파질 거라는 생각은 하지 않는다. 그런데 안타깝게도 꼭
그렇지만은 않다. 매해 수천 명의 사람이 의료시설(종합병원, 투석 센
터, 외래 클리닉, 장기요양시설)에 있는 동안 새로운 병에 감염된다. 미
국에서는 매년 병원에 입원하는 환자 중 5~10퍼센트(170만 명)가 의
료 관련 감염에 걸린다. 그리고 그로 인해 9만 9,000명이 사망한다.
의료 관련 감염이 보건의료 비용 상승에 기여하는 부분도 커서, 약
200억 달러(약 24조 원)를 상승시키는 것으로 추정된다. 이런 감염
에 흔히 연루되는 몇 가지 시술(수술 등)과 치료기구(카테터, 산소호
흡기 등)가 있다.

 의료 관련 감염의 주요 유형으로는 중심정맥 카테터 혈류 감염,
카테터 관련 요로 감염, 수술부위 감염, 인공호흡기 관련 폐렴, 클

의료 관련 감염

로스트리듐 디피실 감염 등이 있다. 중심정맥 카테터 혈류 감염은 중심정맥 카테터를 설치하고 난 후에 일어난 오염 때문에 발생한다. 중심정맥 카테터는 약물이나 수액 등을 공급하고, 검사에 필요한 혈액을 채취할 용도로 큰 정맥에 삽입하는 작은 튜브다. 카테터를 설치하기 전에 카테터가 멸균 상태가 아니거나 미생물이 피부 위에 살아 있을 경우에는 세균이나 바이러스가 혈류로 침투할 수 있다. 미국에서는 매년 대략 3만 100건의 감염이 발생한다. 감염되면 흔히 발적, 부종, 카테터 삽입 부위의 온감, 통증, 발열 등이 나타난다. 당연한 얘기지만 의료 인력들은 카테터를 삽입하기 전에 손을 잘 씻고, 멸균 장갑을 착용하고, 환자의 피부를 적절히 소독하고, 사용하지 않을 때에는 카테터를 바로 제거하는 등 감염 예방에 주의를 기울여야 한다. 환자 역시 카테터 주변 부위를 깨끗하게 유지해 감염 위험을 낮춰야 한다. 하지만 이런 보호조치를 다 취해도 감염은 발생할 수 있다. 치료는, 침입한 병원체를 확인한 다음 적절한 항생제를 투여하는 방식으로 이루어진다.

요도 카테터는 요도를 통해 방광까지 삽입해서 소변을 빼내는 튜브다. 이 카테터는 환자가 예를 들어 어떤 유형의 수술을 받는 동안 척수 손상, 혹은 요석으로 소변 흐름이 막혀 스스로 방광을 비울 수 없을 때 사용한다. 이 카테터를 통해 세균이 요도로 침투해 들어가면 카테터 관련 요로 감염이 일어날 수 있다. 이 감염은 오염된 카테터 때문에, 혹은 카테터 주머니에서 방광으로 소변이 거꾸로 흘러서, 혹은 배변운동으로 카테터가 오염되어 생긴다. 긴 카테터를 이용할수록 감염 가능성도 커진다. 카테터 관련 요로 감염의 일반적인 증상으로는 탁한 소변, 혈변, 허리나 복부의 통증, 발열, 오한, 피로, 구토 등이 있다. 이 감염은 보통 항생제로 치료한다. 치료하지 않고 방치하면 심각한 콩팥 문제를 일으킬 수 있다.

수술 부위 감염은 수술할 때 발생한다. 이 감염은 꽤 흔하다. 매년 미국에서는 입원 수술을 받는 사람 중 2~5퍼센트가 수술 부위 감염에 걸리고, 감염 케이스는 16만~30만 건 정도 된다. 이 감염은 피부, 근육이나 장기 같은 하부 조직, 심박조율기나 인공관절 같은 이식재료에서 생길 수 있다. 수술 부위 감염의 흔한 증상으로는 수술 부위의 통증, 부종, 발적, 상처 부근의 배농, 발열 등이 있다. 이 감염 역시 감염을 일으킨 세균을 확인한 다음 적절한 항생제를 투여해 치료한다. 수술 부위 감염을 예방하는 권장사항 중에는 수술 부위를 깨끗이 유지하기 위한 적절한 수술 위생 조치, 그리고 필요한 경우에는 수술 전에 예방적으로 항생제를 투여하는 방법 등이 있다.

가끔은 호흡을 돕기 위해 환자에게 인공호흡기를 씌워야 한다. 인공호흡기는 일부 수술을 하는 도중이나 수술 후에 사용하기도 하고, 몸이 너무 약해서 스스로 호흡할 수 없을 때도 사용한다. 인공호흡기는 공기를 펌프질해서 폐로 산소를 공급하고, 몸에서 이산화탄소를 제거해준다. 공기가 환자의 입이나 코를 통해, 혹은 목에 낸 구멍으로 삽입한 관을 통해 흐르기 때문에 세균이 이 경로를 따라 폐로 이동해서 인공호흡기 관련 폐렴을 일으킬 수 있다. 이미 몸이 아픈 사람에게 걸리는 병이어서 특히나 위험하다. 의료 종사자들은 인공호흡기 관련 폐렴 위험을 낮출 수 있도록 환자가 스스로 호흡할

의료 관련 감염

능력이 되는지 관찰해서 최대한 빨리 인공호흡기를 제거해야 한다.

특히나 끔찍한 의료 관련 감염이 있다. 바로 클로스트리듐 디피실 감염이다. 2011년에 미국에서는 대략 50만 건 정도의 감염이 일어났고, 이 감염으로 진단받은 후 30일 안에 2만 9,000명이 사망했다. 클로스트리듐 디피실은 대변에서 발견되는, 대장염을 일으키는 세균이다. 이 세균에 오염된 대변이 욕실 표면, 탁자, 식기 등의 물체와 접촉하면 감염이 퍼진다. 다른 사람이 이 오염된 물건을 만지는 경우 그 세균을 삼켜서 균이 옮을 수 있다. 감염 증상으로는 설사, 발열, 메스꺼움, 복통, 식욕부진 등이 있다. 또 항생제 치료가 어렵기로 악명이 높으며 재발하는 경우도 많다.

대부분의 의료 관련 감염은 항생제로 치료가 가능하지만 이런 감염이 항생제 내성 세균 때문에 야기되는 경우가 점점 많아지고 있다. 이런 감염은 부작용이 더 심한 항생제를 사용해야 하거나, 아예 치료가 불가능할 수도 있어서 특히나 위험하다.

의료 관련 감염을 줄이는 출발점은 애초에 감염이 일어나지 않도록 예방하는 것이다. 그러기 위해서는 카테터나 인공호흡기 튜브를 통해 들어오는 감염을 막고, 사람에서 사람으로의 세균 전파를 근절하려는 노력이 필요하며, 예방적 항생제를 적절히 사용해야 한다. 모든 환자는 입원할 때보다 퇴원할 때 더 건강해진 모습으로 병원을 나서야 한다.

요약

예방 가능성 (55)
개인적으로 위생 수칙을 잘 준수하고, 무언가 미심쩍은 부분은 의료인에게 물어보는 것이 의료 관련 감염 위험을 줄이는 데 도움이 된다.

발생 가능성 (54)
중심정맥 카테터, 요도 카테터, 인공호흡기 등이 필요한 수술이나 시술을 받아야 하는 경우라면 의료 관련 감염에 걸릴 위험이 있다.

결과 (65)
의료 관련 감염은 건강에 심각한 결과를 가져올 수 있지만 대부분 약을 통해 치료가 가능하다.

의료 관련 감염

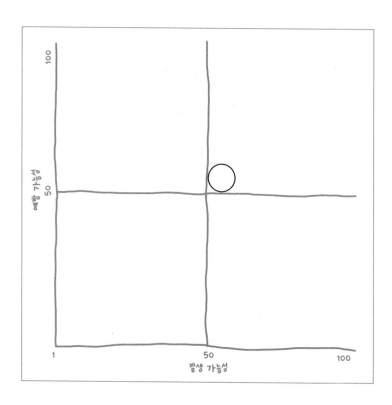

발생 가능성

영향 가능성

1　　　　　50　　　　　100

50

100

100

50

Environment

환경

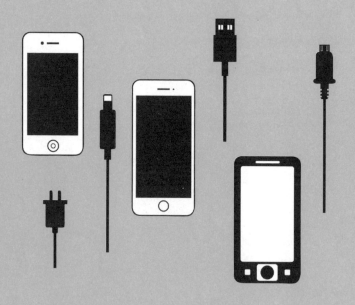

27. 휴대전화

불과 20년 만에 휴대전화는 신제품에서 필수품으로, 희귀한 것에서 어디에나 있는 흔한 것으로 바뀌었다. 이제 세상 사람 거의 모두가 휴대전화를 갖고 있다. 사실 휴대전화를 그냥 전화기라고 부르기도 어색하다. 스마트폰은 컴퓨터, 오디오/비디오 플레이어, 문자 메시지 발신/수신 장치, 개인용 내비게이션 시스템, 카메라 등이 모두 내장된 장치다. 그런 의미에서 전화기라는 명칭은 너무 지엽적이다. 아동과 노년층을 비롯한 사회 전 계층에서 휴대전화를 받아들였다. 심지어 각각의 연령대에 맞춰 특별히 설계된 것도 있다. 하지만 이런 놀라운 인기에도 불구하고 휴대전화는 뇌종양이 생길지도 모른다는 두려움을 낳았다. 이것이 사실이라면 휴대전화에 대한 호감은 급감할 것이다.

휴대전화는, 전자기파 중에 에너지가 높은 방사선의 일종인 라디오 주파수를 통해 신호를 주고받는다. '방사선' 하면 감마선이 떠

올라 끔찍하게 느껴질 수도 있지만 가시광선 역시 전자기 방사선의 일종이다. 따라서 방사선이라고 모두 똑같지는 않다. 방사선에서는 에너지 양이 정말 중요하다. 방사선의 에너지가 높으면 생물 조직에 해를 입힐 가능성이 커진다. 몸속 원자나 분자의 전자를 떼어내 이온으로 만들 수 있기 때문이다. 감마선, X선, 자외선은 모두 이런 식으로 이온을 만들어내는 전리방사선이다. 그리고 이런 유형의 방사선에 노출되면 암을 유발할 수 있는 것으로 알려져 있다.

하지만 라디오 주파수는 에너지가 낮기 때문에 이온을 만들어내지 않는다. 이는 머리에 갖다 대고 사용하는 장치라면 반드시 갖추어야 할 속성이다. 하지만 라디오파가 이온을 만들지 않는다고 해서 본질적으로 안전하다는 의미는 아니다. 전자레인지에 사용하는 마이크로파와 마찬가지로 라디오파도 가열 작용을 한다. 휴대전화로 오래 통화하다 보면 귀가 뜨거워진 경험이 있을 것이다. '열'이라는 단어는 '에너지 전달'의 줄임말이다. 이 정도 수준의 에너지에 만성적으로 노출되었을 때 나타나는 생물학적 영향에 대해 심각한 의문이 제기되고 있다.

당신의 예상대로 이 문제에 대해서도 과학적 연구가 이루어졌다. 하지만 안타깝게도 그 결과들이 확실한 결론에 도달하지 못하고 있고, 때로는 서로 충돌하기도 한다. 그리고 연구마다 서로 다른 방법, 대상, 측정 방법을 사용하기 때문에 문제가 더 복잡해진다. 휴대전화 기술이 급속히 변하고 있어 초기 모델에 적용되었던 결과가 나중에 나온 모델에서는 의미가 없어지기도 한다. 더군다나 휴대전화 자체가 비교적 새로운 사회 현상이기 때문에 그 장기적인 영향,

특히 아동에게 미치는 영향은 아직 드러나지 않고 있다.

미국의 몇몇 규제 기관과 과학 연구 기관에서는 미국 연방통신위원회FCC. , 미국 연방직업안전보건국OSHA, CDC, 미국 국립환경건강과학연구소NIEHS, 미국 국립암연구소NCI 등에서 데이터를 취합해 검토했다. 이런 기관들의 공식적 의견은 서로 비슷해서 다음과 같이 요약할 수 있다. '휴대전화가 암을 유발한다는 결정적인 증거는 없지만 더 많은 연구가 필요하다.'

WHO에서는 휴대전화에서 나오는 것을 포함해서 라디오 주파수 영역을 '인체 발암 가능 물질possibly carcinogenic to humans'로 분류했다. 뭔가 불안하게 들리겠지만, FDA에 따르면 이것의 의미는 다음과 같다. "휴대전화의 라디오 주파수 에너지에 노출되는 데 따르는 위험이 존재한다고 해도 지금으로서는 그런 위험의 존재 여부를 알지 못하며, 존재한다고 해도 아마 그 영향은 아주 작을 것이다."

더 많은 연구가 필요하고 현재도 진행 중이다. 2016년에 미국 국립독성학프로그램NTP에서는 휴대전화 방사선 노출과 관련해 대규모 설치류 연구에서 나온 예비결과를 일부 발표했다. 이 결과에 따르면 수컷 쥐에서 악성 뇌종양과 비암성 심장종양이 작지만 의미 있게 증가했다. 주목할 만한 점은 이것이 인간을 대상으로 한 일부 연구에서 보고된 것과 같은 종류의 종양이라는 사실이다. 하지만 늘 그렇듯 이 데이터에 관해서도 관심을 기울여야 할 몇 가지 주의사항이 있다. 첫째, 이 연구 결과들은 예비결과이기 때문에 아직 다른 과학자들에게 제대로 된 심사를 받지 않았다. 둘째, 이 연구에서 사용한 실험동물들은 2년 동안 하루에 9시간씩 방사선에 노출되었다.

휴대전화

이것은 일반적인 사람의 휴대전화 사용 시간보다 훨씬 길다. 마지막으로 종양 발생률이 수컷에서만 증가했다. 이것은 아직 설명이 안 되는 이상한 부분이다. 그럼에도 이 연구 결과는 휴대전화의 안전성에 관한 의문이 아직 완전히 해소되지 않았음을 보여준다.

휴대전화가 건강에 문제를 일으킨다고 해도(이 부분은 아직 확실치 않다), 이미 현대인의 삶과 너무 긴밀하게 얽혀 있어서 다시 예전으로 돌아가기는 어렵다. 한번 주변에서 공중전화를 찾아보라. 쉽지 않을 것이다. 다행히 휴대전화로 인한 방사능 노출을 줄일 수 있는 간단한 방법들이 있다. 먼저 전화기를 가급적 몸에서, 특히나 머리에서 먼 곳에 두려고 노력해야 한다. 통화할 때는 헤드셋을 사용하고, 가급적 주머니에 넣고 다니지 마라. 전자기파의 강도는 그 원천에서 멀어지면 기하급수적으로 떨어진다. 따라서 전화기를 귀에서 멀리 떼어놓으면 노출되는 방사선 양이 극적으로 줄어든다. 유선 헤드셋은 전선을 통해 신호를 받지만(구식이지만 효과적인 대안), 블루투스 헤드셋 역시 라디오 주파수를 이용해 신호를 받는다는 사실을 명심하자(이 경우 사용 거리가 짧아서 강도가 약한 전자기파를 사용하지만).

당신이 하루 동안 접하게 될 라디오 주파수의 원천이 휴대전화만 있는 것은 아니다. 무선으로 작동하는 기기의 거의 대부분이 라디오파를 이용한다. 예를 들면 무선 인터넷, 베이비 모니터 그리고 당연히 라디오도 라디오파를 이용한다.

마지막으로, 휴대전화와 암의 관계에 대해서는 아직 결정적인 데이터가 나와 있지 않지만, 휴대전화 사용과 관련해 위험성이 충분히 밝혀졌는데도 무시되는 경우가 많은 또 다른 치명적인 문제가 있다. 운전 중에 휴대전화를 사용하는 것이다. 특히 통화나 문자메시지는 대단히 위험하다. 당신은 스스로 멀티태스킹에 능하다고 생각할지 모르지만 당신이 인간이라면 분명 멀티태스킹 능력이 신통치 않을 것이다. 휴대전화로 통화를 하면 헤드셋을 이용하는 경우라고 해도 도로 상황에 정신을 집중하기가 어렵다. 휴대전화로 통화, 문자메시지, 혹은 웹브라우징을 하고 있을 때는 운전은 말할 것도 없고 심지어 걷는 것조차 위험하다. 따라서 당신이 휴대전화 방사선과 암 사이의 관계에 대해 얼마나 걱정하고 있는지는 모르겠지만, 휴대전화 사용으로 인한 집중력 저하에 대해서는 지금보다 더 걱정해야 한다.

요약

예방 가능성 (63)

휴대전화를 꼭 가지고 다녀야 하는 것도 아니고, 집에서 꼭 무선 인터넷을 사용해야 하는 것도 아니다. 하지만 이런 장비들은 현대 사회와 너무도 밀접하게 얽혀 있어서 휴대전화 사용 제한을 감수하려면 생활방식에 진지한 변화가 필요하다. 하지만 그렇게 해도 라디오 주파수를 완전히 피할 길은 없다.

발생 가능성 (16)

휴대전화 때문에 암이 발생할 가능성은 낮다. 하지만 그 가능성이 어느 정도인지는 불분명하다.

휴대전화

결과 (50)

휴대전화 때문에 뇌종양이 생긴다면 정말 안 좋은 일이지만 그 양자 간에 인과관계가 성립하는지는 불분명하다. 이런 이유 때문에 결과 점수를 중간 수준으로 매겼다.

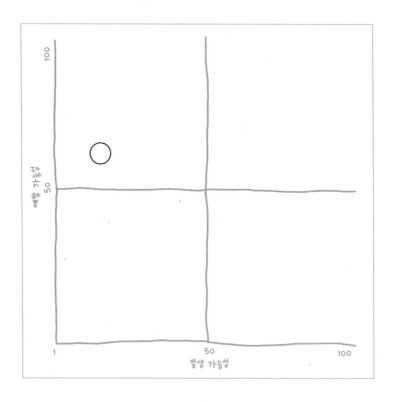

28. 곰팡이

대부분의 사람은 곰팡이 하면 그리 유쾌한 느낌을 받지 못한다. 우리는 이 털북숭이 미생물을 짜증나는 존재로 생각하는 경향이 있다. 곰팡이는 음식을 상하게 하고, 발 냄새를 만들고, 샤워기를 변색시키는 주범이다. 하지만 우리에게 치즈, 된장, 페니실린을 선물해준 존재도 곰팡이다. 그리고 유기물질을 분해해서 식물이나 동물의 사체가 여기저기 널리는 것을 효과적으로 막아주기 때문에 생태계에서도 아주 중요한 역할을 한다. 따라서 곰팡이는 장점과 단점이 뒤섞여 있는 복잡한 존재인 셈이다.

곰팡이는 식물도, 동물도 아니다. 버섯이나 효모 같은 균류에 해당한다. 곰팡이는 수백만 개의 작은 포자를 분출해서 번식한다. 그러면 이 포자는 공기나 물속으로 흩어질 수 있다. 곰팡이는 없는 곳이 없다. 그러니 곰팡이를 피할 길도 없다. 곰팡이의 종류는 정말로 많지만 모든 곰팡이의 한 가지 공통점이라면 습기를 좋아한다는 것이다. 곰팡이가 지하실, 욕실, 플로리다반도같이 눅눅한 곳에서 잘 자라는 것으로 악명이 높은 이유도 그 때문이다. 곰팡이는 식물과 달리 햇빛을 받아 광합성을 하지 못하기 때문에 섭취할 수 있는 유기물질이 어느 정도 필요하다. 어떤 곰팡이는 오렌지 위에서 잘 자라고, 어떤 곰팡이는 목재 위에서, 어떤 곰팡이는 창틀에 쌓인 먼지 위에서 잘 자란다.

어떤 곰팡이는 사람, 특히 피부에 감염을 일으킨다. 예를 들면 백선, 손발톱 무좀, 아구창 같은 것은 모두 곰팡이균 때문이다. 더 심각한 감염으로는 계곡열(콕시디오이데스 이미티스 진균이 포함된 먼지를 들이마셔 감염된다 - 옮긴이)과 히스토플라스마증(토양에 서식하는 히스토플라스마 캡슐라툼이라는 진균이 유발한다 - 옮긴이)이 있다. 이런 감염은 곰팡이 포자를 흡입해서 생긴다. 면역계에 문제가 있는 사람은 아스페르길루스증(자연계에 잡균으로 번식하는 아스페르길루스 푸미가투스 등으로 일어나는 화농성·괴사성·육아종성 병변 - 옮긴이) 같은 침습적인 폐 감염에 더 취약하다. 이런 유형의 감염은 치료가 까다롭다. 더군다나 곰팡이는 알레르기를 유발하는 것으로 알려져 있으며 천식이나 다른 호흡기 질환을 악화시킬 수도 있다.

어떤 곰팡이는 진균 독소를 만들어낸다. 이름이 암시하는 바와 같이 이 성분은 사람이나 다른 동물이 먹을 경우 독성이 있다. 이 화합물은 신경 독성, 발암성, 기형 발생성이 있을 수 있다. 당신이 먹는 음식에 이런 성분이 들어 있기를 바라지는 않을 것이다. 아마도 가장 유명한 진균 독소는, 호밀에서 자라는 곰팡이가 만드는 맥각 알칼로이드일 것이다. 오염된 곡물을 섭취하면 맥각중독이 일어난다. 중세시대에는 이것을 '성 안토니오의 불'St. Anthony's fire(병자 간호를 위해 창립한 성 안토니오의 수도 참사회가 이 병을 많이 치료해준 데서 유래했다 - 옮긴이)이라고 불렀다. 이 불쾌한 질병의 특징은 발작, 비정상적인 감각, 구토, 설사, 정신병, 괴저 등이다. 맥각중독은 역사적으로 발생했던 여러 전염병의 원인이기도 했지만, 일부 사람은 이것이 살렘의 마녀재판에서도 역할을 맡았다는 가설을 제시했다. 현대에 들어서는 맥각알칼로이드가 편두통 치료에 사용되고 있다.

어떤 진균 독소는 항생제로 작용하기도 한다. 트리코테신이라는 진균 독소는 화학전을 목적으로 개발되었다. 1930년대에 사람과 말에서 심각한 질병이 발발하고 난 후에 러시아에서는 트리코테신이 질병을 일으킨다는 사실을 발견했다. 그 곰팡이는 스타키보트리스 카르타룸으로 밝혀졌다. 지금은 사람들 사이에서 '독성이 있는 검은 곰팡이'toxic black mold'로 알려져 있다.

곰팡이에 오염된 식품 사례는 지금도 가끔씩 등장한다. 하지만 곰팡이에 대한 걱정은 아마도 '독성곰팡이증후군' 때문일 것이다. 이것은 정의도 불분명한 논란 많은 질병으로, 곰팡이에 오염된 환경에 노출되어 감염된다. 증상으로는 두통, 눈 자극, 코와 부비동의 막힘, 코피, 피로, 위장관 문제, 신경학적 불편감(집중하기 어려운 증상 등) 등이 있다. 가장 무서운 점은 1990년대 중반에 CDC에서 유아에서의 폐출혈과 집에서의 곰팡이 성장 사이에서 상관관계를 확인했다는 것이다. 이 보고서에서는 오하이오주 클리블랜드의 사례에서 스타키보트리스 카르타룸이 잠재적 병원체로 작용했다고 밝혔다. 이것이 곰팡이에 대한 불안을 부채질했고 결국 건물을 철거하고, 보험금을 청구하고, 수백만 달러 규모의 소송을 제기하고, 곰팡이 제거를 전문으로 하는 산업도 생겨나는 결과를 낳았다.

하지만 환경 내 곰팡이 노출과 인간의 질병 사이의 상관관계는 매우 복잡하기 때문에 독성곰팡이증후군은 여전히 논란이 많다. CDC에서 후속연구를 진행한 결과 유아의 폐출혈에 관한 초기 보고서에서 오류가 드러났고, 이 기관에서는 다시 곰팡이 노출과의 상관관계는 입증되지 않았다는 결론을 내렸다. 독성곰팡이증후군의 증상은 애매했고, 곰팡이의 영향을 입증해 보였던 연구들도 방법에 결함이 있었다. 눅눅한 건물에서 살고, 일하고, 학교를 다니는 것이 건강에 별로 좋지 않다고 믿는 것은 전혀 비이성적인 생각이 아니다. 하지만 진균 독소, 곰팡이 포자, 세균(예를 들면 레지오넬라균. 이 균도 눅눅한 환경에서 산다), 그리고 눅눅한 건물의 건축 자재에서 방출될 수 있는 포름알데히드 같은 화학물질 등이 어떤 문제를 일으키는지 알아내기는 어렵다. 그리고 여기에는 분명 심리적인 요인도 작동하고 있다. 현재로서는 독성이 있는 검은 곰팡이에 노출되는 것이 인간의 건강에 심각한 위협을 가한다는 확고한 과학적 증거는 나와 있지 않다.

그래도 집안에 곰팡이를 들이는 것은 좋은 일이 아니다. 곰팡이는 물과 습기를 필요로 하기 때문에 예방에는 제습이 가장 좋은 방법이다. 환기용 선풍기, 에어컨, 제습기 등을 활용하자. 물이 새는 곳을 고치고 집안에 침수된 부분이 있으면 제대로 말려야 한다. 창턱에 끼는 물방울도 닦아낸다. 작은 곰팡이 얼룩이 생기면 퍼지기 전에 제거한다. 그리고 곰팡이가 크게 번진 경우에는 전문가를 불러 해결하자. 당연한 얘기지만 피부나 폐에 곰팡이 감염이 일어나면 반드시 치료를 받아야 한다. 그리고 곰팡이 냄새가 나는 음식을 먹어서는 안 된다. 곰팡이를 먹으면 병에 걸릴 가능성이 매우 높다.

요약

예방 가능성 (53)
곰팡이를 줄이기 위해 최선을 다할 수야 있겠지만 눅눅한 환경에서 살고 있다면 곰팡이와의 장기전을 준비해야 한다.

발생 가능성 (45)
곰팡이를 먹으면 병에 걸릴 가능성이 매우 높다. 곰팡이가 많은 건물에서 살고 있다면 알레르기나 호흡기 문제가 생길 수 있다. 이미 그런 질병에 잘 걸리는 체질이라면 특히 그렇다.

결과 (66)
곰팡이 포자를 들이마시면 아플 수 있다. 하지만 죽을 일은 아마도 없을 것이다. 독성 곰팡이를 먹으면 심하게 아플 수 있지만 현대에 들어와서 건강한 사람이 곰팡이 중독으로 사망하는 경우는 드물다.

곰팡이

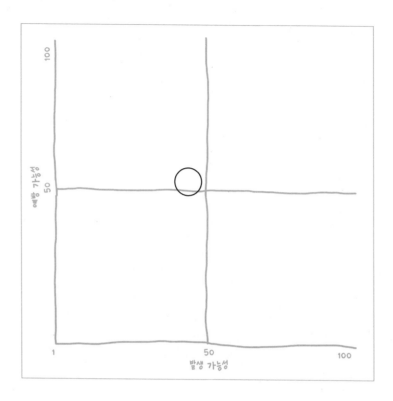

29. 전자레인지

음식이나 음료를 안에 집어넣고 버튼을 누른 다음 1~2분 정도 기다리면, '땡' 소리와 함께 따끈따끈한 식사나 음료가 준비된다. 전자레인지의 편리함을 따라갈 것은 없다. 최초의 상업적 전자레인지는 1946년에 레이시언Raytheon사가 식당용으로 만들었다. 그 뒤를 이어 1955년에는 태판Tappan에서 벽걸이형 소비자용 전자레인지를 소개했고, 1967년에는 아마나Amana에서 조리대에 올려놓고 쓰는 가정용 전자레인지를 개발했다. 1960년대 이후로 전자레인지는 어디서나 볼 수 있는 흔한 기기가 되어 미국 가정의 90퍼센트가 사용하고 있다. 전자레인지 사용이 증가하면서 그와 함께 건강에 미치는 영향과 안전성에 대한 우려도 함께 커지고 있다.

전자레인지는 비전리 전자기방사선(전자기장)을 이용해 식품으로 에너지를 전달한다. 이 형태의 에너지는 2,450메가헤르츠 정도의 주파수를 갖는 파동을 타고 이동한다. 그래서 마이크로파는 전자기 스펙트럼 상에서 라디오파와 적외선 사이에 걸쳐 있다. 마이크로파를 반사하는 금속 재료와 달리 물을 함유하고 있는 물체는 이 에너지를 흡수한다. 전자레인지의 벽에서 튕겨나온 마이크로파는 전자레인지 중앙 회전반 위에서 돌고 있는 음식이나 음료를 때려서 가열한다. 음식이 뜨거워지는 이유는 마이크로파가 물 분자를 진동시키기 때문이다. 물 분자가 빨리 진동할수록 음식도 더 뜨거워진다.

1971년부터 미국 FDA에서는 전자레인지가 공공의 건강에 위협이 되지 않도록 전자레인지에 대한 표준을 정했다. 전자레인지는 마이크로파 누출이 전자레인지 표면에서 5센티미터 떨어진 거리에서 평방센티미터당 5밀리와트를 넘어서는 안 된다. 이 정도의 마이크로파면 사람에게 해를 끼치는 것으로 알려진 양보다 훨씬 낮은 값이다. 더군다나 방사선의 강도는 원천에서 멀어질수록 급격히 떨어진다. 따라서 노출을 최소화하려면 단지 전자레인지에서 몇 걸음 뒤로 물러서면 그만이다. FDA에서는 또한 전자레인지 문이 열렸을 때 마이크로파가 누출되는 것을 막기 위해 이중잠금 시스템 장착을 의무화하고 있다. 밀폐 장치, 문, 외피가 파손된 전자레인지를 사용하면 안 된다.

식품을 전자레인지로 뚝딱 가열해도 식품의 영양가에 현저한 감소가 일어나지는 않는 것으로 보인다. 오히려 전자레인지는 식품을 신속하게 익혀주기 때문에 채소를 요리했을 때 몸에 좋은 화합물들과 색상을 유지하는 데 도움이 될 수도 있다. 돼지고기와 닭고기는 전통적인 화구로 익혔을 때보다 전자레인지로 익혔을 때 비타민 B_6와 티아민 수치가 더 높게 유지되었다. 식품에 방사능이 묻어 있지 않을까 걱정할 필요는 없다. 전자레인지를 끄면 마이크로파 방출도 멈추고, 마이크로파 에너지는 식품에 전혀 남지 않는다.

어떤 사람은 전자레인지로 요리한 음식은 마이크로파 방사선 때문에 분자가 변해서 독성을 띠지 않을까 걱정한다. 식품을 어떤 식으로 가열하든 익히는 과정에서 단백질 형태는 바뀐다. 단백질에서 이렇게 변성이 일어나는 덕분에 소화관에서 음식을 흡수할 수 있다. 변성된 단백질에는 본질적으로 독성이 없다.

전자레인지와 관련된 잠재적 위험으로는 익힌 식품의 온도를 우습게 여겼다가 생기는 문제가 있다. 예를 들어 전자레인지에서 물을 가열하면 거품이 이는 것도 보이지 않았는데 끓는점보다 더 뜨거울 수 있다. 매끈하고 깨끗한 유리 용기에 물을 담아 전자레인지로 가열했을 때 이런 일이 일어난다. 이 용기에 숟가락이나 다른 물질을 집어넣으면 과열된 물이 폭발하면서 심각한 화상을 입을 수 있다. 과열된 물에 의한 화상을 예방하려면 전자레인지를 켜기 전에 물이 담긴 용기 안에 비금속성 물체를 하나 담가놓으면 된다.

용기는 '전자레인지용'이라는 라벨이 붙은 것을 사용해야 한다. 플라스틱 용기에는 비스페놀-A, 프탈레이트 등 제품 형태를 유지해주는 화학물질이 들어 있는 경우가 많다. FDA에서는 이런 화학물질의 양을 측정하기 위해 플라스틱 용기들을 검사한다. 전자레인지로 가열한 식품에 이 성분들이 녹아나올 수 있기 때문이다. 만약 측정된 수치가 실험용 동물에서 안전함이 밝혀진 범위 안에 들어오면 그 용기에는 '전자레인지용'이라는 라벨을 붙일 수 있다.

전자레인지

전자레인지용 용기를 사용하는 한, 전자레인지에서 만들어내는 방사선에 저수준으로 노출시켜 음식을 가열하는 것은 상대적으로 안전한 요리 방법이다. 그건 그렇고, 금속은 절대로 전자레인지에 넣으면 안 된다. 아주 흥미진진한 불꽃쇼가 펼쳐지겠지만 기계가 망가질 것이고, 여차하면 집을 통째로 태워먹을 수도 있다.

요약

예방 가능성 (89)

전자레인지가 없어도 음식을 데울 수 있다. 전자레인지로 데운 음식을 먹을 때는 너무 뜨겁지 않은지 잘 확인해야 한다.

발생 가능성 (8)

전자레인지의 마이크로파에 위험한 수준으로 노출될 가능성은 별로 없다.

결과 (17)

전자레인지를 정상적으로 사용하면 건강과 관련해 아무 문제도 일으키지 않을 것이다. 다만 음식이 지나치게 과열된 경우에는 화상을 입을 수 있다.

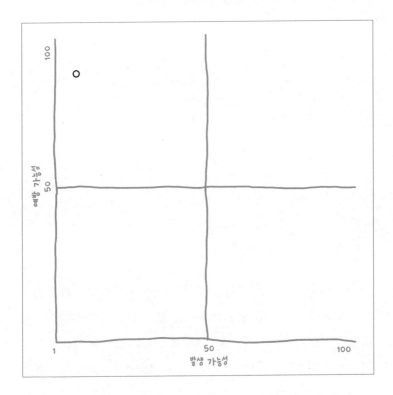

30. 석면

석면은 온석면, 갈석면, 청석면, 투섬석, 직섬석, 녹섬석 등의 천연광
물군을 지칭하는 이름이다. 1800년대 말 이후로 건축업자들은 강
하고, 가볍고, 화학적 저항성과 내열성이 있는 재료를 만들기 위해
석면의 다재다능한 속성을 이용해왔다. 1900년대에 미국에서 건물
을 지을 때는 석면을 단열 시공, 방화 시공, 방음 시공에 사용했다.
지붕, 바닥, 벽의 재료에 모두 석면이 흔히 들어갔다. 그런데 불행히
도 이 놀라운 재료에는 끔찍한 부작용이 있었다. 석면 섬유를 흡입
하면 치명적인 폐질환을 야기할 수 있다는 것이다.

　미국에서는 미국 환경보호국EPA, 미국 소비자제품안전위원회
CPSC, 미국 연방직업안전보건국OSHA에서 공표한 몇몇 규제, 예를 들
면 미국 대기오염물질배출규정, 독성물질관리법, 대기오염방지법에
서 석면이 들어간 제품의 사용을 금지하거나 제한하고 있다. 하지만
그래도 석면의 사용이 완전히 없어진 것은 아니어서 아직도 석면

을 수입해서 의복, 지붕 재료, 브레이크 패드와 라이닝, 시멘트판, 파이프, 개스킷 등에 사용할 수 있다. 사실 2016년에는 340톤의 석면이 미국으로 수입되었다. 뿐만 아니라 아직 많은 양의 석면이 과거의 유물로 남아 있다. 1980년 이전에 지어진 집, 사무실, 학교, 기타 건축물에는 어떤 형태로든 석면이 들어 있을 가능성이 크다(우리나라에서는 2009년부터 석면 사용이 금지되었다 - 옮긴이). 미국 외에도 영국, 일본, 유럽연합 등이 석면 사용을 제한하고 대중을 석면으로부터 보호하기 위한 조치를 취하고 있지만 인도나 중국 같은 국가는 그런 제한이 없다.

WHO에서는 전 세계적으로 1억 2,500만 명의 사람이 일터에서 석면에 노출되고 있는 것으로 추정한다. 석면 안에 들어 있는 미세 섬유가 공기 중으로 방출되면 건강에 문제를 일으키는데, 들이마신 석면이 폐나 다른 신체 부위에 박혀서 폐암, 석면증, 악성중피종 등을 일으킬 수 있다. 이런 질병은 석면에 노출되고 수십 년이 지날 때까지 증상이 나타나지 않기도 한다. 매년 전 세계적으로 최소 10만 7,000명의 사람이 석면과 관련된 폐암, 석면증, 악성중피종으로 사망한다.

대부분의 사람은 흡연이 폐암 위험을 높인다는 것을 잘 알고 있다. 하지만 석면 노출도 흡연과 비슷하게 폐암 위험을 높인다는 점은 잘 모른다. 석면 노출과 관련된 암의 두 번째 유형은 악성중피종이다. 악성중피종은 폐, 흉부, 복부의 내벽에 생기는 암이다. 악성중피종에 걸리는 사람은 대부분 석면을 사용한 장소에서 일했거나, 그런 곳에서 일한 사람과 함께 산 사람이다. 그런 사람 중 다수(51.7%)

석면

는 75세 이상이지만 악성중피종으로 사망하는 젊은이 숫자를 보면 석면 노출이 아직도 위험하다는 사실을 알 수 있다. 악성중피종을 치료할 때는 암이 생긴 위치, 암의 단계 그리고 환자의 나이와 전체적인 건강에 따라 의사가 수술을 통한 종양 제거, 화학요법, 혹은 방사선 치료를 권할 수 있다.

석면과 관련된 세 번째 주요 질환은 석면증이다. 이것은 장기간의 석면 섬유 노출이 폐 조직에 흉터를 남겨서 생기는 비암성 폐질환이다. 석면증에 걸린 사람은 숨이 가빠지고, 기침을 하고, 흉부통을 느낄 수 있다. 또 폐암으로 이어질 가능성도 커진다. 석면증은 치료법이 없기 때문에 의사는 증상 관리에 초점을 맞추고, 증상이 심각한 사람에게는 고통을 줄여주기 위해 폐 이식을 권할 수도 있다.

석면 노출은 요즘보다는 과거에 훨씬 더 흔했다. 수십 년 전에는 조선소, 석면 공장, 광산에서 일하는 노동자들이 석면 섬유를 흡입할 수 있는 장소에서 일하는 경우가 많았다. 이 노동자들이 옷, 피부, 머리카락 등에 석면 섬유를 묻혀 집으로 가져가면 가족에게도 위협이 되었다. 안타깝게도 석면의 위험은 아직 우리와 함께하고 있다. 특히 1980년 이전에 세워진, 석면이 함유된 건축물에서 일하는 사람이 그 위험에 취약하다. 석면 노출과 관련된 위험을 잘 보여주는 비극적인 사례가 있다. 2001년 9월 11일 뉴욕에 테러가 발생해서 세계무역센터 건물이 무너졌다. 이 건물이 무너졌을 때 응급 의료요원, 건설노동자들이 고농도의 석면에 노출되었다. 이들은 장래에 악성중피종이나 다른 폐질환이 발생할 위험이 높다.

요즘에는 건설노동자들이 석면에 노출될 위험이 가장 크다. 하지만 이들뿐 아니라 모든 사람이 석면에 대한 경계심을 늦추지 말아야 한다. 석면이 여러 건축물과 집에 여전히 도사리고 있으니까 말이다. 석면이 든 재료가 흔한 곳으로는 석면 테이프로 감은 파이프, 바닥 타일과 접착제, 보일러와 난로 주변의 단열재, 벽과 천장의 방음시설, 시멘트 지붕, 널빤지 지붕, 건축 외장용 자재 등이 있다. 석면이 고형 재료와 결합되어 있거나 그 속에 묻혀 있으면 거의 위험할 일이 없다. 하지만 집안을 리모델링하면서 석면이 들어 있는 재질을 건드리면 석면 가루가 공기 중으로 방출된다. 석면이 들어 있을지 모르는 재료는 절대 건드리거나 움직이지 말라. 대신 낡은 건물을 철거하거나, 수리하거나, 리모델링할 경우에는 석면 노출을 최소화할 수 있도록 석면 취급 훈련을 받은 전문가를 찾는 것이 좋다.

거의 모든 사람이 저수준으로 석면에 노출될 수밖에 없다. 환경 속에 자연적으로 존재하는 성분이기 때문이다. 법령, 규제 등을 통해 지속적으로 석면에 노출되는 위험을 줄여야 하며, 석면에 대해 잘 이해하고 취급 방법을 알면 그 위험을 더 줄일 수 있다.

요약

예방 가능성 (66)
주택 보유자, 건설노동자, 건물 관리인 들은 석면 노출을 줄이기 위한 조치들을 취할 수 있다.

석면

발생 가능성 (52)

가정, 사무실, 학교, 특히 낡은 건물에는 석면이 든 재료가 남아 있을 수 있다. 보통 석면이 들어 있는 재료를 건드리지 않는다면 석면 섬유에 노출될 가능성은 높지 않다.

결과 (86)

석면 노출은 폐질환, 암 등을 비롯해 심각한 건강 문제를 일으켜 결국 사망으로 이어질 수 있다.

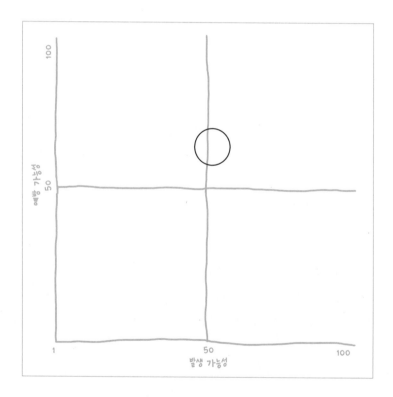

chemicals

화학물질

31. 알루미늄

알루미늄은 지각에서 가장 풍부한 금속이며, 산소와 실리콘에 이어 지각에서 세 번째로 풍부한 원소이기도 하다. 산소가 알루미늄보다 거의 6배나 많지만 지구에는 정말로 많은 알루미늄이 있다. 알루미늄은 생물학적으로 아무런 역할도 없어 보이지만 다양한 분야에서 사용되고 있다. 가볍고, 성형이 쉽고, 부식에 저항성이 있어서 냄비와 프라이팬, 캔, 포일, 비바람을 막아주는 외장용 자재와 지붕 자재, 파이프, 장난감, 비행기 등 어지러울 정도로 다양한 것을 만드는 데 사용된다. 하지만 알루미늄은 당신이 생각지도 못한 용도로 사용되기도 한다. 예를 들면 비처방 제산제, 베이킹파우더, 백신, 완충 아스피린buffered aspirin(산을 중화시키는 물질로 코팅한 아스피린 - 옮긴이), 화장품, 땀 억제제, 폭죽 등에도 알루미늄이 들어간다. 아마도 가장 놀라운 것은 황산알루미늄이 물 처리water treatment(물의 불순물이나 유해물질을 제거하는 등 수질을 개선하는 작업 - 옮긴이) 과정에 폭넓게 이용된다

알루미늄

는 점이 아닐까 싶다.

다시 한 번 말하지만 우리 주변에는 알루미늄이 정말 많다. CDC의 분과인 미국 독성물질 질병등록청ATSDR에 따르면, "사실상 모든 음식, 물, 공기, 토양에는 알루미늄이 들어 있다." 또 미국의 성인은 음식을 통해 매일 7~9밀리그램 정도의 알루미늄을 먹고 있다고 한다. 아예 숨도 안 쉬고, 먹지도 않고, 물도 마시지 않기로 작정하지 않는 한 알루미늄을 피할 길은 없다. 이런 상황에서 만약 알루미늄에 독성이 있었다면 정말 큰 문제가 되었을 것이다.

좋은 소식이 있다. 알루미늄은 생각보다 특별히 독성이 없다. 들이마시든, 먹든, 피부에 접촉하든 알루미늄은 체내로 잘 흡수되지 않는다. 흡수된 알루미늄이 있더라도 콩팥이 제대로 기능한다면 사람이든 동물이든(우리의 식용 동물 등) 몸속에 잘 쌓이지 않는다. 알루미늄은 차tea나 일부 양치식물을 제외하면 식물에도 축적되지 않는다.

당연한 얘기지만 알루미늄을 대량으로 섭취하면 별로 좋을 것이 없다. 알루미늄 독성에 가장 민감한 기관은 신경계와 폐다. 알루미늄의 신경독성 효과는 투석치매에서 입증되었다. 투석치매는 콩팥 질환이 있는 사람에게서 발생할 수 있는 신경퇴행성증후군이다. 이 병은 콩팥의 알루미늄 제거 능력이 감소하면서, 그와 동시에 투석액을 통해 알루미늄 노출이 증가하면서 발생한다. 이 때문에 뇌에 알루미늄이 쌓여 운동능력 저하, 언어장애, 인지기능 상실 등의 증상이 발생한다.

과학자들은 알루미늄 노출과 알츠하이머병이 관련이 있을 것으로 보고 있다. 이런 의문이 제기된 지는 수십 년이 지났는데 아직도 논란이 많은 가설로 남아 있다. 일부 연구에서는 알루미늄 섭취와 알츠하이머병 사이의 상관관계를 발견하기도 했지만 어떤 연구에서는 그렇지 않았다. 이렇게 데이터끼리 엇갈리다 보니 아직 확실한 결론이 나오지 않고 있으며, 이 주제에 대한 과학적 관심도 표류 중인 듯하다. 미국 알츠하이머재단에서는 이렇게 말한다. "요즘의 전문가들은 다른 연구 분야에 초점을 맞추고 있다. 지금은 일상생활에서 접하는 알루미늄이 알츠하이머병을 일으킨다고 믿는 사람이 거의 없다." 한 치매 전문 신경과 의사도 이런 점을 확인해주었다. 그다지 만족스러운 상황은 아니지만 어쨌든 알츠하이머병이 복잡한 질병이다 보니 아무래도 원인이 하나만 있지는 않을 것이다.

알루미늄은 암을 유발하지도 않는 것으로 보인다. 한때 인터넷에서는 겨드랑이 땀 억제제를 사용하면 유방암에 걸릴 수 있다는 소문이 돌았다. 하지만 유방의 건강보다 뽀송뽀송한 겨드랑이를 더 소중하게 여기는 자신을 보며 죄책감을 느꼈던 사람도 안도의 한숨을 내쉴 수 있게 되었다. 미국 국립암연구소와 미국 암학회 모두 이것이 근거 없는 주장이라고 말한다.

문헌을 조사해본 바에 따르면 당신이 정말로 걱정해야 할 금속은 알루미늄이 아니다(납이야말로 걱정해야 할 금속 목록 1번이다). 그래도 알루미늄 노출을 제한하고 싶다면, 안타깝게도 이 목표를 달성하기는 아주 어려울 것이다. 조리 과정에서, 특히 산성 음식을 요리할 때는 조리기구에서 소량의 알루미늄이 나온다. 피부에 닿는 알루미늄이 실제로 흡수되는 비율은 아주 낮은데 땀 억제제도 마찬가지다. 일부 백신에는 아주 소량의 알루미늄이 들어 있다(A형 간염,

알루미늄

B형 간염, 파상풍 백신, 뇌수막염 백신, 사람 유두종바이러스 백신, 폐렴구균 백신). 백신에 알루미늄을 첨가한 이유는 백신의 효과를 높여주기 때문이다. 하지만 이것 때문에 예방접종을 거르는 것은 현명한 판단이 아니다. 직장에서 근무하거나 산업폐기물 노출이 없는 사람의 경우 알루미늄에 노출되는 주요 원천은 물 처리 과정을 거친 물과 일부 가공식품(예를 들면 빵, 시리얼, 가공 치즈 등)이다. 섭취하는 가공식품을 줄이는 것은 쉬운 일일 뿐만 아니라 다른 몇 가지 이유로도 건강에 좋은 선택이다. 하지만 처리 과정을 거치지 않은 물을 마시는 것은 좋은 생각이 아니다. 제산제를 자주 사용하거나 차를 많이 마시는 사람이라면 알루미늄을 더 많이 섭취했을지도 모른다. 이런 제품 섭취를 자제하면 알루미늄 노출을 줄일 수 있다.

경우에 따라서는 오히려 알루미늄보다는 다른 것을 걱정해야 할 상황도 있다. 예를 들어 점심 식사로 치킨누들수프 캔을 따려고 하는 경우라면 음식에 알루미늄이 스며들었을까 봐 걱정할 것이 아니라 캔의 내벽에서 빠져나왔을지도 모를 BPA(환경호르몬인 비스페놀-A - 옮긴이)나 식품에 들어 있는 막대한 양의 소금 또는 보툴리눔 식중독 등을 걱정할 일이다.

요약

예방 가능성 (10)
대부분의 사람은 주로 식품과 식수를 통해 알루미늄에 노출된다. 따라서 그것을 피할 뾰족한 방법이 없다.

발생 가능성 (1)

투석 치료를 받고 있거나 보통 사람보다 훨씬 높은 용량의 알루미늄에 노출되고 있지 않은 한 알루미늄 노출로 부정적인 결과가 생길 가능성은 별로 없다.

결과 (12)

일반적인 수준의 알루미늄 노출은 그 어떤 심각한 건강 문제도 일으키지 않는 것으로 밝혀졌다. 알루미늄과 치매의 관련성에 대한 연구 결과는 엇갈리고 있기 때문에 잠재적 결과에 대한 점수를 0점보다는 높게 매겼다.

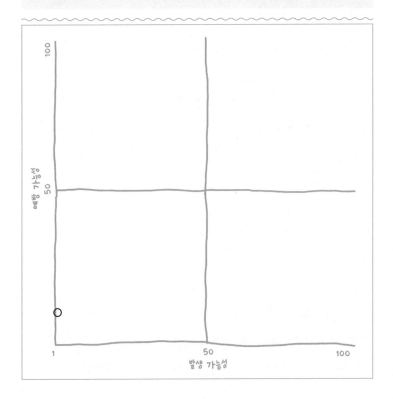

알루미늄

32. 난연재

인류는 선사시대부터 불에 의존하기 시작했다. 그 이후로 불은 우리 삶에서 늘 따라다니는 위험으로 자리잡게 되었다. 불은 양날의 검이다. 불은 인류의 성공에 기여했지만 집과 농작물, 도시 그리고 생명을 집어삼키기도 했다. 현대에 들어서는 불을 일상에서 사용하는 일이 드물어졌다. 일반적으로 난방이나 조명, 요리 등에서 직접 불을 사용하는 일이 별로 없기 때문이다(무드를 잡으려고 촛불을 켜지만 않는다면). 하지만 불의 위험은 여전히 우리와 함께한다. 벽난로, 촛불, 야외 그릴, 가스레인지 등의 불꽃이 사고로 이어져 화재를 일으킬 수 있다. 또 전기, 화학약품, 가열된 기름, 토스터, 드라이어 등은 늘 화재 위험이 따르고 숲이나 산업 현장에서도 화재는 종종 일어난다. 주택 화재를 겪어본 사람이면 그것이 얼마나 끔찍하고 치명적인지 잘 알 것이다. 하지만 더 나쁜 소식이 있다. 우리가 집을 짓고 가구를 만들 때 사용하는 합성재료 중에는 화재에 취약한 것들이 있다는 사실이다. 예를 들어 폴리우레탄 폼은 신속하게 불이 붙어 뜨겁게 타오르고, 엄청난 양의 독성 연기를 뿜어낸다. 하지만 폼은 아주 유용한 재료라서 충전재가 들어가는 소비자 제품에는 거의 어디에나 들어 있다. 지금 당신이 앉아 있는 소파나 속을 채워넣은 의자에는 거의 분명히 폴리우레탄 폼이 들어 있을 것이다. 문제는 바로 이것이다. 불이 잘 붙는 소파나 침대에 앉아 담배 피우기를 좋아하는 사람이라면 더욱 위험할 수 있다.

흡연 인구가 더 많았던 1975년에는 사람들이 담배를 피우다 가구에 불을 내는 사건이 종종 벌어져 큰 문제가 되었다. 그러자 캘리포니아주에서는 주에서 판매되는 모든 가구에 대하여 직접 불에 노출되었을 때 12초 이상 견딜 수 있는 재료만 사용해야 한다는 법을 만들었다. 그러자 제조업체는 이 기준을 충족시키기 위하여 제품에 화학 난연재를 첨가하기 시작했다. 이 법은 캘리포니아주에서 판매되는 가구를 대상으로 하는 것이었지만 대부분의 제조업체들은 시장별로 각각 제품을 만드는 것이 번거로워 모든 제품에 난연재를 첨가했다. 시간이 흐르면서 난연재는 아기용 제품(그네놀이 의자, 낮잠용 매트, 유모차, 장난감 등), 카펫, 자동차와 비행기 인테리어, 의복, 건축 재료, 포장 재료, 가전제품 등 다양한 제품에 일상적으로 첨가되었고, 지금은 이런 화학물질이 하도 많이 퍼져서 피하고 싶어도 피할 수가 없다. 그런데 과연 난연재는 피하는 것이 좋을까? 아마도 그럴 것이다.

화학적 난연재, 특히 브롬계 난연재(인쇄회로 기판, 칩 등에 사용되며 환경 호르몬 배출로 임산부, 태아에 영향을 미친다. 소각시 다이옥신이 발생한다 –

옮긴이)는 비만, 내분비계 교란, 갑상선 문제, 발달 중인 신경계의 손상, IQ 감소, 과민성, 불임 그리고 암과도 관련되어 있다. 난연재에는 수백 가지 서로 다른 화학물질이 섞여 있다. 이것들이 건강에 미치는 영향에 대해서는 알려진 바가 거의 없지만 그중 상당수는 잔류성 환경오염 물질로, 분해되지 않고 아주 오랫동안 환경에 남아 있게 된다.

난연재 중에는 생물 축적이 되는 것이 많다. 우리 체내, 특히 지방조직에 쌓인다는 의미다. 게다가 이 화학물질 사용의 원래 목적을 충족하고 있는지조차 불분명하다. 미국 소비자제품안전위원회CPSC의 2009년 검사에 따르면 난연재 폼을 채운 의자는 일반적인 폼을 사용한 의자만큼이나 불이 빨리 붙고 온도도 높게 올라갔다. 2017년에 CPSC에서는 제조사에게 제품에 할로겐 원소가 함유된 유기화합물 난연재 첨가를 삼갈 것을 권장했다. 사용에 따르는 이점보다 위험이 더 컸기 때문이다. 위원회에서는 화학적 난연재가 사람의 건강, 특히 아동과 임산부의 건강을 위협한다고 결론 내렸다. 더 나아가 위원회에서는 이런 화학물질이 들어 있는 제품을 구입하지 말 것을 권장했다.

2013년에 캘리포니아주는 기존의 법을 개정해서 직화 검사open-flame test를 그을림 검사smolder test로 대체했다. 그래서 제조사에서는 난연재 화학물질 대신 난연재 재질의 안감만 사용해도 기준을 충족시킬 수 있게 되었다. 마침내 이런 추가적인 화학물질 걱정을 할 필요가 없는 가구와 아기용품을 구입할 수 있게 된 것이다. 난연재의 힘을 빌리지 않은 제품에 관심을 기울이고 그런 제품을 선택하는 것은 그만큼의 가치가 있는 일이다. 특히 아기용품이라면 더욱 그렇다. 하지만 새로운 법이 화학적 난연재 추가를 금지하는 것은 아니기 때문에 원하는 제품을 구하려면 꼼꼼히 나름의 조사를 해보아야 한다.

하지만 집안 가구를 모두 난연재가 없는 새로운 제품으로 대체할 수 있다고 해도 당신은 여전히 난연재에 둘러싸여 있을 가능성이 높다. 난연재가 잔류성 환경오염 물질이란 것을 기억하자. 그래서이 성분은 토양, 물, 음식을 비롯해 온갖 곳에 들어 있다. 심지어 북극곰의 지방조직에서도 난연재 성분이 발견된다. 미국 사람들은 거의 모두가 체내에 이런 화학물질이 어느 정도는 축적되어 있다. 그리고 안타깝게도 어린아이들에서 그 농도가 가장 높다. 이런 일이일어난 이유 중 하나는 수많은 아동용 제품이 난연재 처리가 되어있기 때문이고, 또 다른 이유는 난연재가 모유에 쌓여 있다가 아이가 젖을 먹을 때 섞여 나가기 때문이다. 다른 이유도 있다. 이 화학물질은 우리 집안 먼지에도 농축되어 있다. 먼지는 심각한 독성을 유발할 수 있고, 손을 입으로 가져가는 행동을 자주 하는 아이는 결국 많은 먼지를 삼키게 된다.

화학적 난연재 노출을 줄이려면 집안 먼지를 청소하고 손을 자주 씻는 것이 최고의 방법이다. 고성능 미립자 제거 필터가 장착된 진공청소기로 자주 청소하고, 젖은 걸레로 먼지를 닦아내자. 그리고 자주 창문을 열어 환기하고 야외로 나가자.

요약

예방 가능성 (22)

발품을 많이 팔고 조사도 철저히 하면 화학적 난연재가 들어 있지 않은 가구와 아기용품을 찾을 수 있다. 하지만 난연재가 들어 있지 않은 자동차나 카시트를 찾기는 어렵다. 난연재가 없는 세상에서 살기는 애초에 불가능하다. 심지어 북극곰도 난연재를 피할 수 없다.

발생 가능성 (50)

수많은 화학물질이 난연재로 사용되기 때문에 이것이 실제로 얼마나 해를 미치는지 추측하기가 어렵다. 그래서 중간값을 매겼다.

결과 (50)

여기서도 마찬가지로 수많은 화학물질이 사용되고 있기 때문에 노출에 따른 결과가 얼마나 심각한지 말하기 힘들다.

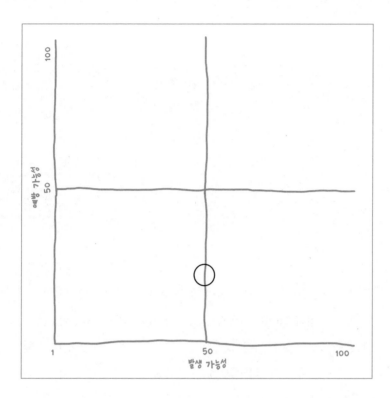

발생 가능성

난연재

33. 불소

불소는 조금만 사용하면 치아에 좋다. 불소는 치아에서 가장 단단한 바깥 껍질인 법랑질과 결합해 약해진 법랑질을 칼슘과 인산염으로 튼튼하게 만들어(재광화) 충치를 예방해준다. 법랑질이 더 강해지면서 세균에 대한 저항력을 높이는 것이다. 이런 이유로 대부분의 치약에는 불소가 들어 있다. 치과에서도 환자의 치아에 불소를 도포하고, 여러 지역에서 수돗물에 불소를 첨가한다.

미시건주의 그랜드래피즈에서는 불소가 충치 발생률을 줄이는지 확인하기 위해 세계 최초로 수돗물에 불소를 첨가하는 시범 프로그램을 실시했다. 그 결과 수돗물에 불소를 첨가하지 않은 대조군 지역보다 충치 발생률이 50퍼센트까지 줄었다. 이런 결과는 여러 연구, 전 세계 여러 지역에서 여러 번에 걸쳐 재현되었다. 증거는 확실했다. 불소는 충치를 막아준다. 그래서 전 세계적으로 수돗물에 불소를 첨가하기 시작했다. 하지만 오리건주 포틀랜드 같은 일부 도시는 상수도 불소화 사업에 참여하기를 지속적으로 거부하고 있다. CDC에서는 상수도 불소화를 20세기 공공보건의 10대 업적 중 하나로 선정했다. 동시에 불소화 사업이 안전하고 건강에도 이롭다는 점을 설득하고 안심시키기 위해 이 사업에 대해 웹사이트에서 몇 페이지를 할애해 설명하고 있다.

하지만 안심하지 못하는 사람들이 있다. 상수도 불소화는 도입 당시에도 논란이 있었고, 오늘날에도 논란이 사그라들지 않고 있다. 비판자들은 수돗물 속에 들어 있는 불소가 암, 알츠하이머병, IQ 저하, 갑상선 문제, 소화관 문제, 뼈 골절 등 수많은 건강상의 문제를 일으킨다고 주장한다. 상수도 불소화가 도입된 지 70년이 넘었지만 사람들의 이런 걱정은 시대에 따라 정도의 차이만 있을 뿐 결코 사라지지는 않았다.

불소는 무기 음이온이다. 탄소가 들어 있지 않고 음전하를 띤다는 의미다(칼슘과 인산염은 양전하를 띠지만 마찬가지로 무기 이온이다). 불소는 바위, 먼지, 바닷물 등 자연환경에도 들어 있는 자연 발생 물질이다. 천연 불소는 여러 장소의 물속에 고농도로 존재한다. 사실 불소가 치아 보호 효과가 있다는 것도 그 덕분에 발견되었다. 1900년대 초반에 콜로라도의 한 치과의사가 콜로라도스프링스라는 도시의 아동들이 치아가 정말 지저분하다는 것을 알게 되었다. 구체적으로 말하자면 이 지역에서 태어난 아동이나 어릴 때 이곳으로 이사 온 아동은 영구치가 여기저기 파이고 초콜릿처럼 진한 갈색으로 얼룩져 있었다. 그런데 치아들이 못생기기는 했어도 신기하게 충치는 별로 없었다. 놀랍게도 원인은 불소로 밝혀졌다. 이 지역 상수도의 불소 농도가 대단히 높았던 것이다. 원래는 '콜로라도 갈색 얼룩 Colorado brown stain'이라고 불렸던 이 증상은 이후에 불소증fluorosis으로 불리고 있다. 불소를 장기간 아주 높은 수준으로 섭취하면 골격 불소증으로 이어질 수 있다. 이것은 대단히 고통스럽고 파괴적인 관절 질환이다. 또한 한꺼번에 다량의 불소를 섭취하면 급성 중독을 일으킬 수 있다. 만일 아이가 불소 치약 한 통을 다 삼켰다면 신속히 응급처치를 받아야 한다.

파괴적인 질병과 급성 중독은 분명 위험하다. 그래서 미국 환경 보호국에서는 상수도의 불소 농도 상한선을 4ppm으로 정해놓았다. 농도 상한선이 존재한다는 것 자체는 걱정할 부분이 아니다. 문제는 얼마나 섭취하느냐다. 어떤 성분은 적은 양일 경우에는 유익하지만 양이 많아지면 문제를 일으킨다. 철분이 좋은 예다. 철분 섭취가 충분하지 못하면 빈혈이 생기지만 반대로 너무 많이 섭취하면 죽을 수도 있다. 비타민 A, D, E, C, K도 마찬가지다. 심지어 물도 너무 많이 마시면 죽을 수 있다. 불소를 대량으로 섭취하면 부정적인 결과가 생길 수 있다는 사실은 특별할 것이 없고, 이것이 불소를 어떤 형태로도 사용하지 못하게 막을 이유는 될 수 없다.

불소와 위에 언급한 비타민과 미네랄 성분에는 한 가지 주목할 만한 차이가 있다. 불소의 경우 인간의 건강에 필수적인 성분이 아니라는 점이다. 하지만 다른 많은 성분과 마찬가지로 건강에 도움은 된다. 불소를 저용량으로 섭취하면 불소증에 걸리지 않고도 충치 발생률을 줄일 수 있다. 수돗물에 불소를 첨가할 때는 긍정적 효과가 눈에 보이게 나타나면서도 부작용은 최소화할 수 있는(미용적으로 문제가 되지 않는 약간의 불소증은 용인된다) 절묘한 균형점을 찾아야 한다.

어떤 사람들은 애초에 그런 균형점은 존재하지 않는다고 믿고 있지만, 균형점이 존재한다는 데 과학적 공감대가 형성되어 있다. 물론 반대 의견들이 모두 근거가 없다는 의미는 아니다. 불소화가 오랜 시간 동안 진행되어왔기 때문에 살펴볼 만한 역학 자료가 꽤 쌓였다. 이것은 건강상의 결과를 평가한다는 측면에서는 좋은 일이다. 수많은 동물실험을 통해서도 불소의 영향에 대한 검증이 이루어졌다. 하지만 이런 과학 문헌을 살펴볼 때는 조심해야 한다. 사이비과학이나 노골적으로 악의적인 과학이 진짜 과학과 뒤섞여 있기 때문이다. 어떤 연구는 불소 섭취를 뼈암, IQ 저하, ADHD, 갑상선 기능저하증 등과 연관짓는다. 하지만 이런 연구들은 표본 규모가 너무 작거나 대조군 설정이 부적절해 방법론상의 문제를 지적받고 있다. 이런 비판은 사소해 보일지도 모르지만 이런 사소해 보이는 문제 때문에 잘못된 결론에 이를 수 있다. 예를 들어 불소 농도가 높은 물이 납 농도도 함께 높은 경우에 불소 때문에 문제가 발생한다고 엉뚱한 결론을 내릴 수 있다. 따라서 이런 연구들을 대할 때는 전체적인 과학적 증거의 일부로 해석하는 것이 중요하다.

미국 국립과학아카데미NAS에서는 불소에 대해 몇 차례 평가를 진행한 바 있다. 미국 환경보호국이 정한, 식수에 든 불소의 기준에 대한 2006년 보고서(「식수에 든 불소: 미국 환경보호국의 기준에 대한 과학적 평가」)에서 평가위원회는 심각한 반상치(치아 표면에 분필처럼 불투명하고 탁해 보이는 흰색이나 노란색 또는 갈색 반점이 불규칙하게 착색되는 현상 - 옮긴이)가 최종적으로 우려해야 할 중요한 부분임을 확인했다(최소 용량에서도 문제가 생길 가능성이 있다). 위원회에서는 미국 환경보호국에서 정한 4ppm이라는 상한선이 이 문제를 예방하기에는 너무 높고, 더 나아가 뼈 골절 예방에도 너무 높을 가능성이 크다고 보았다. 바꿔 말하면 최대 허용 농도를 낮춰야 한다는 의견이었다. 참고로 이 상한선은 4ppm이었는데(지금도 마찬가지), 인위적 불소화의 권장 범위는 0.7ppm에 불과하다. 위원회에서는 인위적 상수도 불소화에 대해서는 언급하지 않았다. 그 부분은 미국 환경보호국의 권한 밖이었기 때문이다. 위원회에서는 생식, 발달, 신경독성과 행동, 내분비계, 유전독성(유전자에 장해를 주는 독성의 일종 - 옮긴이), 암 등 불소가 인체에 미치는 영향에 대해서도 검토했다. 그리고 암과 내분비계에 미치는 영향이 잠재적으로 우려스러운 영역임을 확인했고 미국 환경보호국에 이 부분을 계속 지켜볼 것을 권고했다.

미국 환경보호국에서는 2016년 12월에 6년짜리 리뷰를 발표했다(「6년 리뷰 — 잔존 화학물질 및 방사성 핵종에 대한 1차 식수 규정이 건강에 미치는 영향 평가 — 요약 보고서」). 이 보고서는 상수도에서 발견되는 모든 화학물질과 방사성 핵종을 다루고 있지만 특히 불소에 대해서는 부록 하나를 통째로 할애하고 있다. 미국 환경보호국에서 불소가 암에 미치는 영향에 관해 새로이 등장한 문헌들을 평가한 결과, 추적연구들은 불소가 뼈암에 아무런 영향도 없음을 보여주었다. 불소와 갑상선기능저하증을 연관짓는 연구도 검토해보았지만 이 연구가 몇몇 변수에 대해서는 고려하지 않았다고 결론 내렸다. 그 외에도 염려되는 다른 질병과의 연관성에 대한 데이터들도 검토해보았지만 기존의 상수도 불소 농도 상한선을 낮춰야 할 만큼 우려스러운 점을 찾아내지 못했다. 미국 환경보호국은 상한선을 낮추는 것이 건강을 개선할 가능성이 있음을 인정했지만, 다른 문제에 비해 불소의 우선순위가 밀리기 때문에 자원을 그쪽으로 분산하기를 원하지 않았다. 바꿔 말하면 식수와 관련해서는 불소말고도 걱정해야 할 더 큰 문제들이 있다는 얘기다.

인위적 불소화 수준에 대한 권장량을 정하는 미국 공중위생국에서는 2015년에 불소 관련 수치를 0.7~1.2ppm에서 0.7ppm으로 낮췄다. 요즘 사람들은 20세기 중반에 비해 더 많은 불소에 노출되고 있기 때문이다.

불소화에 대해 아직 판단이 서지 않는 사람에게는, 우리는 충치를 불쾌한 존재로 여기지만 보통 그리 큰 문제로 생각하지는 않는다는 점을 말하고 싶다. 이것은 사회 전체로 볼 때 예전만큼 충치가 많지 않기 때문인지도 모른다. 하지만 충치는 믿기 어려울 정도로 고통스러운 병이며, 치료하지 않고 방치하면 죽을 수도 있다. 충치에 대해 무언가 조치를 취할 형편이 된다면 충치를 방치하지 않겠지만, 문제는 모든 사람이 충치를 치료할 형편이 되는 것은 아니라는 점이다. 그런 사람들은 건강에 좋은 음식을 먹고 다른 예방조치를 할 수 있는 형편도 안 된다. 상수도 불소화가 당신 자녀에게만 영향을 미치는 것이 아님을 기억하자.

요약

예방 가능성 (5)
불소가 들어간 치약이나 구강청결제를 사용하지 않을 수는 있지만 상수도 불소화가 시행되는 지역에 살고 있다면 노출을 피할 수는 없다.

발생 가능성 (7)
정상적인 범위 안에서의 노출로는 문제가 생길 가능성이 아주 낮다.

결과 (2)
과도한 불소 섭취로 발생할 가능성이 가장 높은 것은 가벼운 반상치다. 보기에는 안 좋지만 위험하지는 않다.

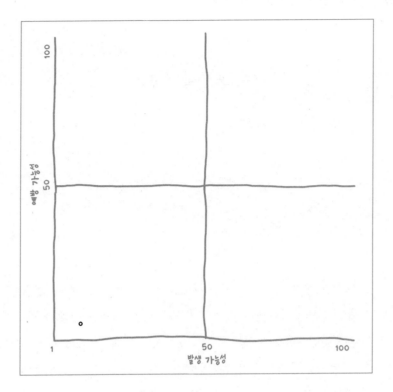

발생 가능성

불소

34. 포름알데히드

포름알데히드는 조직의 분해와 부패를 막고, 단백질의 교차결합을 통해 구조적 안정성을 제공하며, 생물학적 분자들의 공간적 관계를 보존해서 연구를 가능하게 해주기 때문에 고정액fixative으로 분류된다. 과학자와 장의사가 이 성분을 흔히 사용하는 이유도 그 때문이다. 해부학 실습실에 가본 사람이라면 포름알데히드 냄새에 움찔해본 경험이 있을 것이다. 포름알데히드는 냄새가 워낙 강해서 어떤 사람은 메스꺼움을 느끼기도 한다. 냄새만 놓고 봐도 분명 몸에 나쁠 것처럼 느껴진다. 하지만 문제는 그리 간단하지 않다.

화학적으로 보면 포름알데히드는 유기 분자다. 이것은 알데히드aldehyde라고 불리는 더 큰 화합물군 중에서 가장 단순한 화합물이다. 색깔이 없는 가연성 기체이며 물에 녹는다. 물에 녹인 것을 포르말린이라고 한다. 포름알데히드는 자연에서도 발생한다. 만일 밖에서 포름알데히드에 한 번도 노출된 적이 없더라도 당신의 피 속에는 포름알데히드가 들어 있을 것이다. 포름알데히드는 지속적인 대사 과정의 일부로 만들어지기 때문이다. 이것 자체가 몸에 필수적인 성분은 아니지만 몸에 필요한 다른 화합물질을 만들어내는 과정의 중간 단계에서 필요하다. 사람뿐만 아니라 다른 동물과 식물도 마찬 가지다. 사실 단단한 나무토막에서도 측정 가능한 정도의 포름알데 히드가 방출된다.

따라서 소량의 포름알데히드는 분명 우리 몸에 문제를 일으키 지 않는다. 하지만 포름알데히드 증기를 고농도로 흡입할 경우에는 눈, 코, 목을 자극해 호흡기 문제와 메스꺼움을 일으킬 수 있다. 피 부에 접촉했을 때에도 자극이나 알레르기 반응이 일어날 수 있다. 더 나아가 2011년에 미국 국립독성학프로그램에서는 포름알데히드 를 '알려진 발암물질'로 분류했다. 더 구체적으로 들어가면, 직업상 포름알데히드에 노출될 경우 비부비동암sinonasal cancer(비강과 그 주변 부비동에 생기는 암)뿐만 아니라 백혈병이나 림프종 등에 걸릴 가능 성이 있다고 여겨지고 있다.

사정이 이러하니 포름알데히드 노출량을 제한하기 위해 노력하 는 것은 당연하다. 아마 그게 뭐 어려운 일일까 하는 생각이 들 것이 다. 보존 처리된 신체조직 주변에서 많은 시간을 보내지만 않으면 되 니까 말이다. 대부분의 사람은 그런 조직을 접할 일이 거의 없다. 하 지만 이런 생각은 틀렸다. 우리 주변에는 방부처리용으로 사용되는 것보다 훨씬 많은 양의 포름알데히드가 존재한다.

우선 무언가를 태우면 포름알데히드가 발생한다. 장작불, 가스 레인지, 자동차 배기가스, 담배 연기 등에 포름알데히드가 들어 있다. 건축 재료, 퍼머넌트 프레스 가공을 한 옷감, 페인트, 접착제, 종이제품, 화장품, 주방세제와 세탁용 세제, 비료, 살충제 등에도 사용된다. 가장 흔히 발견할 수 있는 분야는 합성 목재에 사용되는 산업용 수지resin 제조 공정에서다. 합성 목재에는 합판, 파티클보드(나무 부스러기를 압축하여 수지로 굳힌 건축용 합판 - 옮긴이), MDF 가구 등이 있다. 산업용 수지는 새로 나오는 대부분의 가구나 수납장에 들어간다. 시간이 지나면서 이런 재료에서 포름알데히드가 빠져나오기 때문에 포름알데히드 농도는 실내에서 더 높고 새 건물, 특히 트레일러 하우스나 조립식 주택에서 훨씬 높다.

허리케인 카트리나와 리타가 휩쓸고 간 이후에 이 문제가 뉴스에서 다루어졌다. 당시 미국 연방재난관리청FEMA에서는 태풍으로 집을 잃은 사람들을 트레일러하우스나 조립식 주택에 수용했다. 그런데 이 임시 가옥에 입주하고 난 후에 일부 거주자들에게 호흡기 질환, 두통, 코피 등의 문제가 발생했다. CDC에서 이 주택 내부의 공기를 검사해보았더니 포름알데히드 농도가 최고 0.59ppm까지 나왔다. 참고로 외부 공기의 평균 포름알데히드 농도는 0.1ppm 미만이다. 검사를 진행한 대부분의 집이 2년 이상 지난 상태였기 때문에 초기 농도는 훨씬 더 높았을 가능성이 크다.

포름알데히드 노출에 대해서는 몇 가지 걱정해야 할 이유가 있고, 노출을 줄이기 위해 할 수 있는 일도 있다. 포름알데히드는 낮은 농도에서도 냄새가 난다. 따라서 집, 사무실, 혹은 가구에서 독한 냄새가 난다면 포름알데히드가 빠져나오고 있을 가능성이 크다. 만약 가구를 꺼내 한동안 바람이 잘 드는 차고나 창고 같은 곳에 놔둘 수 있다면 냄새가 빠질 때까지 그곳에서 환기시키자. 가구나 수납장을 살 때도 까다롭게 골라야 한다. 가구의 재료가 무엇인지, 포름알데 히드가 들어 있는지 물어보자. 퍼머넌트 프레스 옷감은 입거나 커튼 으로 걸기 전에 먼저 한 번 빨아야 한다. 담배는 끊거나 적어도 집안 에서는 피우지 말자. 그리고 집안을 최대한 시원하고 건조하게 유지 해야 한다. 열과 습도는 포름알데히드 배출을 증가시키기 때문이다.

화장품과 세제를 구입할 때는 어떤 방부제가 들어 있는지 라벨 을 꼼꼼히 확인해야 한다. 포름알데히드가 제품 성분 표기에 포르 말린, 포름 알데히드, 메탄디올, 메탄알, 메틸알데히드, 메틸렌글리 콜, 메틸렌 산화물 등 다른 이름으로 가면을 쓰고 있을지도 모른다. 미국 보건복지부에서 관리하는 〈가정용 제품 데이터베이스Household Products Database〉에 들어가면 포름알데히드가 들어 있는 구체적인 제 품들을 확인할 수 있다.

여기에 더해 포름알데히드를 배출하는 다음의 여덟 가지 방부 제를 경계해야 한다.

1) 벤질헤미포르말benzylhemiformal
2) 5-브로모-5-나이트로-1,3-디옥산5-bromo-5-nitro-1,3-dioxane
3) 2-브로모-2-나이트로프로판-1,3-디올2-bromo-2-nitropropane-1,3-diol
4) 디아졸리디닐 우레아diazolidinyl urea
5) 1,3-디메틸올-5,5-디메틸히단토인1,3-dimethylol-5,5-dimethylhydantoin
6) 이미다졸리디닐 우레아imidazolidinyl urea

포름알데히드

7) 쿼터늄-15quaternium-15

8) 소듐하이드록시메틸글리시네이트sodium hydroxymethylglycinate

2014년까지 존슨앤존슨사의 상징적 제품인 베이비샴푸에는 쿼터늄-15가 들어 있었다. 그리고 이 방부제는 일부 친숙한 제품에서 아직도 보인다.

만약 오래된 집에서, 오래된 소파와 오래된 주방을 사용하고 있다면 걱정하지 않아도 된다. 포름알데히드는 아마도 이미 사라진 지 오래일 것이다. 물론 정말로 오래된 집이라면 납이 들어간 페인트를 걱정해야겠지만.

요약

예방 가능성 (65)

어느 정도 노력을 기울이면 집에서의 포름알데히드 노출을 줄일 수 있다. 하지만 멋지게 새로 지은 건물로 출근하거나 등교하는 경우라면 아마도 노출을 피하기 힘들 것이다.

발생 가능성 (35)

특별히 민감한 경우가 아니라면 약간의 포름알데히드에 노출된다고 해서 문제가 생길 가능성은 높지 않다. 하지만 천식, 다른 호흡기 질환이 있거나, 포름알데히드에 다량으로 노출될 경우에는 몸이 아플 수도 있다.

결과 (72)

높은 수준의 포름알데히드에 장기간 노출되면 호흡기 질환이나 암 같은 문제로 이어질 수 있다.

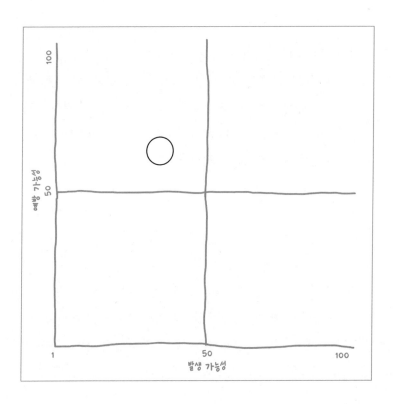

포름알데히드

35. 납

납에 독성이 있다는 것을 모르고 있었다면 아마도 그동안 정말 무심하게 살았다는 의미일 것이다. 납의 독성은 악명이 높다. 납중독은 급성이나 만성으로 일어날 수 있고, 양쪽 모두 아주 심각한 결과를 낳는다. 납은 체내 모든 기관계에 해로운 영향을 미치지만, 특히 신경계에 큰 문제를 일으킨다. 왜냐하면 뇌에서 중요한 역할을 하는 성분인 칼슘을 납이 흉내내기 때문이다. 납은 혈액-뇌 장벽blood-brain barrier을 쉽게 넘어가서 신경조직에 쌓일 수 있다. 납은 칼슘에 크게 의존하는 또 다른 기관인 뼈에도 축적된다. 납을 입으로 섭취한 경우, 혹은 납 증기나 가루로 흡입한 경우 모두 독성을 나타낸다. 아이들은 체구가 작고 뇌가 발달 중이기 때문에 납에 더 취약하다.

납에 독성이 있다는 사실이 알려진 것은 적어도 1800년대 후반부터였다. 하지만 독성을 빼면 납은 몇 가지 대단히 바람직한 속성을 갖고 있다. 납은 밀도가 높고, 모양을 만들기 쉽고, 채굴도 쉬운 금속으로 잘 부식되지도 않으며, 방사성 입자가 통과하지 못하고, 녹는점이 낮다. 그리고 달콤한 맛이 난다. 로마인들은 와인에 단맛을 낼 때 납을 사용하기도 했다. 지금 와서 보면 정말 안 좋은 아이디어였다.

납이 엄청난 해악을 끼치다 보니 결국 1980년부터는 미국에서 납에 대한 규제가 엄격해졌고, 이런 규제 덕분에 사람들이 납에 노출되는 수준이 현저히 낮아졌다. 아동을 대상으로 혈액 속의 납 농도를 조사한 결과, 1976~1980년에 비해 2007~2008년에 조사한 아동들의 평균 혈중 납 농도가 1/10로 줄었다. 좋은 일이기는 하지만 안타깝게도 여전히 우리 주변에는 많은 양의 납이 남아 있다. 그중에 어떤 것은 합법이고(예를 들면 자동차 배터리, 땜납, 머리카락 염색제, X선 차단용 납치마 등에 든 것) 어떤 것은 불법이다(예를 들면 아동용 장난감, 도자기 유약에 든 것). 그리고 상당수는 지난 시대의 유물로 남아 있다(예를 들면 페인트, 파이프, 먼지, 크리스털, 보석 등에 든 것). 역사적으로 납을 함유한 물건 목록은 엄청나게 길어서 출력하기가 불가능할 정도다. 납은 마치 세상 어디에나 있는 것처럼 보인다.

그렇다면 문제는 납이 몸에 나쁘냐 아니냐가 아니라, 얼마나 나쁘냐는 것이다. 규제가 이루어지기 전에 태어난 사람은 규제가 엄격해진 1980년에는 대부분 사망한 뒤였고, 그 후로 10년 동안 태어난 사람은 어린 시절 납에 노출되었다. 미국에서는 1990년대 말까지 납을 첨가한 가연 휘발유를 판매했고, 많은 사람이 1978년에 납 페인트 사용이 금지되기 전에 지어진 집에서 살았다. 1986년 전에는 집과 학교에서 납이 들어간 상수도 파이프와 기구가 흔히 장착되었

납

고, 많은 학생이 고등학교에서 땜납으로 납땜하는 법을 배웠다. 그 래도 다들 멀쩡하게 잘 살고 있지 않느냐고 이야기할 사람도 있겠지만 과연 정말 그럴까? 왜냐면 우리 중 많은 사람이 납 노출에 따른 부정적인 영향으로 고통받고도 그것이 납 때문임을 모르고 살았기 때문이다.

납은 IQ 저하, 행동장애, 몸의 떨림tremor, 인지기능 저하, 청력 문제, 알레르기, 심혈관 질환, 콩팥 질환, 생식 관련 장애 등과 관련이 있다. 걱정스럽게도 미국 국립독성학프로그램이 2012년에 발표한 한 보고서(「저수준의 납이 건강에 미치는 영향에 관한 미국 국립독성학프로그램 연구서」)에서는 낮은 혈중농도(데시리터당 10마이크로그램 미만, 일부 경우에는 데시리터당 50마이크로그램 미만)에서도 건강에 영향을 미친다는 증거를 발견했다. CDC에서는 1985년에는 데시리터당 25마이크로그램이었던 납의 혈중농도 상한선을 1991년에는 10마이크로그램으로, 2012년에는 현재 수준인 5마이크로그램으로 낮춰서 개정했다. CDC에서는 "아동에게 안전한 납의 혈중농도가 얼마인지는 확인되지 않았다"고 강조했지만 납이 건강에 미치는 영향이 아동뿐만이 아니라는 점을 기억해야 한다.

혈액검사에서 납의 혈중농도가 높게 나오면 킬레이트제chelating agent를 이용해 납 수치를 낮출 수 있다. 하지만 납 때문에 몸이 손상을 입었다면, 특히 그 손상이 신경계에 영향을 미쳤다면 그것을 되돌릴 수는 없다. 따라서 최선의 방법은 애초에 납에 노출되지 않는 것이다. 미국 국립환경건강과학연구소에 따르면 미국에서 가장 흔한 납 오염원은 납을 주성분으로 한 페인트, 납에 오염된 토양, 집안 먼지, 식수, 납 크리스털, 납이 들어간 유약을 바른 도자기 등이다. 이런 잠재적 납 오염원 중 가장 쉽게 피할 수 있는 것은 납 크리스털과 납 유약 도자기다. 음식이나 음료를 거기에 담아 먹지 않으면 된다.

식수를 피하기는 그보다 까다롭다. 개인이 나서서 도시의 상수도 배관을 들어내고 새 파이프로 교체할 수는 없기 때문이다. 대부분은 자기 집 납 파이프를 교체할 형편도 안 된다. 납이나 다른 중금속을 제거해주는 물 여과기를 구입할 수는 있다. 하지만 자신이 사용하고 있는 여과기가 그런 용도로 허가가 난 것인지 확인해야 한다.

납에 오염된 먼지는 대개 납 페인트가 부식되어 생겼거나, 과거에 가연 가솔린 매연에 노출되어 생긴 것들이다. 오래된 집 주변이나 교통량이 많은 지역의 먼지는 오염되어 있을 가능성이 매우 높다. 토양 속 납에 대한 노출은 직접 이루어질 수도 있고(아이가 흙이 묻은 손가락을 입에 넣는 경우), 토양에서 자란 농산물을 통해 간접적으로 이루어질 수도 있다. 납 오염 가능성이 있는 토양은 검사가 가능할 뿐 아니라 검사해야만 한다.

납 노출과 관련해서 가장 큰 문제는 바로 페인트다. 오래된 납 페인트는 갈라지면서 조각으로 벗겨져 나온다. 아이들이 이런 페인트 조각을 먹을 수 있기 때문에 잠재적으로 문제가 될 수 있다(납이 달콤한 맛이 난다는 것을 기억하자). 하지만 진짜 문제는 여기서 나오는 미세한 먼지를 아동, 성인, 반려동물이 입으로 먹거나 들이마실 수도 있다는 점이다. 오래된 납 페인트로 칠한 집이 대단히 많기 때문에 큰 문제가 되고 있다. 집에 오래전에 칠한 페인트가 있다면 납이 들어 있다고 생각해야 한다. 철물점에서 납 페인트 검사 키트를 구입해서 확인해볼 수도 있다. 그런데 문제는 검사에서 양성으로 나왔다 한들 우리가 할 수 있는 일이 대체 무엇인가, 하는 점이다. 가장 좋은(하지만 가장 비싼) 방법은 납 성분 제거 전문가를 부르는 것이다. 만약 집을 새롭게 세내거나, 구입하거나, 리모델링할 계획이라면 먼저 납 성분 검사를 해보는 것이 좋다.

부식되는 페인트나 오염된 흙 때문에 집안 먼지에는 납이 축적되는 경향이 있다. 따라서 집안 먼지를 줄여야 한다(무슨 이유로든 먼지를 줄이는 것은 좋은 생각이다). 가족 모두 손을 자주 씻고, 아이들에게는 음식이 아닌 것은 입안에 넣지 않도록 가르쳐야 한다(물론 말이 쉬운 얘기지만). 그리고 아동용 장난감은 품질 좋은 것으로 구입하고, 미국 소비자제품안전위원회CPSC의 리콜 목록에 관심을 두어야 한다. 납에 노출될 수 있는 장소가 집만 있는 것이 아님을 명심하자. 직장, 학교, 주간 탁아시설, 놀이터에서도 납에 노출될 수 있다. 마지막으로 만약 납 노출이 의심된다면 혈액검사를 받아보자. 납 페인트가 칠해진 곳에서 자란 사람이라면 IQ가 납 때문에 영구적인 타격을 입었을지도 모른다. 하지만 주의를 기울이면 자녀만큼은 당신보다 더 똑똑한 사람으로 키울 수 있을 것이다. 물론 아이를 그렇게 키우는 것 자체가 골치 아픈 문제지만 말이다.

요약

예방 가능성 (74)

건물, 상수도 파이프, 심지어는 먼지에도 지난 시대의 흔적으로 남

아 있는 납이 대단히 많다. 하지만 주의를 기울이면 납 노출을 줄일
수 있다.

발생 가능성 (80)
아주 소량의 납이라도 측정 가능한 수준의 부정적인 결과를 가져
올 수 있다.

결과 (79)
납은 모든 장기에 안 좋은 영향을 미치지만, 특히나 뇌에 좋지 않다.

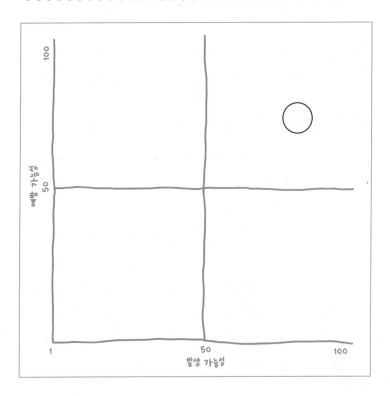

납

36. 수은

수은水銀, mercury은 주기율표에서 80번째 원소로, 물과 은을 의미하는 그리스어를 따서 'Hg'로 표기한다. 금속이면서도 실온(그리고 표준기압 아래서)에서 액체 상태로 존재하는 속성 때문에 '수은'이라는 이름을 갖게 되었다. 고대부터 인간은 수은을 사용해왔고, 역사적으로 거의 모든 사람이 수은을 정말 멋진 존재라고 생각했다. 수은은 오랫동안 마법 같은 용도와 의학적 용도로 모두 사용되었다. 결국은 실패로 끝났지만 한때는 매독 치료제로도 인기가 많았다. 수은에는 잘만 쓰면 상당히 유용한 특징들이 있는데, 예를 들어 수은에 금과 은을 녹여 아말감amalgam(수은과 다른 금속과의 합금. 치과에서 사용하는 아말감은 수은과 은을 주성분으로 한다 - 옮긴이)을 만들 수 있다. 이런 속성 덕분에 수은은 채굴 산업과 치과에서 유용하게 사용된다. 또한 수은은 온도계와 형광등을 비롯해 치과용 충전재와 소독연고, 피부미백 크림, 낚시용 가짜 미끼, 모자 제작에도 사용되어왔다.

사실 수은은 대단히 쓸모가 많다. 그런데 안타깝게도 독성 또한 믿기 어려울 정도로 높다. 『이상한 나라의 앨리스』에 등장하는 모자장수 매드 해터Mad Hatter가 미친 것도 이런 이유에서이다(19세기 초에는 모자 원단인 펠트천 제조에 질산수은을 사용하면서 노동자들이 청력장애, 경련, 정신이상 등의 수은 중독에 시달렸다 - 옮긴이).

수은은 다양한 형태로 존재한다. 보통 우리가 수은 하면 떠올리는 은색 액체 상태의 수은은 순수한 원소 상태의 수은이다. 2가 수은divalent mercury은 화합물이나 수은염mercury salt의 형태로 존재하는 경향이 있다. 유기 수은은 탄소가 결합되어 있다. 보통 메틸기(탄소와 세 개의 수소 원자)가 결합된 경우가 많다. 하지만 어떤 형태가 되었든 수은은 건강에 좋지 않다.

원소 수은에서 가장 위험한 부분은 바로 수은 증기다. 이상하게 들릴 수도 있다. 보통 우리는 금속이 증기로 존재한다는 사실에 익숙하지 않기 때문이다. 하지만 수은이 정말 기묘한 존재임을 우리는 익히 알고 있고, 그런 기묘함 중 하나가 바로 극단적인 휘발성이다. 수은 증기를 고농도로 들이마시면 급성 폐 손상과 폐렴이 일어날 수 있고, 죽음에 이를 수도 있다. 저농도의 경우에도 흡입된 수은은 쉽게 혈액으로 흡수되어 혈액-뇌 장벽을 통과하기 때문에 뇌에 영구적인 손상을 일으킨다. 시간이 흐르면서 우리 몸은 원소 수은을 2가 수은으로 전환시키는데 이 수은은 콩팥에 축적되어 또 다른 손상을 입힌다. 대개 그렇듯 아동과 태아는 수은의 독성에 더 취약하다.

20세기 중반까지도 수은에 극단적인 독성이 있다는 사실이 널리 알려지지 않았다. 하지만 지금은 많은 사람이 수은이 얼마나 독한 존재인지 알기 때문에 잘 사용하지 않게 되었다. 이제 온도계는 보통 알코올로 만들고, 수은이 든 낚시용 가짜 미끼를 파는 것도 불법이다. 이제는 과거의 유산이 되었지만 안타깝게도 수은은 여전히 우리 주변을 떠다닌다. 아직도 많은 사람이 구식 온도계를 가지고 있거나, 차고에 수은 단지를 보관하고 있다. 가장 안타까운 점은 많은 양의 수은이 여전히 학교에 남아 있다는 사실이다. 이 수은은 온도계에 들어 있거나 비품 창고에 얌전히 놓여 있다. 옛날에는 학생들에게 수은 방울을 주면서 손에 올려놓고 놀게 했다. 이런 놀이는 과학 수업을 즐겁게 해주었다(하지만 독성이 강했다). 지금은 이런 관행이 사라졌지만 수은은 아직도 우리 주변에 남아서 호기심 많은 아이들이 엎지르거나 엉뚱한 곳에 사용하기를 기다리고 있다. 걱정스러운 일이다.

수은은 제거 비용이 비싸다. 그냥 쓸어내거나 물로 씻어내는 것으로는 충분하지 않다. 수은은 오래도록 남아 퍼지면서 뇌에 손상을 일으킨다. 《사이언티픽 아메리칸Scientific American》에 실린 〈엎질러진 위험한 수은이 여전히 학생들에게 문제가 되고 있다(2009)〉는 불길한 제목의 기사에서는, 집안 욕실에서 부러진 수은 온도계 하나가 깨진 지 20년이 지난 후에도 높은 수준의 수은 증기를 만들어내고 있다고 보고했다. 이 정도면 원소 수은이 정말 멋져 보이기는 해도 가까이 할 물건이 아니라는 데 모두 고개를 끄덕일 것이다. 이것은 모든 학생에게도 정확히 알려야 할 부분이다.

아직까지도 전 세계에서 금을 채굴하는 데 수은을 사용한다. 그리고 이렇게 사용된 수은은 광부들과 지역 주민에게 큰 위협이 된다. 하지만 미국에서는 이런 용도로 수은이 사용되는 경우가 거의 없다. 부유한 선진국에서 수은에 노출될 수 있는 경로로는 치과용 아말감이 있다. 무시무시하게 들리겠지만 치과용 아말감 중 50퍼센트 정도가 원소 수은이다. 하지만 이 치아 충전 재료는 약 100년 동안 사용되어왔고, 그동안 전 세계적으로 광범위한 연구를 통해 아말감 충전과 건강 문제의 연관성을 밝혀보려 했지만 과민한 일부 사람을 제외하고는 특별히 문제가 없었다. 그래도 아말감 치료를 받기가 꺼림칙하다면 다른 유형의 충전 재료를 사용해도 된다. 다만 FDA에서는 이미 치아에 채워져 있는 아말감 충전재를 제거하는 것은 권장하지 않는다. 제거하는 과정에서 더 많은 수은 증기에 노출될 수 있기 때문이다.

요즘 나오는 수은에 관한 얘기는 대부분 생선과 관련이 있다. 생선이 유기 형태의 수은인 메틸수은methylmercury의 원천으로 알려져 있기 때문이다. 메틸수은이 공공건강을 위협할 수 있다는 인식이 생겨난 계기는 1956년 일본 미나마타시에서 일어난 대규모 수은 중독 사건 때문이다. 한 화학회사에서 고농도의 메틸수은이 들어 있는 산업 폐수를 미나마타만에 버렸고, 이 수은이 생선과 조개에 축적되었다. 그런데 이 생선과 조개는 지역민의 식탁에 빠지지 않고 오르는 음식이었다. 그 결과 수천 명의 사람이 훗날 '미나마타병'이라고 불리게 된 증후군에 걸리게 되었다. 이 증후군은 특징적으로 일군의 신경학적 증상들이 나타나며, 심한 경우에는 사망에 이를 수도 있다.

고농도의 메틸수은은 독성이 높지만, 다행히도 미나마타시의 사례는 특별한 경우다. 하지만 전 세계적으로 민물과 바닷물 모두에 상당한 양의 수은이 떠돌고 있는 것 역시 사실이다. 산업공해나 석탄을 태워서 나오는 배출물 등 사람 때문에 나온 것도 있지만, 수은 광석의 침식같이 자연에서 나오는 수은도 있다. 결국 모든 생선과 조개에는 어느 정도 수은이 있다는 의미다. 걱정되는 부분이 아닐 수 없다. 특히 아이와 임산부의 경우는 더더욱 그렇다. 그런데 생선은 몸에 정말 좋은 음식이며, 특히 아이의 신경인지기능이 발달하는 동안에 좋기 때문에 과학자와 공중보건당국에서는 이 두 사실 사이에서 절충점을 찾기 위해 고군분투하는 중이다.

한 가지 문제는 생선에 들어 있는 수은이 건강에 미치는 영향에 대한 데이터가 불완전하고 서로 모순될 때도 많다는 점이다. 이런 일이 생기는 데는 몇 가지 이유가 있다. 첫째, 그 영향이 작기 때문일 수 있다. 더군다나 메틸수은 농도가 높은 생선에는 비소, 납, 폴리염화비페닐 같은 다른 오염물질도 고농도로 들어 있다. 음식과 환경에는 통제가 어려운 다른 수은의 원천이 존재한다. 그리고 생선에는 수은의 안 좋은 영향을 상쇄하거나 오히려 보상하고도 남는 다른 영양성분이 들어 있을지도 모른다. 혹은 어떤 사람은 보호작용을 하는 다른 식품을 섭취하고 있을지도 모른다. 마지막으로 유전적, 후성유전적 요인 때문에 비슷한 양의 수은에도 사람마다 반응이 달라서 연구결과를 일반화하기 어렵다. 이런 문제들을 해결하기 위한 연구가 지속되고 있다.

이 모든 내용을 종합해본 FDA에서는 임산부와 아이들이 생선을 먹되, 너무 많이 먹지는 않도록 권장하고 있다. 어떤 종류의 생선을 먹는지도 중요하다. 메틸수은은 몸에 축적되기 때문에 먹이사슬에서 높은 곳에 있는 물고기는 바닥 쪽에 있는 생선보다 더 많은 수은이 몸에 쌓여 있다. 따라서 상어 같은 생선은 좋지 않으며, 연어나 정어리같이 오메가-3 지방산 함량이 많은 생선을 먹는 것이 더 좋다.

좋은 소식은 2013년에 미나마타 협약Minamata Convention이라는 국제협약이 채택되어 범지구적으로 수은 오염 수준을 낮추게 될 것이라는 점이다. 그리고 나쁜 소식은 수은 오염 문제가 짧은 시간 안에 개선되기를 기대하기는 어렵다는 것이다.

요약

예방 가능성 (58)

현명한 해산물 선택으로 메틸수은 노출을 줄일 수 있다. 생선은 여전히 건강에 좋은 음식이라고 생각하지만 모든 생선은 어느 정도의 메틸수은을 갖고 있다. 원소 수은의 경우에는 되도록 멀리하고, 아이들에게도 멀리하도록 가르침으로써 노출을 줄일 수 있다. 하지만 당신의 아파트에서 20년 전에 누군가가 수은 온도계를 깨뜨린 적이 있는지 알아내기는 어렵다.

발생 가능성 (68)

원소 수은 노출은 건강에 부정적인 결과를 가져올 가능성이 상당히 높다. 메틸수은에 얼마나 노출되어야 건강에 영향을 미치는지 알기는 더 어렵다. 아마도 그 대답은 '경우에 따라 다르다'일 것이다.

결과 (89)

『이상한 나라의 앨리스』의 모자장수 이름이 매드 해터Mad Hatter(미치광이 모자장수)인 데는 다 이유가 있다.

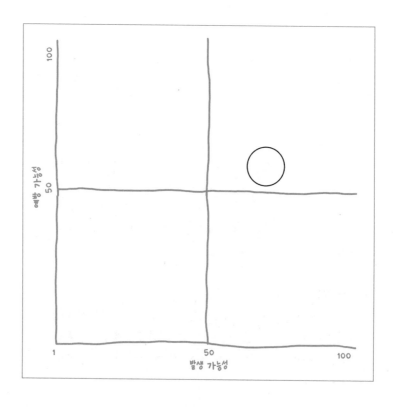

37. BPA

~~~

BPA가 정확히 무엇인지 모르는 사람이라도 이것이 몸에 나쁘다는 것은 어렴풋이나마 느낄 것이다. 'BPA 프리_{BPA free}'라는 라벨이 붙은 제품이 많기 때문이다. 굳이 무언가가 들어 있지 않다고 광고하는 것을 보면 아마도 그 성분을 피하려는 데는 이유가 있을 것이다. 하지만 그 이유가 과연 옳을까?

BPA는 비스페놀-A_{bisphenol-A}의 약자로, 플라스틱과 에폭시 수지 (강력한 접착제로 광택 코팅, 접착, 도료 등에 사용한다 - 옮긴이) 생산에 흔히 사용되는 산업용 화학물질이다. BPA는 식품 포장지, 물병, 분유병 등 다양한 제품에 들어 있으며 화학물질 중 생산량이 가장 많은 제품 중 하나다. 매년 60억 톤 이상 생산되고, 거의 모든 곳에서 발견된다. 우리 주변에는 대단히 많은 BPA가 돌아다닌다. 그러다 보니 어느 정도 BPA에 노출되는 것은 어쩔 수 없는 일이다. BPA는 사람의 소변과 혈액뿐만 아니라 양수, 태반 조직, 제대혈에서도 검출되었다. 없는 곳이 없다. 이것이 잠재적으로 문제가 될 수 있는데 BPA는 에스트로겐 수용체와 결합하기 때문이다. 다시 말해 BPA가 내분비계 조절자, 즉 환경호르몬이라는 얘기다.

내분비계에서는 호르몬을 생산한다. 호르몬은 내부의 기관들이 서로에게 신호를 보내기 위해 사용하는 분자다. 호르몬은 순환계를 타고 온몸 구석구석으로 이동하기 때문에 몸 전체에 영향을 미친다. 해당 호르몬에 대한 수용체를 갖고 있는 세포가 이 호르몬 분자와 결합하면 미리 프로그램된 행동에 따라 반응한다. 생리학적으로 볼 때 기관들 간의 이런 상호 소통 방법은 대단히 중요하다. 이것은 성장 및 발달, 수면-각성 주기, 대사, 생식 등 서로 다른 여러 기능을 조절한다. 에스트로겐은 2차 성징의 발달과 배란, 사춘기, 월경 등의 조절에 관여하는 성호르몬이다. 다른 기관계에도 영향을 미치며, 남성과 여성 모두에서 중요한 역할을 담당하고 있다. BPA가 에스트로겐 수용체와 결합하면 에스트로겐과 똑같은 반응을 촉발한다. 이런 부적절한 반응이 암, 비만, 당뇨, 유산, 발달장애, 심혈관 질환, 다낭성난소증후군, 남성 불임 같은 건강 문제를 야기할 수 있다.

BPA는 1800년대 후반에 발견되어 1930년대에는 인공 에스트로겐으로서 조사가 이루어졌지만 이 화합물이 갖고 있는 내분비계 조절 속성에 대한 우려는 1990년대 들어서야 수면 위로 떠올랐다. BPA가 기존에 생각했던 것보다 에스트로겐 같은 속성이 훨씬 더 강력하다는 사실을 이때쯤 알게 된 것이다. 그래서 많은 과학자가 과연 사람들에게 노출되는 BPA의 양이 안전한지 다시 평가해보려 했다. 하지만 이 문제는 논란만 불러왔다. 구체적으로 들어가면,

사람들은 일반적으로 노출되는 BPA의 양이 실제로 건강 문제를 일으킬 가능성이 있는지 알고 싶어 했다. 미국 국립독성학프로그램에 따르면 태아, 유아, 아동은 BPA에 대해 주의를 기울일 필요가 있다고 한다. 반면 FDA는 현재 식품 속에 들어 있는 BPA 수치는 안전하다고 주장한다. 더 많은 연구가 필요한 상황이지만 일단은 신중하게 접근할 필요가 있어 보인다.

대부분의 경우 사람들은 주로 식품과 음료를 통해 BPA에 노출된다. BPA는 플라스틱 용기와 에폭시 수지에서 흘러나와 그 안에 담긴 음식으로 침투한다. 통조림 식품은 플라스틱 음료 용기만큼이나 BPA의 오염원으로 악명이 높다. 탄산음료를 마시지 말아야 할 또한 가지 이유를 추가하자면 대부분의 탄산음료 캔의 내벽은 BPA로 덮여 있다. 재활용 코드가 3번이나 7번인 제품은 BPA를 함유하고 있을 가능성이 더 높다. 플라스틱 식기도 BPA 노출의 원천이 될 수 있다. 플라스틱 그릇이 오래되었거나 뜨거운 음식을 담을 경우에는 특히나 그렇다. BPA는 피부를 통해서도 흡수될 수 있다. 이 경우의 주범은 감열지(열에 반응하는 특수한 종이 - 옮긴이)다. 보통 영수증이나 티켓 출력용으로 사용된다. 이런 종이는 대량의 화학물질로 코팅되어 있을 수 있다.

하지만 BPA는 체내에 축적되지 않기 때문에 위에 나열된 것들을 피하면 노출을 줄일 수 있다. 또 많은 사람이 BPA에 대해 걱정하고 있기 때문에 현재는 여러 제조업체에서 BPA가 없는 플라스틱, 통조림 식품, 감열지를 생산하고 있다. 좋은 소식인 듯싶지만 애초에 BPA를 사용한 데는 목적이 있었음을 기억하자. BPA를 없애면 그 대체물이 필요하다. 많은 제조업체에서 비스페놀-A를 비스페놀-S$_{BPS}$ 나 비스페놀-F$_{BPF}$로 대체했다. BPS와 BPF는 BPA의 좋은 대체물이 다. BPA와 비슷하고 같은 속성도 많기 때문이다. 하지만 BPA와 비 슷하기 때문에 사람의 생리에도 비슷한 영향을 미친다. BPS와 BPF 에 대해서는 알려진 바가 많지 않지만 지금까지 진행된 연구를 보면 이 대체 화학물질이 BPA보다 더 나쁘지 않을지는 몰라도 그만큼이 나 나쁘다는 예측이 나오고 있다. 한 논문의 저자는 이렇게 말했다. "소비자용 화합물의 안전성을 평가할 때는 개별 화합물 대신 전체 화합물군을 살펴보는 것이 신중한 접근 방법일 것이다." 안타깝게 도 BPS와 BPF는 사람의 소변에서 BPA와 같은 수치로 측정이 되었 고, BPA와 마찬가지로 환경 곳곳에 퍼지게 되었다. BPS와 BPF로 만 든 제품도 'BPA 프리' 제품으로 라벨에 표기할 수 있음을 명심하자. 이것이 기존 제품보다 더 안전하다고 가정해서는 안 된다.

요약

예방 가능성 (50)
BPA 노출을 줄이기 위한 조치를 취할 수는 있지만 이 화학물질은 세상 어디에나 퍼져 있기 때문에 한계가 있다.

발생 가능성 (50)
발생 가능성을 추측하기는 정말로 힘들다. 아직 논란이 많은 주제 이기 때문이다. 그래서 중간값을 매겼다.

결과 (50)

결과의 심각성은 대단히 다양하게 나타난다. 거의 모든 사람이 BPA에 노출되지만 그렇다고 모든 사람이 부정적인 결과로 이어져 고통받는 것은 아니다.

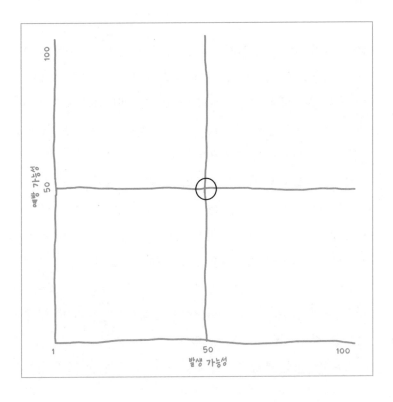

38. 방충제 디트

야외에 나가 자연 속에서 시간을 보내는 것은 즐거운 경험이다. 하지만 피에 굶주린 모기 떼와 진드기 떼의 공격을 받는다면 그 즐거움은 줄어들 수밖에 없다. 그래서 방충제가 개발되었다. 자연이 제공하는 즐거움을 마음껏 누리면서도 벌레들의 식사거리로 전락하지 않을 수 있을 테니 말이다.

방충제는 해충을 쫓아내거나 죽이기 위해 수세기 동안 사용되어왔다. 해충은 그저 성가시기만 한 존재가 아니다. 모기는 건강에 큰 위협이 될 수 있으며 말라리아, 웨스트 나일열, 지카 바이러스, 치쿤구니야 바이러스병, 뎅기열, 황열, 뇌염 등을 옮길 수 있다. 진드기 역시 질병의 매개체다(라임병, 록키산 홍반열 등). 효과 좋고 저렴하고 안전한 방충제는 이런 질병에 따르는 경제적 부담과 건강상의 우려를 줄여줄 잠재적 가치를 갖고 있다.

초기 방충제는 특정 식물을 태워 연기를 피우는 방식으로 만들어졌다. 시트로넬라, 시더우드, 유칼립투스, 레몬그라스, 라벤더, 페퍼민트 같은 식물을 증류해 만든 식물성 오일도 이런 목적으로 사용했지만 절반의 성공에 그쳤다. 나중에는 미육군에서 2차 세계대전에 사용할 합성 화학물질을 개발했는데 이 역시 효과는 좋지 않았다. 2차 세계대전이 지나고 오래지 않아 미국 농무부와 미육군에서 수천 가지 화학물질을 가지고 모기 방충제로서의 효과를 검사해보았다. 그 결과 'N,N diethyl-3-methylbenzamide'라는 물질을 피부나 옷에 뿌렸을 때 독성이 낮으면서도 효과적인 방충제 역할을 했고, 1957년에는 일반 대중도 이것을 사용할 수 있게 되었다. 하지만 이름이 너무 길어 기억하기가 쉽지 않았기 때문에 살충제용어위원회에서 이 화학물질의 이름을 '디트DEET'로 바꾸었다. 현재는 디트 농도가 4에서 100퍼센트로 다양하게 함유된 수백 가지 이상의 제품이 시장에 나와 있다.

모기는 후각을 이용해 먹잇감(당신이나 다른 포유류)을 찾는다. 예를 들어 우리 호흡과 땀 속에 들어 있는 이산화탄소와 젖산은 모기나 다른 곤충을 끌어들이는 힘이 특히나 강하다. 이 화합물은 공기 중을 떠다니다가 모기의 냄새 수용체와 만난다. 모기는 온도수용기를 이용해 체온을 감지하고, 눈으로 잠재적 숙주를 확인하면서 표적에 다가간다.

디트는 모기나 다른 곤충을 죽이지는 않지만 물리는 것을 막아준다. 어떤 데이터에서는, 디트가 모기의 냄새수용체와 결합해 이 곤충의 후각 시스템 기능을 마비시킴으로써 당신을 찾지 못하게 만든다고 한다. 어떤 데이터를 보면 모기가 디트를 감지하고 피하는

방충제 디트

것으로 나타난다. 따라서 디트는 냄새를 차단해 모기의 접근을 막거나, 디트 자체가 모기가 좋아하지 않는 화학물질이거나, 혹은 양쪽 방식 모두 작동하는 듯 보인다.

하지만 디트를 피부에 바르면 어떤 영향을 미칠까? 디트는 피부와 소화계를 통해 흡수되어 간에서 대사된 후 소변을 통해 배출된다. 화학물질이 체내 어느 기관에도 저장되지 않는다. 가끔씩 디트가 중요한 건강 문제를 일으킨다는 보고가 등장하는 바람에 이것의 안전성은 수십 년 간 사람들이 우려하는 주제였다. 하지만 발표된 문헌들을 보면 디트가 널리 사용되는 화학물질임에도 불구하고 디트 때문에 장애가 발생한 사례는 거의 발견되지 않았다. 예를 들어 디트가 암을 유발한다는 증거는 거의 없다. 그리고 미국 환경보호국에서도 디트를 인간 발암물질로 분류하지 않는다. 또한 임신 중기와 말기에 매일 디트를 사용한 임산부도 신경, 위장관, 피부에 의미 있는 증상이 나타나 고통받는 일은 없는 것으로 보인다. 이 임산부가 출산한 아기 또한 자라면서 건강에 이상이 없었고 디트에 노출되지 않은 아기와 비슷한 속도로 발육했다.

사람의 디트 노출에 대한 국가등록부의 자료를 검토한 한 리뷰 논문에서는 디트가 반복적으로 중등도 증상과 중대한 증상을 일으킨 242개의 사례를 알아냈다. 이 사례 중 발작은 59건, 중등도에서 심각에 이르기까지 다양한 수준으로 나타난 신경학적 증상은 58건이 보고되었다. 뭔가 심각해 보이지만 매년 디트 사용자가 7,500만 명이 넘기 때문에 방충제로 인한 신경학적 장애가 생기는 비율은 대단히 낮다. 발진, 가려움, 두드러기, 기타 비신경학적 문제가 더 흔하다. 미국 환경보호국에서는 디트와 관련된 대부분의 사례가 가벼운 증상만을 보이며 증상도 신속히 해소된다고 결론 내렸다. CDC에서도 디트가 건강에 부정적인 영향을 미치는 경우는 많지 않다면서, 독극물통제센터poison control center에 보고된 사건도 대부분 가벼운 문제들이었다는 보고서를 인용했다.

미국 환경보호국과 CDC에서는 디트의 안전성에 대해 안심이 되는 말을 해주고 있지만 모두가 여기에 만족하는 것은 아니다. 디트가 플라스틱을 녹인다고 해도 그 성분을 피부에 바르고 싶겠는가? 환경보호국에서는 디트를 적절히 사용한다면 안전하다고 판단하지만, 그래도 여전히 디트를 함유한 모든 제품에 대해 주의사항을 길게 나열하고 있다. 이 주의사항에는 제품의 용도와 사용법, 디트의 농도, 부작용 보고 방법 등에 대한 경고와 안전수칙이 포함되어 있다.

뿐만 아니라 디트를 아이에게 사용할 때는 주의해야 한다. 미국소아과학회AAP와 미국 국립유독물센터NCPC에서는 아동에게는 디트 함량이 30퍼센트 이상인 제품을 사용해서는 안 되며, 생후 2개월 미만의 아기에게는 어떤 방충제도 사용하지 말 것을 권고한다.

디트가 들어 있는 제품을 사용하고 싶지 않다면 다른 선택지가 있다. 예를 들면 피카리딘이 들어 있는 방충제는 디트가 들어간 일부 제품과 비슷한 보호작용을 한다. 국화꽃에 들어 있는 화학물질인 피레스린과 합성 피레스로이드는 접촉을 통해 일부 곤충을 죽일 수 있다. 일부 에센셜 오일은 디트나 피카리딘보다 짧은 시간 동안 중등도의 보호작용 효과가 있다. 하지만 이런 대체품들이 천연성분

방충제 디트

이라고 해서 반드시 디트보다 안전하다는 의미는 아님을 지적하고 싶다. 화학물질이 든 방충제를 원하지 않는 사람에게는 그 대용품으로 항상 파리채가 대기하고 있다. 이 제품은 날파리를 제외하고는 모든 사람에게 절대적으로 안전하다.

요약

예방 가능성 (98)
디트가 들어간 제품을 쓸지, 안 들어간 제품을 쓸지는 당신의 선택에 달렸다.

발생 가능성 (6)
디트로 인한 부작용은 드물다.

결과 (52)
디트를 피부에 바르면 자극이 있을 수 있고, 드물게는 신경학적 증상이 나타날 수 있다.

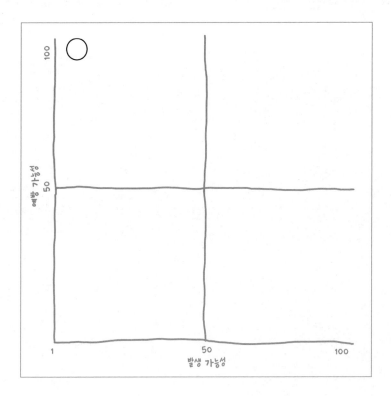

방충제 디트

Animals

동물

39. 뱀

~~~

보통 뱀은 귀여워 꼭 안아주고 싶은 애완동물은 아니다. 하지만 이 파충류를 훌륭한 반려동물로 여기는 사람도 있다. 뱀을 보면 대개 흠칫 놀라게 된다. 이런 반응이 학습 때문인지, 본능인지에 대해서는 논란이 있지만 뱀이 많은 사람의 걱정거리라는 점만큼은 분명하다.

현존하는 뱀은 3,000종류가 넘으며 10센티미터 길이의 작은 실뱀에서 9미터까지 자라는 그물무늬비단뱀까지 크기도 다양하다. 뱀은 거의 어디서든 살 수 있어서 남극을 제외하고는 모든 대륙에 분포하고 있다. 이들은 종류에 따라 숲, 사막, 바다, 강, 늪지 등 각기 다른 서식지와 환경에 적응했다. 냉혈동물이기 때문에 몸을 따뜻하게 하려면 외부의 열원이 필요하다. 그래서 따뜻한 집 안으로 침입해 사람과 뱀이 집을 공유하는 경우가 종종 생긴다.

대다수의 뱀은 독이 없어서 사람에게 위험하지 않다. 사실 뱀은 설치류, 곤충, 그리고 농작물을 파괴하는 다른 동물을 잡아먹어 해로운 동물을 줄여주기 때문에 사람에게 이로운 역할을 한다. 뱀이 위험한 동물로 악명을 얻게 된 것은 참으로 부당한 일이다. 하지만 독사의 경우는 실제로 심각한 손상을 입히거나 사망에 이르게 할 능력을 갖고 있다. 반면 독사의 독은 심혈관계나 신경계의 질병 치료에 신약을 제공해줄 잠재력도 가지고 있다.

독사의 주요 과 4개는 다음과 같다.

1) 구멍뱀과 : 구멍파는독사, 두더지독사, 단검독사
2) 뱀과 : 붐슬랑
3) 코브라과 : 바다뱀, 타이판, 갈색뱀, 산호뱀, 크레이트, 데스애더, 호랑이뱀, 맘바, 코브라
4) 살무사과 : 러셀살무사, 퍼프애더, 방울뱀, 코퍼헤드, 코튼마우스

뱀은 머리의 독샘과 연결된 독니를 통해 희생자의 몸에 독을 주입한다. 뱀독은 종마다 다른 여러 단백질 혼합물로 구성되어 있다. 어떤 독은 신경계를 공격하고(신경독소), 어떤 독은 세포막을 파괴한다(세포독소). 신경독소는 신경세포가 보내는 전기신호 전달을 차단해 운동 마비나 감각 마비를 일으킨다. 어떤 세포독소는 심장의 근육세포를 표적으로 삼아 심박동을 불규칙하게 만들고, 어떤 것은 적혈구를 파괴하고 혈액 응고를 방해한다. 독의 1차적 목적은 뱀이 먹잇감을 잡을 수 있게 돕고, 쉽게 소화할 수 있게 만드는 것이다. 원

래 뱀의 메뉴에는 사람이 없다. 그래서 뱀은 적극적으로 사람을 사냥하거나 쫓지 않는다. 대개 뱀은 겁이 많아서 사람을 피해 다니거나, 사람이 너무 가까이 다가서기 전에 자신의 존재를 알려 경고한다. 뱀이 사람을 무는 것은 위협받거나 깜짝 놀라거나 시달릴 때 자기 방어를 하기 위해서이다.

WHO에서는 매년 최고 500만 명 정도의 사람이 뱀에 물리는 것으로 추정한다. 이 가운데 대략 절반 정도(240만 명)는 독사에게 물려 9만 4,000~12만 5,000명 정도는 사망하고 40만 명 정도는 사지절단이나 다른 건강상의 문제를 겪는다. 전 세계적으로 보면 남아시아, 동남아시아, 사하라 사막 이남의 아프리카에서 독사에 물리는 사건과 독사에 물려 사람이 죽는 사건이 가장 많이 발생한다. 인도에서만 독사에 물려 죽는 사람이 매년 1만 1,000명 정도다. 미국에서는 매년 7,000~8,000명 정도가 독사에 물리지만 그로 인해 사망하는 사람은 5명 정도밖에 없다.

뱀에 물리는 일은 사람이 실수로 뱀을 밟거나 뱀이 있는 곳에 모르고 손을 넣었을 때 주로 일어난다. 그리고 뱀을 잘못 다루거나 자극하거나 해치려다 물리는 경우도 있다. 심지어는 죽은 독사도 물 수 있기 때문에 뱀의 시체를 봤을 때도 조심해야 한다. 독사가 사람을 물었지만 독을 뿜지 않는 경우도 많다.

뱀으로부터 자신을 보호하는 가장 좋은 방법은 미리 대비하는 것이다. 자신의 지역에서 마주칠 수 있는 뱀을 파악하고 언제 어디서 가장 활발하게 활동하는지 알아두자. 뱀이 자주 출몰하는 지역을 걸을 때는 긴 바지와 부츠를 신자. 잡목을 치우거나 목재를 나를 경우에는 잘 확인하면서 손을 집어넣거나, 아니면 도구를 쓰도록 한다. 뱀과 마주치면 뱀을 주워들거나 잡으려고 해서는 안 된다. 그냥 거리를 유지하고 혼자 있게 내버려 두자.

만약 누군가가 뱀에 물렸을 때는 그 사람을 진정시킨 다음 최대한 빨리 의사의 진찰을 받게 해야 한다. 또 독이 몸으로 퍼지지 않도록 가급적 몸을 움직이지 않게 해야 한다. 뱀에 물렸을 때 흔히 나타나는 증상으로는 부기, 통증, 무력증, 감각마비, 메스꺼움 등이 있고, 주입된 독의 종류와 양에 따라 출혈, 호흡 장애, 괴사, 운동마비 등이 일어날 수 있다. 물린 자리 근처에 장신구를 착용하고 있거나 꽉 조이는 옷을 입고 있으면 부기가 시작되기 전에 제거해야 한다. 해당 지역에서 출몰하는 뱀의 종류를 잘 아는 의료 종사자가 해독제 필요 여부를 판단할 것이다. 파상풍 주사가 필요할 수도 있다. 뱀에 물렸을 때 어떻게 대처하라는 옛날 이야기는 다 잊어버리자. 이런 방법들은 효과도 없이 문제만 더 키울 수 있다. 예를 들어 물린 상처를 절대 칼로 잘라서도 안 되고, 독을 입으로 빨아내려고 하지 말아야 하며, 압박 지혈대도 사용 금지다. 그리고 뱀에 물린 사람은 카페인이나 알코올이 들어간 음료를 마시면 안 된다. 가장 좋은 대응은 즉시 병원을 찾아가는 것이다.

뱀은 치명적인 해를 끼칠 수 있는 해부학적·생리학적 구조로 무장하고 있지만, 건강한 생태계 유지에 반드시 필요한 서식 동물이다. 뱀은 장래에 인간의 건강에 혜택을 줄지도 모르며, 자극하지 않으면 사람을 공격하지도 않는다. 뱀과의 불쾌한 만남을 피하기는 어렵지 않다. 그저 거리를 두고 그들을 존중해주면 된다.

요약

예방 가능성 (85)

뱀과의 불쾌한 만남을 피하기 위해 취할 수 있는 많은 조치가 있다. 예를 들어 거친 자연으로 나가지 않고 도시에만 머문다면 뱀을 만날 일은 거의 없을 것이다. 하지만 하이킹을 좋아하는 사람도 있고, 뱀이 서식하는 곳에서 사는 사람도 있다. 이런 경우는 발과 손이 닿는 곳을 잘 살펴야 한다.

발생 가능성 (12)

대부분의 사람은 위험한 뱀을 만날 가능성이 낮다.

결과 (47)

뱀에 물렸을 때의 결과는 어떤 종류의 뱀에 물렸느냐에 따라 크게 달라진다. 독이 없는 작은 뱀은 거의 위험하지 않지만 독사는 심각한 손상이나 사망을 초래할 수도 있다. 병원에 가서 해독제를 맞으면 뱀독의 위험을 줄일 수 있다.

뱀

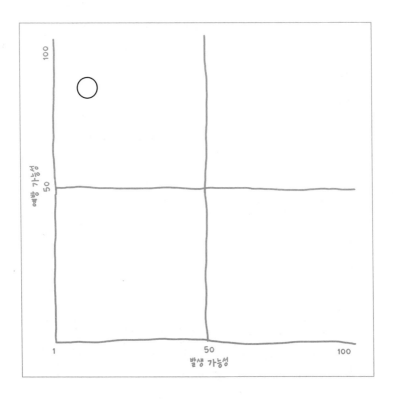

예상 가능성

100

50

발생 가능성

1   50   100

40. 고양이

~~~~~~~~

당신의 털북숭이 애묘는 가끔 죽은 새나 쥐를 물고 오기도 하지만 당신에게 큰 기쁨과 사랑을 안겨줄 것이다. 물론 고양이가 영역을 표시한다고 가구를 발톱으로 긁어놓거나 오줌을 싸놓기도 하지만 그래도 당신은 이 반려동물을 사랑한다. 고양이를 키우면 혈압이 낮아지고 정신건강에도 좋다. 하지만 고양이도 우리의 건강을 위협할 수 있다.

　동물에게 물린다고 하면 아무래도 개가 먼저 떠오른다. 미국에서는 전체 응급실 방문 중 대략 1~2퍼센트가 동물에게 물려서 찾아오고, 그중 60~90퍼센트는 개에게 물린다. 하지만 동물에게 물려서 응급실을 찾는 경우 중 10~15퍼센트는 고양이 때문이고 그중 30퍼센트는 입원해야 한다. 고양이에게 물린 상처와 개에게 물린 상처는 큰 차이가 있다. 개는 이빨과 턱의 힘을 이용해 상처를 찢어놓는 반면, 고양이는 날카로운 이빨로 조직을 깊숙이 관통해서 피부 밑의

닫힌 상처closed wound 속에 병원체를 남긴다. 개와 고양이 모두 입속에 서로 다른 종류의 세균이 득실거리지만 고양이에게 물린 후 가장 흔하게 감염되는 세균은 파스투렐라 물토시다Pasteurella multocida이다. 이 세균이 피부 아래 갇히면 증식해서 주변 조직으로 퍼질 수 있다. 감염되면 빨갛게 부어오르면서 통증을 느끼는데, 치료하지 않고 방치하면 봉와직염(진피와 피하 조직에 나타나는 급성 화농성 염증 - 옮긴이)과 패혈증을 일으킬 수 있다. 드물지만 아동이나 노인 등 면역계가 약한 사람은 치명적인 결과로 이어질 수 있다.

고양이에게 물리면 최대한 빨리 따뜻한 물로 상처를 씻고 과도한 출혈이 일어나지 않게 조치한 다음, 병원을 찾아가 상처가 감염되지 않았는지 확인한다. 병원에서 항생제 처방과 파상풍 주사를 권할 수 있으며, 상처를 열어놓을지 닫아놓을지 결정하게 된다. 고양이가 광견병 바이러스를 보유하고 있을 가능성에 대해서도 함께 검사할 것이다.

고양이가 사람을 물어야만 질병이 전파되는 것은 아니다. 발톱으로 할퀴거나 단순히 핥기만 해도 고양이할큄병을 일으키는 바르토넬라 헨셀라에Bartonella henselae라는 세균이 옮을 수 있다. 모든 고양이 중 대략 40퍼센트 정도는 살다가 어느 시점에 바르토넬라 헨셀라에균에 감염되지만 질병의 징후는 전혀 보이지 않는다. 고양이는 벼룩에게 물리거나, 벼룩의 배설물이 입에 들어가거나 발톱 밑에 끼었을 때 바르토넬라 헨셀라에에 감염된다. 이 세균은 고양이가 사람을 물거나, 피부를 할퀴거나, 상처나 딱지를 핥을 때 사람에게 옮는다. 미국에서는 매년 대략 1만 2,500명 정도의 사람이 고양이할큄병으로 진단받는다. 고양이할큄병에 걸리면 발열, 두통, 림프절 비대가 생기거나 상처 주변으로 물집 등이 잡힐 수 있다. 드물지만 고양이할큄병이 뇌(뇌병증), 눈(시신경망막염), 뼈(골수염), 폐(폐렴), 기타 장기에 심각한 손상을 일으킬 수도 있다. 이 감염은 저절로 가라앉을 때가 많지만 때로는 항생제 치료가 필요할 수도 있다. 벼룩을 박멸하는 것은 고양이할큄병 위험을 줄이는 훌륭한 방법이다. 그리고 다른 동물에게 물렸을 때와 마찬가지로 고양이가 할퀸 자리는 바로 씻어내야 한다.

고양이는 톡소플라스마증도 옮긴다. 이것은 톡소플라스마 곤디Toxoplasma gondii라는 단세포 기생충에 의해 생기는 병이다. 이 기생충은 대단히 흔해서 지구상의 모든 사람 중 33퍼센트 정도는 이 기생충에 감염된 적이 있다. 덜 익힌 오염된 고기를 먹거나 오염된 물을 마시면 톡소플라스마 기생충에 감염될 수 있다. 고양이도 때때로 톡소플라스마 기생충을 갖고 있다가 대변으로 배설한다. 사람은 고양이 배변 상자나 고양이 대변과 접촉한 물건을 만지다가 뜻하지 않게 이 기생충을 삼킬 수 있다. 대부분의 사람은 자신이 톡소플라스마 기생충을 갖고 있는지도 모른다. 면역계가 강해서 이 균이 병을 일으키지 못하게 막기 때문이다. 어떤 사람은 독감 같은 증상, 분비샘 비대, 몸 전체가 쑤시는 통증을 겪을 수 있다. 하지만 심각한 건강상의 문제를 일으킬 수도 있다. 특히 면역계가 약해진 사람이 취약하다. 우려스러운 점은 톡소플라스마가 산모에서 태아에게로 전파될 수 있다는 것이다. 톡소플라스마에 감염된 대부분의 신생아는 출생 시에는 증상이 나타나지 않지만, 나중에 눈이나 뇌에 손상

고양이

이 일어날 수 있다.

톡소플라스마 곤디는 뇌에 특이한 방식으로 영향을 미칠 수도 있다. 톡소플라스마 기생충에 감염된 설치류는 행동이 느려지고, 경계심이 풀어지며, 겁이 없어진다. 심지어 고양이 오줌 냄새에 끌리기도 한다. 이런 행동 변화가 나타나면 쥐는 먹잇감 사냥에 나선 고양이의 표적이 되기 십상이다. 뇌의 어떤 메커니즘 때문에 이런 새로운 행동이 일어나는지는 아직 확실히 밝혀지지 않았지만 공포와 불안을 담당하는 신경회로가 새로 배선되는 것으로 보인다. 일부 데이터는 톡소플라스마 곤디가 인간의 행동에도 변화를 가져와 조현병, 강박장애, 조울증 같은 정신과적 문제를 일으킬 수 있음을 암시하고 있다.

고양이가 사람에게 옮길 수 있는 질병으로는 광견병(신경계에 영향을 미치는 바이러스 감염), 캄필로박터 감염(세균성 피부 감염), 크립토스포리듐증(설사, 복통, 미열 등을 일으키는 인수 공통 감염 질병 - 옮긴이)과 편모충증(위장관의 불편을 야기하는 기생충 질환), 포충증(촌충), 구충, 회충, 백선(곰팡이 피부 감염) 등이 있다. 고양이를 키우는 사람, 특히 임신한 여성은 고양이와 놀 때, 그리고 고양이가 찾아오는 장소에서 정원 가꾸기를 할 때 주의해야 한다. 임신한 여성은 고양이 배변 상자를 청소하면 안 된다. 아이의 모래 상자 장난감은 고양이가 배변 상자로 이용하지 않도록 사용하지 않을 때에는 덮어두어야 한다.

고양이를 버릴 필요는 없다. 고양이를 마음껏 안고 있어도 괜찮다. 하지만 건강을 위해 고양이와 접촉하고 난 후에는 꼭 씻어야 한다.

요약

예방 가능성 (83)

고양이를 키우고 있는 경우 위생관리를 잘 하면 고양이에서 사람으로 전파되는 대부분의 질병을 예방할 수 있다. 물론 고양이와 아예 거리를 두면 고양이가 품고 있는 병원체에 노출되는 것을 더욱 완벽하게 차단할 수 있다.

발생 가능성 (12)

고양이를 키우고 있다면 고양이가 품고 있는 병원체 중 일부에 노출되겠지만 큰 문제를 일으킬 가능성은 낮다.

결과 (32)

병의 심각성은 병원체가 무엇이냐에 달려 있다. 일부는 작은 증상으로 그치겠지만 어떤 것은 심각한 건강 문제를 일으킬 수도 있다.

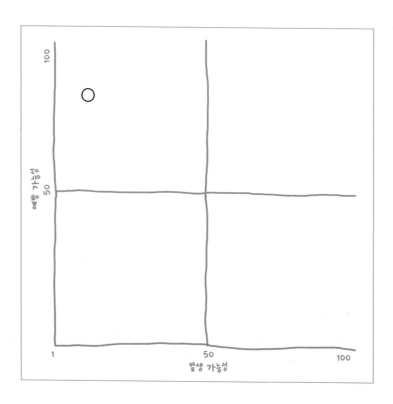

41. 곰

하이킹을 통해 야생으로 돌아가는 것은 스트레스와 긴장을 푸는 정말 좋은 방법이다. 신선한 공기를 맡고, 밝은 색의 들꽃을 바라보고, 나무에서 지저귀는 파랑새의 노랫소리에 귀기울이는 것은 매년 수백만 명의 사람들이 누리는 즐거운 경험이다. 그런데 그렇게 들길을 따라 걷다가 5센티미터짜리 이빨과 15센티미터짜리 발톱을 드러낸 300킬로그램짜리 회색곰과 마주친다면? 스트레스를 풀기는커녕 이때껏 경험해보지 못한 스트레스를 받을 것이다.

모든 곰은 곰과Ursidae에 속한다. 그리고 그 안에는 모두 여덟 종의 곰이 있다. 회색곰이 포함되어 있는 큰곰과 알래스카불곰은 유럽, 아시아, 북아메리카에서 발견된다. 아시아흑곰과 미국흑곰 같은 흑곰은 아시아와 북미 대륙에서 발견된다. 느림보곰, 북극곰, 판다곰을 비롯해 모든 종류의 곰과 인간이 정면으로 마주친 사건들이 기록으로 남아 있다. 이런 접촉은 특히나 곰이 어린 새끼를 보호하

곰

고 있거나, 생각지 못한 상태에서 곰 근처로 다가갔을 때 일어날 가능성이 높다.

야생에서 곰과 마주치는 것은 끔찍한 경험인데, 아마 곰도 마찬가지일 것이다. 사람은 곰이 즐겨 먹는 표준 식단에 올라 있지 않기 때문에 이 거대한 동물에게 사냥을 당할 걱정은 하지 않아도 된다. 하지만 문제는 사람들이 자신의 음식을 제대로 버리거나 처리하지 않는 데 있다. 이것을 먹은 곰이 사람의 음식에 맛을 들이고 사람에 대한 두려움이 없어지는 바람에 사람과 곰이 마주칠 가능성이 높아지고 있다.

곰의 공격을 막는 최고의 전략은 애초에 곰을 피하는 것이다. 미국 국립공원관리청NPS에서는 곰의 나라에서 안전하게 지내는 법에 대해 다음과 같은 팁을 제공하고 있다.

- 주변을 잘 살필 것
- 사람들과 무리를 지어 하이킹할 것
- 새벽, 해질 무렵, 밤 대신 낮에 하이킹을 할 것
- 시끄럽게 다닐 것
- 곰이 자신을 발견하기 전에 먼저 곰을 발견할 것
- 산책로를 벗어나지 말 것
- 죽은 동물의 사체를 피할 것
- 음식과 장비들을 잘 보관할 것

하지만 곰을 피하려고 주의를 기울여도 캠핑을 하고 산책로를 걷다 보면 곰과 마주칠 가능성이 있다. 그럼에도 곰에게 공격을 받거나 죽임을 당할 가능성은 대단히 낮다. 1900년과 2009년 사이에 북미에서 포획되지 않은 흑곰에게 죽임을 당한 사고는 63건에 불과하다. 63건의 사망 사고 중 49건은 캐나다와 알래스카에서 일어났고, 나머지 14건은 그보다 남쪽에 있는 주에서 일어났다. 사망 사고의 대부분(91%)은 사람이 한두 명 있는 상황에서 일어났다. 미국의 국립공원 시스템은 곰의 공격으로부터 꽤 안전하고, 회색곰이 사람을 해치는 경우도 거의 없다. 예를 들어 옐로우스톤 국립공원은 1980년에서 2015년 사이에 1억 400만 명의 방문객을 맞이했지만 공원에서 회색곰에게 부상을 입은 사람은 38명에 불과하다. 더군다나 145년 동안(1872~2015년) 옐로우스톤 국립공원에서 회색곰에게 죽임을 당한 사람은 8명밖에 안 된다. 흥미롭게도 같은 기간 동안 이 국립공원에서 쓰러지는 나무에 깔려 죽은 사람은 6명, 번개에 맞아 죽은 사람은 5명이다. 다른 동물에 의해 발생한 사망 사건 숫자와 비교해보아도 곰의 공격으로 인한 사망이 얼마나 드문 일인지 객관적으로 알 수 있다. 1999년에서 2007년 사이에 미국에서 말벌과 벌로 인한 사망은 509건이고, 개로 인한 사망은 250건이다.

곰의 공격에서 살아남는 최고의 전략이 무엇인지는 곰의 종류, 곰과 마주했을 때의 상황(즉 먹이를 먹을 때, 새끼와 걷고 있을 때), 곰이 사람의 출현에 반응하는 방식 등 여러 요인에 달려 있다. 사람이 접근하면 많은 곰이 발길을 돌려 그 지역을 떠난다. 곰이 흥분한 경우에는 이빨을 딸각거리거나, 꿀꿀거리거나, 발바닥으로 철썩 때리는 등 경고의 몸짓을 보일 때가 많다. 이런 경고를 천천히 뒤로 물러

서라는 신호로 받아들여야 한다. 절대 뛰면 안 된다. 곰은 단거리에서 적어도 시속 55킬로미터의 속도로 달릴 수 있다. 쫓아오는 곰을 사람이 두 발로 달려서 도망갈 수는 없다. 심지어는 100미터를 9.58초에 뛰는, 세상에서 제일 빠른 사나이 우사인 볼트조차도 곰보다 빨리 달리지는 못한다. 나무 위로 올라가는 것도 좋은 전략이 아니다. 곰은 나무 타기의 명수여서 나무 위로 도망가는 사람을 쫓아올지도 모른다.

만약 곰이 사람을 쫓아오기로 결심한 경우라면, 어떤 전문가는 그 자리에서 버텨야 한다고 주장한다. 그럼 곰이 전진을 멈추고 돌아설 수도 있다. 때로 곰은 위협하려고 계속 쫓아올 것처럼 허세를 부리기도 한다. 만약 곰이 계속 전진해서 10미터 안쪽으로 들어온다면 '곰 퇴치 스프레이'를 사용할 시간이다. 곰 퇴치 스프레이에는 고추의 매운맛 성분인 캡사이시노이드가 들어 있다. 현재 미국 환경보호국에서는 곰 퇴치 스프레이의 캡사이시노이드 함량을 2퍼센트까지 허용하고 있다. 스미스와 그 동료들은 큰곰, 흑곰, 북극곰에 곰 퇴치 스프레이를 사용한 사례 83건을 조사해보았다(2008년). 그 결과 고춧가루 스프레이를 사용했을 때 곰의 공격 행동이 중단되는 경우가 큰곰은 92퍼센트, 흑곰은 90퍼센트, 북극곰은 100퍼센트였다. 곰 퇴치 스프레이를 사용한 사건에서 2퍼센트의 사람만 곰에게 부상을 입었고, 그 부상도 상대적으로 경미했다.

만약 곰이 공격을 중단하지 않고 사람을 덮친다면 쓰러져 죽은 척하는 시나리오가 그 다음 방책이다. 이 경우 배를 땅에 깔고 엎드려서 목뒤로 깍지를 끼고 팔로 얼굴을 보호해야 한다. 만약 그래도 곰이 공격을 멈추지 않는다면 전문가들은 주먹질과 발길질로 되받아 싸울 것을 주문한다. 물론 이런 전략으로는 심각한 부상을 거의 막을 수 없을지도 모른다. 북극곰, 큰곰, 판다곰, 태양곰, 아시아흑곰, 미국흑곰의 송곳니에서 측정한 교합력은 각각 1,646.7N(뉴턴), 1,409.7N, 1,298.9N, 883.2N, 858.3, 744.3N이다. 여기에 15센티미터까지 뻗어나온 발톱과 두터운 모피, 두꺼운 가죽과 지방까지 고려하면 곰은 가공할 공격자이고, 그만큼 심각한 손상을 피할 수 없다. 회색곰과 느림보곰으로부터 가장 흔히 손상을 입는 부위는 머리, 팔, 다리다.

안타깝게도 곰이 자리를 뜨고 그 공격에서 살아남았다고 해도 고난은 끝나지 않는다. 곰에게 물린 상처는 아주 깊을 수 있고, 항생제로 치료하기 어려운 여러 해로운 세균에 감염될 수도 있다. 곰이 광견병 바이러스를 갖고 있는 경우도 있다. 그래도 좋은 소식이라면 곰이, 치사율 거의 100퍼센트에 이르는 이 바이러스의 숙주인 경우는 흔치 않다는 점이다.

야생에서 곰과 마주칠 가능성은 낮다. 그리고 뜻하지 않은 인간과 곰의 만남은 보통 양쪽 모두에게 아무런 해도 입히지 않는다. 적절히 준비하고 자신의 주변 환경에 계속 관심을 기울인다면 해를 입을 위험은 더 줄어든다. 안전한 거리를 확보하고 곰 퇴치 스프레이만 준비되어 있다면 자연환경에서 곰을 관찰할 기회를 얻는 것은 축복받은 경험이 될 수 있다.

요약

예방 가능성 (81)

곰이 출몰하는 지역을 피하면 곰과 만날 일은 별로 없다. 만약 곰의 서식지로 알려진 곳에서 하이킹이나 캠핑을 한다면 불행한 일이 일어나지 않도록 주의를 기울여야 한다. 곰 퇴치 스프레이를 준비하고 음식을 잘 보관하자.

발생 가능성 (3)

곰은 적극적으로 사람을 찾아다니지 않기 때문에 곰의 공격을 받을 가능성은 낮다.

결과 (74)

때로는 죽은 척하면 곰이 공격을 멈추기도 하지만, 계속 공격한다면 심각한 부상을 입을 가능성이 크다.

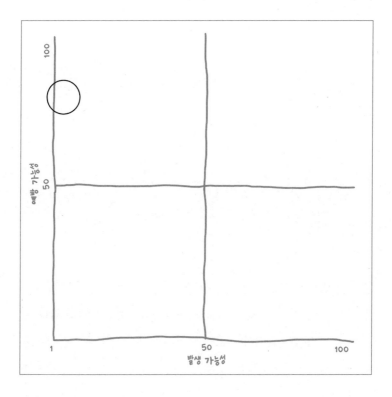

예방 가능성

발생 가능성

289

곰

42. 벌

~~

곤충과 일부 동물은 사람이 먹을 음식을 생산하는 데 대단히 중요한 역할을 한다. 벌은 꽃에서 꽃으로 날아다니며 꽃가루와 꿀을 수집하는 과정에서 과일과 채소를 꽃가루받이해주는 주인공이다. 우리는 꿀을 좋아한다. 다른 동물들도 마찬가지다. 하지만 벌이 우리에게 음식 생산에 중요한 역할을 하고 있음에도 많은 사람이 벌을 두려워한다. 벌침이 위험하다고 생각하기 때문이다.

뉴스에 아프리카화 살인벌Africanized killer bee이 북미 지역으로 침투해 들어왔다는 소식이 보도되었다. 살인벌은 1950년대에 꿀 생산을 증대하기 위해 브라질에서 수입한 아프리카 꿀벌과 유럽 꿀벌의 잡종이다. 이 벌 중 일부가 야생으로 탈출해 활발히 번식하며 북쪽으로 이동했다. 이제 이 벌은 미국 남부 전역에서 발견된다. 살인벌의 독이 다른 꿀벌의 독보다 더 강력하지는 않지만 이 벌은 더 공격적이고, 더 많은 숫자가 공격에 참여하며, 더 오랜 시간 동안 공격을 지속한다.

꿀벌과 호박벌은 보통 공격적이지 않다. 특히 자기 둥지에서 멀리 떨어져 있을 때는 더욱 그렇다. 암컷 꿀벌에는 미늘이 달린 벌침이 있다. 이것은 알을 낳는 데 사용하는 기관(산란관)이 변형된 것이다. 수벌은 벌침이 없다. 꿀벌이 침을 찌르면 미늘 때문에 피부 아래 박혀서 빠지지 않는다. 그래서 벌이 침을 쏘고 날아갈 때는 벌침과 거기에 붙어 있는 내부 장기가 함께 그 자리에 남는다. 침을 쏜 벌은 장기 손상을 입어 죽게 된다. 그래서 꿀벌은 벌침을 딱 한 번만 쏠 수 있다. 반면 호박벌은 벌침에 미늘이 달려 있지 않아 한 번 이상 침을 쏠 수 있다. 말벌도 마찬가지다. 하지만 말벌은 엄밀히 따지면 벌과 종류가 다르다.

피부를 관통한 벌침은 독샘과 듀포샘Dufour's gland에서 만들어진 독 혼합물을 주입한다. 벌침은 떨어져나온 후에도 독을 주입할 수 있다. 독샘이 계속해서 펌프질을 하기 때문이다. 벌독의 주요 성분은 멜리틴melittin이라는 펩티드다. 벌에 쏘였을 때 아픈 것은 바로 이 멜리틴 때문이다. 이 성분은 적혈구 세포도 파괴한다. 벌독의 다른 성분은 세포막과 비만세포(동물의 결합 조직 가운데 널리 분포하는 세포 - 옮긴이)에 영향을 미쳐 염증, 가려움증, 발적을 일으킨다.

보통 자극하지 않으면 벌이 공격하는 일은 드물지만 매년 미국에서는 50명이 벌 때문에 사망하고, 전체 인구 중 0.3~8.9퍼센트 정도는 벌독에 알레르기가 있다. 벌독에 알레르기가 있는 경우 벌에 쏘이면 과민성 쇼크를 일으켜 생명이 위독해질 수도 있다. 알레르기 반응은 보통 두드러기와 기침으로 시작하지만 증상이 진행되는 과정에서 어지러움, 메스꺼움, 호흡 곤란, 의식 상실, 심지어 사망으로 이어질 수도 있다. 벌독에 알레르기가 있는 사람은 벌을 피해야 하고 에피네프린epinephrine을 투여하는 자기주사기autoinjector를 가지고 다녀야 한다. 에피네프린은 심장을 활성화하고 기관지를 열어서 호흡을 원활하게 해준다. 과민성 쇼크는 즉각적인 치료가 필요한 의료 응급상황이다.

벌에게 공격을 받거나 쏘일 가능성을 줄이는 방법이 있다. 첫째, 벌집을 건드리거나 벌을 때려잡으려 하지 말아야 한다. 벌은 위기를 느끼면 다른 벌을 끌어드리는 페로몬을 분비한다. 그럼 더 많은 벌이 달려들 수 있다. 벌이 공격해오면 머리와 얼굴을 가리며 뛰어서 달아난다. 벌이 들어올 수 없는 곳으로 피하되, 만일의 경우를 대비해 탈출할 계획도 세워놓아야 한다. 강, 호수, 연못으로 뛰어드는 것은 도움이 안 될 가능성이 높다. 벌들이 당신이 숨 쉬러 올라올 때까지 기다리고 있을 것이기 때문이다. 특정 색깔의 옷, 향수, 비누, 샴푸가 벌을 끌어들인다는 오래된 믿음이 있다. 하지만 벌의 공격적 행동에 대해 다양한 화장품이나 색을 테스트해본 적이 없기 때문에 특정 의복이나 제품을 피하는 것은 별로 도움이 안 될 것이다.

벌에게 쏘이면 최대한 빨리 벌침을 빼내어 피부 아래 주입되는 독의 양을 줄여야 한다. 당장 생각하기에는 침을 잡아서 뽑아내면 될 것 같겠지만 그래서는 안 된다. 침을 잡으면 독주머니를 쥐어짜서 더 많은 독이 주입될 가능성이 크다. 대신 신용카드 같은 것을 이용해 침을 긁어내는 것이 낫다. 일반적으로 벌에 쏘였을 때는 쏘인 부분에 얼음을 갖다 대고, 진통제로 통증을 완화하고, 항히스타민

제로 부기를 가라앉힐 것을 권장한다.

우리는 꿀도 좋아하고, 벌의 도움을 받아 생산되는 식품도 좋아하지만, 동시에 벌에 쏘이는 것도 두려워한다. 대부분의 사람은 벌에 쏘이는 것을 그리 걱정할 필요가 없다. 다른 곤충에 쏘이는 것과 비교하면 살짝 아픈 정도에 불과하기 때문이다. 하지만 벌에 알레르기가 있다면 조심해야 하고, 만약을 대비해 에피네프린 자기주사기를 갖고 다니자.

군집붕괴현상(벌이 떼로 폐사하는 현상 - 옮긴이) 때문에 꿀벌이 대량으로 죽어나간다는 뉴스를 접한 적이 있을 것이다. 왜 이런 일이 일어나는지는 아직 밝혀지지 않았다. 대부분의 일벌이 죽는 이 현상은 2006~2007년 겨울에 처음으로 감지되었다. 군집붕괴현상 때문에 한동안 과학자들은 큰 실망과 불안에 휩싸였고, 벌을 보호하자는 캠페인이 펼쳐지기도 했다. 하지만 지금은 보고되는 군집붕괴현상 사례가 현저히 줄고 있다. 그렇다고 해서 벌들이 위험에서 벗어났다는 의미는 아니다. 벌에는 수천 종이 있는데 그중 일부는 살충제와 서식지 파괴로 멸종 위기에 내몰리고 있다. 예를 들어 러스티 패치드 호박벌은 최근에 멸종 위기종 목록에 올랐다. 양봉꿀벌과 달리 러스티 패치드 호박벌은 북미 고유종이다. 미국에만 4,000종 이상이 있는 토종벌들은 토종 식물과 꽃을 꽃가루받이하는 데 중요한 역할을 한다. 사실 어떤 식물은 특정 종의 벌에 의해서만 꽃가루받이가 가능하다. 만약 꽃가루받이 매개 동물이 멸종하면 해당 식물도 멸종할 것이다. 그러니 마음 한편에는 벌에 대한 걱정도 함께 담아두자.

요약

예방 가능성 (23)

주변을 잘 살피고 다니는 것이 벌에 쏘이는 것을 예방하는 가장 좋은 방법이다. 벌독에 알레르기가 있는 사람은 항상 에피네프린이 든 자기주사기를 갖고 다녀야 한다.

발생 가능성 (37)

특히나 봄과 여름에 밖에서 산책을 하면 벌을 만날 가능성이 높다. 하지만 대개의 벌은 자극하지만 않으면 공격하지 않는다.

결과 (38)

대부분의 사람은 벌에 쏘여도 일시적인 불편과 약간의 통증만 뒤따른다. 하지만 벌독에 알레르기가 있거나 살인벌 떼에게 공격받을 경우에는 훨씬 가혹한 결과가 뒤따를 수 있다.

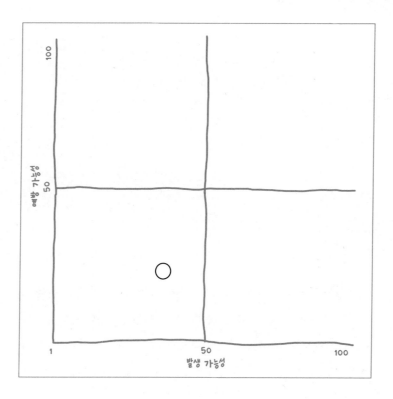

벌

43. 개

~~~~~~~~~~

사람들은 무서운 동물이라고 하면 흔히 상어, 뱀, 거미 같은 것을 떠올린다. 그런데 개를 무서워하는 사람이 드물지 않고, 개가 주변에 있으면 불안해하는 사람이 많은데도 무서운 동물 목록에 개가 올라가는 일은 드물다. 어떤 사람은 개에게 물리거나, 공격을 당하거나, 혹은 다른 사람이 개에게 공격당하는 것을 보고 난 다음부터 개에 대한 두려움이 생긴다. 그리고 포악한 개에 대한 뉴스나 시에서 특정 종의 개 사육을 금지한다는 뉴스를 들으면 이런 두려움이 더 커진다.

어쩌면 개는 가장 무서운 동물 목록에 올라야 할지도 모르겠다. 통계를 보면 미국에서는 상어, 뱀, 거미에 물려 사망하는 사람보다 개로 인해 죽는 사람이 더 많다. 1999년에서 2012년 사이에 미국에서는 개로 인한 사망은 250건인 반면, 거미는 70건, 독사(그리고 도마뱀)는 59건, 해양동물은 10건이었다. 매년 미국에서 개에게 물리는 사람은 450만 명이 넘고, 그로 인해 병원을 찾는 사람은 80만 명 정도다. 그럼에도 사람들은 개를 사랑한다. 미국에는 대략 7,000만 마리의 개가 있다. 사람 4.5명당 개 1마리꼴이다.

대부분의 개는 훌륭한 애완동물이자 반려동물이다. 개를 키우는 것은 심지어 건강에도 이롭다. 예를 들어 개를 키우면 스트레스, 혈압, 콜레스테롤 수치가 낮아진다. 또 개를 산책시키면서 본인도 운동을 하게 되고 다른 사람과 교류할 기회도 생긴다. 하지만 개에게 물리는 경우에는 심각한 결과가 일어날 수 있다. 특히 성인보다 개에게 더 자주 물리는 아동에게는 더욱 그렇다. 개에게 물리면 피부에 구멍이 나거나 피부와 그 밑의 근육조직이 찢어지는 심한 상처가 날 수 있다.

개에게 물리면 육체적 손상에서 그치지 않고 질병도 옮을 수 있다. 광견병은 개, 여우, 박쥐, 너구리 등의 감염 동물에게 물렸을 때 전파되는 치명적인 바이러스성 질환이다. 매년 전 세계적으로 5만 9,000명이 광견병으로 사망하며 그중 99퍼센트가 개에게 물려서 발병한다. 이런 사망 사고의 희생자는 대부분 아프리카와 아시아의 아동들이다. 미국에서는 동물에 대한 통제와 예방접종 덕에 집에서 키우는 개에 의한 광견병 전파가 차단되어 사람이 광견병에 걸리는 경우는 드물다.

개에게 물리는 경우에는 항상 세균 감염의 위험이 존재한다. 개의 구강이 사람의 구강보다 더 깨끗하다는 주장은 거짓이다. 개의 구강에는 상처로 침투해 감염을 일으킬 수 있는 다른 종류의 세균으로 가득 차 있다. 이 세균이 국소적인 감염, 혹은 패혈증이나 수막

개

염처럼 생명을 위협하는 전신 감염을 일으킬 수 있다. 개에게 물린 자리는 즉시 비누와 물로 깨끗이 씻어내야 한다. 심각한 상처나 부어오르거나 아픈 상처는 의사의 치료를 받아야 한다. 모르는 개나 아파 보이는 개에게 물린 사람은 반드시 의사를 찾아가 어떤 치료가 필요한지 상담해야 한다.

사람은 꼭 개에게 물리지 않아도 개로부터 병을 옮을 수 있다. 촌충, 구충, 회충은 개를 감염시킬 수 있는 세 가지 기생충이다. 감염 동물의 대변과 접촉하면 사람에게 전파될 수 있다. 위장관 장애나 더 심각한 증상을 일으킬 수 있는 다양한 세균(캄필로박터, 브루셀라, 카프노사이토파가, 렙토스피라)도 개에게서 사람으로 전파될 수 있다. 그리고 백선도 빠뜨릴 수 없다. 이것은 개소포자균Microsporum canis이라는 곰팡이균에 의해 생긴다. 백선은 전염성이 있는 흔한 피부 곰팡이균 감염으로 개나 고양이를 만진 다음에 걸릴 수 있다. 백선이 생기면 피부에 비늘이 일면서 빨간 반점이 생긴다. 항진균제를 사용하면 효과적으로 치료할 수 있는데, 심각한 결과로 이어지는 일은 드물지만 유쾌한 경험은 아니다.

개의 위험이 무는 것과 질병의 전파만 있는 것은 아니다. 말 그대로 개 때문에 넘어져서 부상을 당하기도 한다. 미국에서는 2001년에서 2006년 사이에 매년 평균 8만 6,629명 정도의 사람이 개와 고양이와 관련된 낙상 사고로 부상을 입고(골절, 타박상, 찰과상 등) 응급실에서 치료를 받았다. 가장 흔한 부상은 개에 걸려서 넘어지는 경우(31.3%)와 개가 당기거나 밀어서 넘어지는 경우(21.2%)였다. 개에게 물리거나 개 때문에 다른 부상을 입는 경우에는 몸만 다치는 것이 아니라 주머니사정도 악화된다. 보험정보협회의 보고에 따르면 전체 주택 보유자의 책임보험청구 중 1/3 이상(6억 달러 이상)이 개에게 물리거나 개로 인한 부상 때문이었다. 2016년에는 개에게 물리는 사고로 지급된 보험금이 평균 3만 3,230달러였다.

개는 공원, 길거리, 집안 등 어디에나 있어서 개를 완전히 피해 다니기는 불가능하다. 개에서 사람으로 질병이 전파될 가능성을 줄이려면 개를 만진 다음에는 꼭 손을 씻고, 개가 다녀간 곳을 깨끗이 청소해야 한다. 모든 사람은, 특히나 아동은 개가 접근해 왔을 때 어떻게 행동할지, 그리고 개가 있는 곳에서 어떻게 해야 안전하게 머물 수 있는지 알고 있어야 한다. 개의 소유주는 항상 자신의 개를 잘 통제해야 하고, 공공장소에서는 항상 목줄을 채우고, 동물병원의 도움을 받아 개를 적절히 관리해야 한다.

요약

예방 가능성 (77)
개 소유주는 자기 개에게 적절한 예방접종을 하고 항상 자신의 통제 아래 두는 등 반려동물 관리의 책임을 져야 한다.

발생 가능성 (55)
개를 키우는 사람이라면 아마도 반려동물에게 할퀴거나 물려본 경험이 있을 것이다. 그보다 더 심각한 부상을 입거나 광견병을 옮기는 경우는 드물다.

결과 (55)

개가 옮기는 병에는 약으로 치료 가능한 것도 있지만 사람을 죽이는 것(광견병)도 있다. 개 때문에 입는 부상은 대부분 경미하지만 공격적인 개에게 물리면 생명이 위험할 수도 있다.

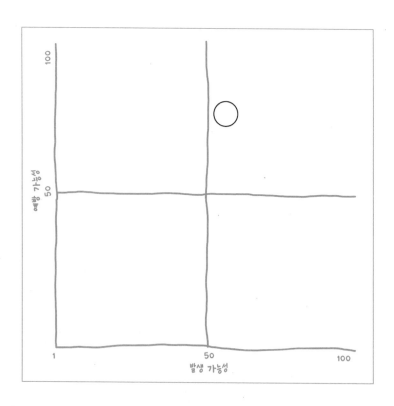

44. 상어

~~~

사람들이 영화 〈죠스〉를 보고 믿고 있는 바와 달리 상어는 간식거리로 먹을 인간을 찾아 바다 속을 배회하지 않는다. 사실 국제상어공격정보ISAF에 따르면 2017년에 도발하지 않았는데도 상어에게 공격을 받은 사고는 전 세계적으로 88건이었고, 그중 5건에서 치명적인 결과가 발생했다. 저개발 지역의 경우 보고되지 않은 공격이 더 있을 수도 있다. 하지만 수백만 명의 사람이 바다에서 수영하고, 서핑하고, 스노클링과 잠수를 즐기지만 상어에게 공격받은 사례는 몇 건 안 되는 것으로 보아 상어에게 부상이나 죽임을 당할 가능성은 아주 낮다. 상어에게 공격받을 가능성보다는 오히려 서핑을 하다 익사할 가능성이 더 높다. 그럼에도 많은 사람이 모래사장에서 발을 떼어 물속으로 뛰어들 때마다 근처에 상어가 도사리고 있지는 않은지 걱정한다.

해부학과 생리학적 관점에서 볼 때 상어는 바다에서 최상위 포식자로 군림하기에 부족함이 없다. 백상아리 같은 일부 상어는 길이 6미터에 무게는 1.8톤까지 자랄 수 있다. 하지만 모든 상어가 사람에게 공격적인 것은 아니고 대다수의 상어 공격 사건은 불과 몇 몇 종의 상어에 의해 일어난다. 대개는 자신을 공격한 상어가 어떤 종류인지 확인하기가 어렵다. 잡아먹히지 않으려고 정신없이 달아나느라 상어 종류에 신경쓸 겨를이 없기 때문이다. 사람을 공격해 부상을 입히는 상어는 대부분 백상아리, 뱀상어, 황소상어 등이다.

상어는 골격이 뼈 대신 연골로 이루어져 있어서 물속을 쉽게 움직이며, 부레가 없어서 수압 변화로 생기는 위험 없이 물속을 위아래로 오갈 수 있다. 큰 근육 덕분에 일부 상어는 물속에서 시속 25km의 속도로 나아갈 수 있다. 또 감각기관들이 대단히 인상적으로 배치되어 있어서 주변 환경에 대해 막대한 양의 정보를 처리할 수 있다. 또 예민한 화학적 감각 능력(후각)의 소유자여서 물속에서 미세한 양의 화합물(피 냄새)도 감지할 수 있다. 어떤 상어는 마이크로몰 단위와 나노몰 이하 단위의 아미노산만 존재해도 반응한다. 상어는 구강과 아가미활에 먹이의 맛에 관한 정보를 제공하는 맛봉오리도 갖고 있다.

상어는 시력이 좋다. 주변 환경을 상세히 볼 수 있는 큰 눈을 갖고 있는 것도 많다. 어두운 곳에서는 망막 뒤에 있는 타페텀tapetum이라는 반사막이 상어의 시력을 보강해준다. 하지만 색을 구별하지는 못할 가능성이 크다. 상어의 망막에는 색각을 담당하는 원뿔세포(척추동물에서 빛을 받아들이고 색을 구별하는 시각 세포 - 옮긴이)가 없거나, 한 종류의 원뿔세포만 들어 있기 때문이다.

몸부림치는 먹잇감의 소리나 움직임은 아주 효과적으로 상어의 관심을 끈다. 상어는 속귀가 다른 어류의 것과 비슷하고, 20에서 100헤르츠 정도의 주파수 소리를 들을 수 있다. 물속의 움직임은 수압을 교란하는데, 상어는 측선계를 통해 이런 교란을 감지한다. 측선이란 진동에 반응하는 특수한 세포들이 상어의 몸통을 따라 줄지어 배열되어 있는 것을 말한다. 측선계는 상어에게 물의 흐름(방향, 속도), 먹잇감, 포식자, 다른 상어들에 관한 정보를 제공해준다.

상어는 촉각, 미각, 후각, 청각, 시각 외에도 물속의 전기장을 감지하는 능력도 갖추고 있다. 전기수용기(로렌치니 기관)는 상어의 머리에 집중되어 있고, 다른 동물이 방출하는 미약한 전기장도 감지할 수 있다. 이것이 먹잇감을 찾고 포획하며 지구의 자기장을 이용해 바다에서 길을 찾을 때 이용되는지도 모른다.

상어의 감각 능력에 대한 지식은 상어의 공격을 물리치거나 예방법을 개발하는 데 사용되어왔다. 화학적 상어 퇴치제는 2차 세계대전 동안에 처음으로 개발되었다. 대부분의 화학물질은 독으로 상어의 공격을 예방하는 데는 실패했지만 결국 상어를 죽였다. 썩은 상어의 살, 구리염, 아세트산암모늄, 니그로신 염색제는 절반의 성공에 그쳤다. 좀 더 최근의 연구에서는 어류Pardachirus(가자미속)의 분비샘에서 나오는 독소와 해삼에서 나오는 분비물로 일부 상어종에 대한 퇴치 가능성을 보여주었다. 스쿠버 다이버들이 착용하거나 그물에 부착해 사용하는 전기 신호 송출 시스템 등의 전기퇴치기는 상어 퇴치에 유망해 보인다. 그와 유사하게 물속에서 사람을 숨기거나 위장해주는 장치도 효과가 있을지 모른다. 예를 들어 사람이 물에 뜨는 튜브에 숨어 있으면 상어가 잠재적 피해자를 발견하지 못하거나 냄새를 맡지 못할 수 있다. 심지어는 청각퇴치제도 개발되었다. 샤크스토퍼Shark Stopper를 제조하는 업체에서는 변조 주파수와 범고래의 울음소리를 결합한 자사의 시스템을 이용하면 백상아리, 황소상어, 뱀상어 등을 비롯한 상어를 퇴치할 수 있다고 주장한다.

1900년대 초반 이후 발생한 5,034건의 상어 공격을 분석해 보면 대부분의 공격은 남성을 표적으로 이루어졌는데 치명적인 상어 공격의 81퍼센트, 치명적이지 않은 공격의 80퍼센트를 차지한다. 상어는 수영을 하거나, 물에 몸을 담그고 있거나, 얕은 물에서 걷고 있는 사람의 다리를 무는 경우가 가장 흔하다. 물속에서 상어를 만나는 것은 분명 무시무시한 일이고, 실제로 공격까지 받으면 정말 끔찍하다. 톱니처럼 날카로운 이빨과 강력한 턱으로 무장한 상어는 살짝만 깨물어도 인체에 심각한 손상을 입힐 수 있다. 상어는 살에 이빨을 박은 다음에 머리를 격하게 흔들고 몸을 뒤트는 경우가 많다. 이런 행동을 통해 피부와 근육의 큰 덩어리를 쉽게 뜯어낼 수 있고, 심지어 팔이나 다리 전체를 뜯어낼 수도 있다.

상어의 공격을 받는 것은 가능성이 높지 않은 사건이지만, 생존 가능성을 높이기 위해 취할 수 있는 몇 가지 조치가 있다. 첫째, 차분해야 한다. 대부분의 상어 공격은 피해자를 물었다가 놓아주는 '치고 빠지기 식'으로 이루어진다. 만약 상어가 또 다시 공격해온다면 상어의 눈과 아가미를 표적 삼아 맞서 싸워야 한다. 상처를 입었다면 최대한 빨리 물 밖으로 나오고, 주변 사람에게 경고하고, 의료

진의 도움을 구해야 한다. 다음으로는 상처를 신속히 치료하는 것이 상어 공격 이후의 생존 가능성을 높이는 중요한 단계다. 특히 과도한 출혈을 막아야 한다. 상어에 물린 상처가 감염될 수 있기 때문에 회복하는 동안 합병증을 피하기 위해서는 적절한 상처 치료가 급선무이다.

요약

예방 가능성 (83)
상어를 피하고 싶다면 바다에 들어가지 않으면 된다.

발생 가능성 (3)
상어에게 물릴 가능성은 낮다.

결과 (78)
상어가 살짝 깨물기만 해도 심각한 조직 손상을 입을 수 있다. 큰 상어에게 물리면 치명적이다.

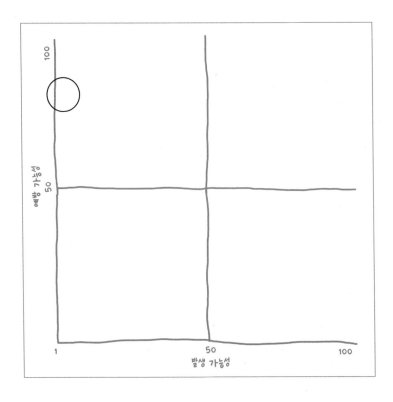

45. 거미

거미는 집, 학교, 사무실, 뒤뜰, 정원, 정글, 숲 어디서나 발견된다. 우리는 모두 집을 거미와 함께 쓰고 있다. 하지만 사람들은 거미와 한 집에서 동거하면서도 거미를 무서워하고 거미가 건강에 미칠 위험을 걱정한다. 전체 인구 중 3.5~6.1퍼센트 정도의 사람이 거미공포증에 시달리는 것으로 추정된다. 거미공포증이란 거미에 대한 비이성적, 비합리적 공포를 말한다. 대부분의 사람은 그 정도로 무서워하지는 않지만 그래도 불안해한다. 세상에는 대략 4만 7,000종의 거미가 있는데 그중 사람에게 해를 끼치는 것은 몇 종 되지 않는다. 모든 거미는 생태계에서 소중한 역할을 담당하고 있다. 따라서 이 다리 여덟 개 달린 생명체를 두려워하기보다는 오히려 감사해야 할지도 모른다.

사람은 거미의 먹이가 아니니까 거미가 사람을 사냥할 일은 없다. 거미는 거의 모두 독이 있는 것이 사실이지만 대부분 사람에게는 위험하지 않다. 더군다나 자기를 보호하기 위한 목적이 아니고는 거의 사람을 물지도 않는다. 아마도 사람에게 해를 입힐 수 있는 거미로 가장 잘 알려진 것은 검은과부거미일 것이다. 암컷 검은과부거미는 검은 복부에 있는 빨간 모래시계 무늬로 확인할 수 있다. 차고나 통나무 또는 바위 밑에서 종종 발견되는데 공격적이지는 않지만 방해를 받으면 물 수도 있다. 반복적으로 찔러 대면 보통은 그냥 자리를 피한다. 이 거미가 사람을 무는 경우는 손으로 잡았을 때뿐이다. 검은과부거미가 위험한 이유는 라트로톡신latrotoxin이라는 독을 주입하기 때문이다. 이 신경독소는 물린 사람의 신경말단에서 아세틸콜린이라는 신경전달물질이 막대한 양으로 분비되게 만든다. 라트로톡신은 구멍 난 상처 주변의 부기, 통증, 경련, 고혈압, 두통, 어지러움, 메스꺼움, 구토 등을 일으킬 수 있다. 검은과부거미에게 물리면 치명적일 수는 있지만 이 거미 때문에 죽는 경우는 매우 드물다. 예를 들면 2013년에는 미국 독성통제센터협회AAPCC에 검은과부거미에 물린 사건이 총 1,866건 보고되었는데 그중에 사망은 없었다.

사람에게 해를 끼칠 수 있는 또 다른 거미로는 갈색은둔거미가 있다. 등에 바이올린 모양의 무늬가 있다고 해서 피들백 거미fiddleback spider라고도 한다. 이 거미는 차고, 지하실, 침실, 옷장, 다락, 벽장 등의 실내에서 발견할 수 있다. 하지만 검은과부거미와 마찬가지로 갈색은둔거미도 공격적이지 않다. 캔자스주의 한 집에서는 6개월 동안 2,055마리의 갈색은둔거미가 발견되었지만 집안사람 중에 물린 사람은 한 명도 없었다. 갈색은둔거미가 사람을 무는 경우는 많지 않지만 그들의 독은 상처 주위로 광범위한 괴사를 일으키고, 때로는 발열, 오한, 쇼크를 야기할 수 있다. 물린 부위에 감염이 생기거나 낫는 데 몇 주나 몇 달이 걸릴 수도 있지만 사망하는 경우는 드물다.

검은과부거미나 갈색은둔거미와 달리 시드니깔때기그물거미는 살짝 못된 면이 있어서 공격적인 거미로 알려져 있다. 다행히도(호주 사람이 아니라면) 이 거미는 호주 동부와 서부에서만 발견된다. 시드니깔대기거미는 누군가 접근하면 앞다리를 들어 공격 자세를 취한다. 이 거미의 독니는 무시무시하고, 신경독 작용이 있는 독(아트라톡신)은 강력하다. 아트라톡신은 통증을 일으키고 퍼지면 신경계와 순환계에 치명적으로 작용해 생명이 위험해질 수도 있다. 시드니깔때기그물거미 때문에 죽은 사람은 총 13명인데 해독제가 대단히 효과적이기 때문에 해독제가 도입된 1981년 이후로는 이 거미 때문에 죽은 경우는 보고된 바 없다.

남미의 떠돌이거미(예를 들면 포뉴트리아 니그리벤터, 포뉴트리아 페라)도 누군가 접근하면 공격 자세를 취한다. 포뉴트리아 거미종에게 물리면 보통 경미한 통증과 부기가 생기지만 물려서 입원한 422명 중 2명(둘 다 아동)은 심각한 증상을 보였고, 그중 한 명은 사망했다. 포뉴트리아 페라는 사람들과 멀리 떨어진 아마존 지역에 살기 때문에 일반적으로 사람에게 위험을 끼칠 일은 없다.

거미를 보고 패닉에 빠질 이유는 없다. 사람을 해칠 수 있는 거미는 거의 없으며 집안에 있는 거미는 귀찮은 해충을 잡아먹기 때문에 오히려 유용하다. 거미에게 물릴지 모른다는 불안을 떨치고

거미

싶다면 신발, 장갑, 옷 등을 착용하기 전에 한 번 털어주면 된다. 거미에게 물렸을 때는 물린 자리에 얼음팩을 갖다 댄다. 가능성은 낮지만 더 심각한 증상이 생기면 병원에 간다. 문 거미를 안전하게 포획해서 가져갈 수 있다면 해독제가 필요한 경우 전문가가 거미종을 확인해줄 것이다.

거미는 사람을 물 이유가 없다. 거미들 입장에서는 거미줄도 짜고, 땅굴도 파고, 먹잇감도 사냥하면서 자기 할 일을 하게 내버려 두는 것이 제일 고맙다. 잠재적으로 위험한 거미를 만날 가능성도 없지는 않지만 대다수의 거미는 무해하다. 일부 거미는 심지어 맛도 좋다. 동남아시아 일부 지역에서는 타란툴라 거미 튀김을 별미로 즐긴다.

요약

예방 가능성 (15)
어디에 손을 짚거나 집어넣기 전에 미리 확인하자.

발생 가능성 (21)
거미는 없는 곳이 없지만 공격적인 경우는 드물다.

결과 (27)
대부분의 거미는 사람을 해칠 수 없지만 격심한 통증을 야기할 수 있는 것이 몇 종 있다. 아동이나 기저질환이 있는 사람은 더 심각한 증상을 겪을 수도 있다.

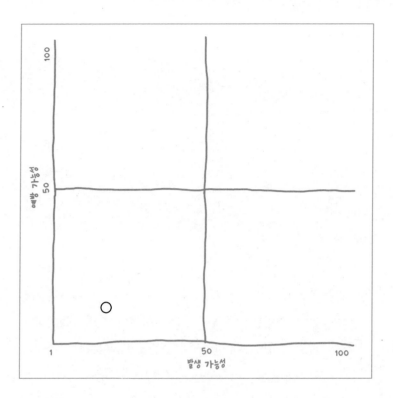

거미

46. 진드기

진드기는 정말로 수많은 사람을 짜증나게 만든다. 거미처럼 생긴 이 작은 기생충 거미류는 동물 숙주를 물어 피부에 달라붙은 후에 희생자의 피를 빨아먹는다. 나뭇잎이나 풀잎에 붙어서 숙주가 지나가기를 기다리는 진드기는 동물의 체온, 냄새, 호흡을 감지할 수 있다. 진드기는 두피, 등, 다리 등 숙주가 볼 수 없는 신체 부위에 달라붙을 때가 많다. 포유류, 조류, 파충류, 양서류 모두 진드기에게 피를 빨리는 식사거리가 될 수 있다.

진드기에 물리면 해당 부위 피부가 자극을 받아 빨갛게 부어오르고 가려워지는 경우가 많다. 어떤 사람은 진드기 타액에 들어 있는 성분에 알레르기가 있어서 생명이 위험한 과민성 쇼크가 일어날 수 있고, 이상하게도 고기 알레르기로 이어질 수도 있다. 진드기라고 다 병을 옮기는 것은 아니지만 병을 옮기는 진드기들은 세균, 바이러스, 원생동물이 야기하는 심각한 감염을 전파할 수 있다.

아마도 진드기 매개 질병 중 가장 잘 알려진 것은 라임병일 것이다. 라임병이란 이름은 코네티컷주 라임시의 이름을 딴 것이다. 이곳에서 1975년에 이 병의 발발이 발견되었다. CDC에서는 2016년에 미국에서 2만 6,203건의 확진 사례와 1만 226건의 의심 사례가 있었다고 보고했다. 이 병은 '보렐리아 부르그도르페리'라는 세균 때문에 생긴다. 사슴과 쥐가 이 세균의 매개체이다. 진드기가 이런 동물의 피를 빨아먹을 때 이 세균이 진드기(예를 들면 익소디즈 스카풀라리스, 검은다리진드기, 웨스턴검은다리진드기)에게 옮아갈 수 있다. 감염된 진드기가 사람을 물면 이 세균이 사람(그리고 다른 동물)에게 옮는다.

라임병의 증상은 보통 진드기 물린 자리의 발진이 서서히 넓어지는 것으로 시작된다. 세균이 전신으로 퍼지면서 관절통, 전신의 쑤심, 오한, 발열, 두통 등을 경험할 수 있다. 라임병에 걸린 사람은 진드기에 물려서 감염되고 몇 주 후에 목의 뻐근함, 손발의 따끔거리는 느낌이나 감각마비, 두통, 인후통, 심한 피로감을 느낀다. 라임병을 치료하지 않으면 큰 관절의 통증과 부기, 심장 이상Lyme Carditis(라임 심염) 그리고 착란이나 기억장애 같은 신경학적 증상이 생길 수 있다. 적절한 항생제로 라임병을 조기 치료하면 신속하고 완전히 회복되는 경우가 많지만 말기로 접어들면 치료가 더 어려워지고 증상이 여러 달 동안 지속될 수 있다.

종종 남부 진드기 관련 발진 질환Southern tick-associated rash illness, STARI을 라임병으로 착각할 때가 있다. 두 질병 모두 진드기에 물려서 전파되고, 둘 다 동그란 발진이 생기기 때문이다. 남부 진드기 관련 발진 질환은 피로감, 두통, 전신 통증 등 라임병의 일부 증상과 똑같다. 하지만 이 발진 질환은 론스타 진드기에 의해 생긴다. 론스타 진드기는 라임병과 관련이 있는 세균인 보렐리아 부르그도르페리를 갖고 있지 않다. 남부 진드기 관련 발진 질환을 일으키는 병원체가 무엇인지는 알려지지 않았다.

잘 알려진 또 다른 진드기 매개 질병으로는 로키산 홍반열이 있다. 이 질병은 리케치아군에 속하는 세균이 원인이다. 미국에서는 개참진드기, 로키산 숲진드기, 갈색개참진드기 등이 리케치아 세균에 감염될 수 있다. 이 세균에 감염된 진드기에 물리면 발열, 두통, 발진, 메스꺼움, 통증 등이 나타난다. 2014년에 CDC에 보고된 로키산 홍반열 사례는 대략 3,500건 정도다. 일부 사람은 로키산 홍반열로 인해서 오랜 기간 지속적으로 청력상실, 마비, 기타 신경장애 등의 증상을 보이기도 한다. 서로 다른 세균들이 아나플라스마 감염증, 아프리카진드기열, 야토병 등의 진드기 매개 질환을 일으킨다. 증상에는 보통 발열, 피로감, 두통, 근육통 등이 있으며 신경계, 호흡계, 심혈관계의 심각한 질병으로 진행될 수 있다.

진드기는 사람을 병들게 하는 바이러스를 매개할 수도 있다. 버번 바이러스, 콜로라도진드기열, 하트랜드 바이러스는 모두 진드기 물림과 관련이 있고 발열, 두통, 전신 통증, 피로감 등이 나타난다. 안타깝게도 이들 바이러스의 치료제나 백신은 나와 있지 않다.

바베시아 감염증은 원생동물 기생충(바베스열원충)에 의해 생기는 진드기 매개 질환이다. 이 단세포 기생충은 숙주 생명체의 적혈구를 표적으로 삼아 그 안에서 번식한다. 미국에서는 바베시아 감염증이 라임병을 옮기는 것과 똑같은 진드기에 의해 전파된다. 바베스열원충에 감염된 사람은 피로감을 느끼고 식욕을 잃으며 발열, 메스꺼움, 땀 분비 그리고 몸이 쑤시는 통증을 겪을 수 있다. 건강한 사람이면 저절로 낫지만 비장_{spleen}(척추동물의 림프 계통 기관 - 옮긴이)에 문제가 있거나 면역억제제를 복용하는 사람은 심각한 합병증으로 이어질 수 있다.

세균, 바이러스, 원생동물이 야기하는 질병으로는 성이 차지 않는지 진드기는 다른 방식으로도 질병을 전파한다. 바로 신경독성 타액이다. 많은 진드기종이 숙주를 물 때 타액으로 화학적 신경독소를 분비한다. 이 화합물은 신경계를 공격해 진드기 마비증을 일으킨다. 이 마비증은 발과 다리에서 시작해서 점점 더 위쪽으로 퍼지는 경우가 많다. 이런 일이 일어났을 때는 진드기를 제거하는 것만으로 신속하고 완벽하게 회복하는 경우가 많다. 하지만 진드기가 제거되지 않고 마비가 호흡에 영향을 미치게 되면 죽을 수도 있다.

진드기 매개 질병을 피하는 제일 좋은 방법은 진드기에게 물리지 않는 것이다. 진드기가 사는 곳을 돌아다니는 사람은 반드시 긴바지와 긴팔 셔츠, 부츠 그리고 모자를 착용해야 한다. 디트나 페르메트린이 들어 있는 방충제도 진드기 퇴치에 효과적일 수 있다. 필요한 경우에는 특히나 두피, 겨드랑이, 다리 등을 살펴 진드기가 달라붙지 않았는지 확인해보아야 한다.

피부에서 진드기를 발견하면 적절한 방법으로 신속히 제거해야 한다. 진드기를 제거할 때는 최대한 진드기의 주둥이 쪽을 잡아당긴다. 예를 들면 핀셋을 진드기의 주둥이와 숙주의 피부 사이로 집어넣어 바로 뽑아낸다. 진드기의 머리를 제거하는 것이 특히 중요한데, 진드기를 쥐어짜거나 몸통을 잡아당겨서는 안 된다. 진드기를 제거하고 난 후에는 물린 자리를 비누와 물로 씻어낸다.

야외로 나가 자연과 교감하기를 좋아하는 사람이 많다. 집으로 돌아올 때 원치 않는 흡혈 진드기와 함께 오지 않으려면 옷을 제대로 갖춰 입고, 방충제를 바르고, 몸에 진드기가 붙지 않았는지 꼼꼼히 살펴보아야 한다.

요약

예방 가능성 (78)

적절한 옷을 갖춰 입고, 방충제를 사용하고, 진드기가 사는 곳에 머무를 때에는 몸을 꼼꼼히 살펴보아야 한다.

발생 가능성 (22)

대부분의 진드기는 질병을 매개하지 않기 때문에 진드기에 물렸다고 해서 꼭 병이 옮는 것은 아니다. 진드기를 빠른 시간 안에 제거하면 병이 옮을 가능성을 낮출 수 있고, 세균 감염의 경우 적절한 항생제로 일부 진드기 매개 질병을 치료할 수 있다.

결과 (67)

진드기에 물리면 며칠 안에 사라지는 가벼운 피부 자극에서 심각한 건강상의 문제까지 다양한 증상이 생길 수 있다.

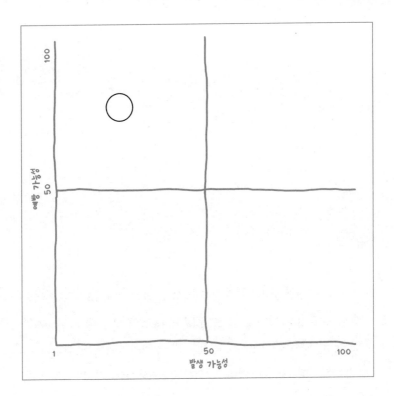

47. 모기

모기는 지구상에서 가장 위험한 동물로 불려왔다. 모기가 거대한 이빨을 갖고 있어서 나온 말은 분명 아니다. 모기가 퍼뜨리는 치명적인 질병 때문이다. 이 곤충은 말라리아, 뎅기열, 황열병, 치쿤구니야 바이러스병, 지카 바이러스, 일본뇌염, 웨스트나일 바이러스 등 여러 질병을 퍼뜨릴 수 있다. 수십 억 명의 사람이 모기 매개 질병에 걸릴 위험에 노출되어 있다. 뎅기열에 걸릴 위험이 있는 사람만 해도 전 세계 인구의 40퍼센트인 25억 명에 이른다. 뎅기 바이러스는 매년 4억 명 정도를 감염시킨다.

수컷 모기는 꽃의 꿀을 먹지만 암컷 모기는 알을 낳기 위해 다른 동물의 피를 빨아먹는다. 모기에 물린 자리는 가렵고 불쾌한데, 물리는 것 자체가 위험한 경우는 드물다. 문제는 모기가 한 동물만 무는 것이 아니기 때문에 그 과정에서 인간의 질병을 옮겨 퍼뜨릴 수 있다는 점이다. 바이러스나 기생충에 감염된 모기가 다른 동물의 피를 빨아먹을 때 감염원이 들어 있는 소량의 타액을 숙주의 몸으로 주입하게 된다. 말라리아원충에 감염된 아노펠레스 모기에게 물리면 말라리아에 걸리게 된다. 이 기생충은 사람의 혈류로 독성물질을 분비하는데 이것이 적혈구를 죽여서 그 결과로 발열, 메스꺼움, 오한, 두통, 전신권태 같은 증상이 나타난다. 이 기생충은 뇌, 간, 콩팥, 폐로 침투해 들어가 손상을 입힐 수 있다. 말라리아에 걸린 사람 중에는 감염 모기에게 물린 후에도 몇 주 동안 증상이 나타나지 않는 경우가 많다. 말라리아는 빠른 시간 안에 치료받으면 완치될 수 있다. 하지만 뇌를 침범하는 말라리아는 특히나 위험하고 치명적이다. 미국 CDC에서는 2015년에 전 세계적으로 2억 1,200만 건의 말라리아가 발생해서 42만 9,000명이 사망한 것으로 추정하고 있다.

황열병, 뎅기열, 지카 바이러스, 치쿤구니야 바이러스병은 숲모기Aedes가 퍼뜨리는 바이러스성 질환이다. 일본뇌염을 일으키는 바이러스와 웨스트나일 바이러스는 주로 집모기Culex가 전파한다. 이런 병들은 공통적으로 발열, 두통, 관절통, 근육통 같은 증상이 나타나며, 각 바이러스마다 특징적인 증상이 있다. 예를 들어 활열병에 걸린 사람은 저혈압, 피부발진, 그리고 치명적으로 작용할 수도 있는 간부전과 콩팥부전을 앓을 수 있다. 뎅기열은 치료하지 않고 놔두면 중추신경계, 순환계, 호흡계를 침범할 수 있고 우울증, 발작, 호흡 곤란, 쇼크 등을 일으킬 수 있다. 적절하고 신속한 관리만 이루어지면 이런 감염으로 사망하는 경우는 흔치 않다. 하지만 처음에 증상이 나타난 이후로 증상과 고통이 몇 년 동안 지속될 수는 있다.

아시아, 아프리카, 남아메리카, 중앙아메리카, 태평양의 열대지역에 살거나 그곳을 여행하는 사람은 황열병, 뎅기열, 치쿤구니야 바이러스병, 일본뇌염에 걸릴 위험이 가장 높다. 하지만 북미 지역도 이 바이러스들에서 안전하지는 않다. 웨스트나일 바이러스와 지카 바이러스 모두 미국에서도 발견되었다. 웨스트나일 바이러스는 감염된 까마귀나 다른 동물의 피를 모기가 빨아먹을 때 감염된다. 이렇게 감염된 모기가 사람을 물면 바이러스가 사람에게 전파된다. 이 바이러스에 감염된 사람 대다수는 아무런 증상이 없지만 어떤 사람은 감염 며칠 후에 피로감, 빛에 대한 예민함, 발진 등 독감과 비슷한 증상을 겪을 수 있다. 웨스트나일 바이러스에 감염된 사람 중 소수(150명당 1명꼴)는 뇌염, 뇌수막염, 마비 등이 나타날 수 있고, 이런 사람 10명 중 1명은 사망한다. 그와 유사하게 지카 바이러스에 감염된 사람도 증상 없이 지나가거나 가벼운 증상만 앓는 경우가 많다. 근래 들어 지카 바이러스는 길랭바레 증후군Guillian-Barré syndrome과의 연관성이 확인되었다. 이 증후군은 신경과 근육이 손상되어 마비가 일어날 수 있는 신경장애다. 지금은 대부분의 사람이 들어봤을 얘기지만 임신 기간 중에 지카 바이러스에 감염되면 소뇌증을 비롯해 심각한 뇌 결함이 있는 아기를 출산할 위험이 있다.

전 세계 정부기관과 영리회사에서는 대중을 모기 매개 질병에서 보호하기 위해 여러 조치를 취해왔다. 모기를 효과적으로 통제하기 위해서는 모기의 생리학과 생물학, 생활사, 먹이 섭취 습성, 바이러스 전파 메커니즘 등을 파악해야 한다. 전문가와 일반 대중은 모기가 알을 낳아 부화시키는 번식지(예를 들면 고인 물)를 제거함으로써 모기 매개 질병의 전파를 예방하는 데 힘을 보탤 수 있다. 모기

유충과 성충을 죽이고 질병 위험을 줄이는 살충제를 사용할 수도 있다. 유전자 조작을 이용한 기술이 모기 개체수 조절에 유망하다는 연구도 나왔지만, 이 부분에 대해서는 논란이 있다.

전문가들이 모기 매개 질병을 예방하기 위해 최선을 다한다고 해도 그것만으로는 충분하지 못한 경우가 많다. 모기 매개 질병이 빈발하는 지역에 살거나 여행하는 경우에는 개인도 각자 스스로를 보호해야 한다. 예를 들어 황열병이나 일본뇌염에 대한 예방접종을 해두는 것도 한 방법이다. 하지만 지카 바이러스나 말라리아 같은 질병은 백신이 나와 있지 않다. 불행히도 일부 백신에 들어 있는 성분(예를 들면 방부제, 동물성 단백질)이 일부 사람에게 알레르기 반응을 유발하기도 한다. 말라리아로부터 보호하기 위한 예방적 약물 투여도 가능하지만 그 효과가 각자 다르게 나타나고, 다른 약물과 안 좋은 상호작용을 일으킬 수도 있다.

모기 매개 질병이 빈발하는 지역에 살거나 방문하는 사람은 누구든 보호조치를 취해야 한다. 이런 조치의 출발점은 잠재적 위협이 되는 질병에 어떤 것이 있고, 모기에게 물릴 가능성이 언제 가장 높은지 아는 것이다. 어떤 모기는 주로 낮에 무는 반면, 어떤 모기는 새벽, 황혼녘, 혹은 저녁에 가장 활발하다. 피부에 모기퇴치제를 뿌리면 모기에 물릴 가능성을 현저히 낮출 수 있다(디트에 대해 다루는 장을 참조하라). 긴팔 셔츠, 긴바지, 모자에 모기퇴치제를 뿌리고, 잘 때 모기장을 치면 모기에 물릴 위험을 줄일 수 있다.

모기에게 물리는 것은 그냥 짜증나는 일로 그치지 않고 건강에 심각한 위협이 되는 경우가 많다.

요약

예방 가능성 (53)

모기약과 모기퇴치제는 모기 매개 질병의 위험을 줄일 수 있지만 세계 많은 지역에서 모기 관리는 아주 어려운 것으로 밝혀졌다.

발생 가능성 (82)

모기 매개 질병의 높은 발생율이 전 세계적으로 건강에 위협이 되고 있다.

결과 (88)

모기에게 물리면 미약한 자극으로 끝날 수도 있고, 생명을 위협하는 병을 옮을 수도 있다.

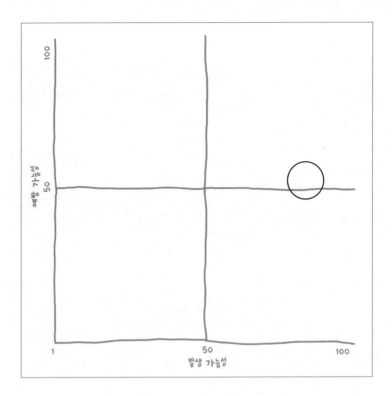

발생 가능성

1   50   100

예방 가능성

1   50   100

모기

Travel

여행

48. 엘리베이터

엘리베이터는 미국에서만 하루에 3억 2,500만 명(1년에는 1,190억 명)의 탑승객이 이용하고, 전 세계적으로는 수십 억 명이 이용하고 있어 아무래도 꽤 안전한 이동수단이라 생각할 만하다. 옳은 생각이다. 매년 엘리베이터 때문에 사망하는 사람은 27명 정도밖에 안 된다.

가장 흔한 유형의 엘리베이터는 유압장치를 이용하는 것과 케이블 시스템을 사용하는 것이다. 유압식 엘리베이터는 객차를 액체로 올리고 내린다. 객차가 저장통 안팎으로 액체(예를 들면 오일)를 펌프질해서 움직이는 팔에 부착되어 있다. 모터로 액체를 팔 안으로 펌프질하면 객차가 올라간다. 그리고 밸브를 열어 액체가 다시 저장통으로 돌아가면 객차가 내려간다.

케이블 시스템을 이용하는 엘리베이터는 객차와 평형추에 강철 로프가 달려 있다. 도르래 장치에 달려 있는 모터가 로프를 움직여 객차를 올리고 내린다. 두 유형의 엘리베이터 모두 제어 시스템이 필요하다.

　다행스럽게도 엘리베이터 객차가 통제를 벗어나 땅바닥으로 추락하는 장면은 대부분 할리우드의 상상력이 만들어낸 산물이다. 엘리베이터 안전 규정은 미국 기계기술자협회ASME와 국제건축법IBC을 통해 정해졌다. 엘리베이터가 수직 갱도를 따라 추락할 가능성은 대단히 낮다. 엘리베이터를 설계할 때 몇 가지 안전 메커니즘을 적용하기 때문이다.

　첫째, 엘리베이터 객차에는 여러 개의 강철 케이블이 부착되어 있다. 보통 6개에서 8개 정도인데 각각의 케이블은 혼자 힘으로도 객차와 균형추를 붙잡아둘 만큼의 강도를 갖고 있다. 케이블 하나가 끊어져도 나머지 케이블이 있어서 객차는 떨어지지 않는다. 균형추도 안전장치 역할을 한다. 빈 객차보다 살짝 더 무겁기 때문이다. 빈 객차에 다른 케이블이 전혀 부착되지 않았거나 객차에 사람이 몇 명 타고 있더라도 균형추가 아래로 내려가면서 엘리베이터를 위로 당겨준다.

　둘째, 객차가 너무 빨리 움직이면 객차 아래에 있는 마찰 브레이크가 점진적으로 작동하기 시작한다. 엘리베이터 객차가 낙하하면서 속도가 올라가면 브레이크가 작동해 객차 속도를 늦춘다.

　셋째, 정전이 되면 전자 브레이크가 작동해 엘리베이터를 제자리에 잡아둔다.

　넷째, 객차가 꼭대기나 갱도 바닥에 너무 가까워지면 자동 브레이크가 작동한다.

　마지막 안전장치는 엘리베이터 갱도 바닥에 설치된 충격 흡수

장치다.

엘리베이터에 너무 많은 사람이 올라타는 것도 걱정할 필요가 없다. 과부하가 걸리면 엘리베이터 문이 닫히지 않고 객차도 움직이지 않는다.

갱도 바닥으로 엘리베이터가 고꾸라질 가능성은 매우 낮지만, 엘리베이터가 고장 나거나 전기 문제 또는 기계 오작동으로 타고 있던 사람이 다칠 수도 있다. 예를 들어 엘리베이터 케이블에 문제가 생겼는데 안전 메커니즘이 작동하기 전이라면 객차가 갱도 안에서 추락할 수 있다. 이렇게 갑자기 추락하다 갑자기 멈추면 부상을 당할 수 있다. 엘리베이터의 전기 배선에 결함이 있으면 감전사고 위험이 높아진다. 하지만 엘리베이터 부상의 대다수는 사람들이 엘리베이터에 타고 내리는 동안 미끄러지거나, 발을 헛디디거나, 넘어져서 생긴다. 엘리베이터 바닥과 건물 바닥의 높이가 맞지 않을 때 이런 일이 생길 수 있다. 노인은 특히나 엘리베이터 부상 위험이 높다. 미국에서는 매년 2,640건의 부상이 65세 이상의 노인층에서 발생한다(전체 엘리베이터 부상 사고의 1/3에 해당). 4세 이하의 아동은 매년 824건 정도의 부상을 입는데 그중 대다수(70.3%)는 몸이 엘리베이터 문에 끼어서 발생한다. 엘리베이터 고장으로 사람들이 안에 갇히는 경우도 있다. 보통은 오래지 않아 빠져나올 수 있지만 24시간 넘게 엘리베이터 안에 갇혀 있었다는 보고도 있다.

엘리베이터 관련 사망의 약 50퍼센트를 차지하는 것은 엘리베이터 갱도 안이나 근처에서 작업하다가 사망하는 경우다. 이런 노동자 중에는 엘리베이터 설치 기사나 보수 및 유지 기사도 포함된다.

이런 사망 사고의 절반 이상(56%)이 노동자가 열린 엘리베이터 갱도로 추락하는 사고다. 1992년에서 2009년 사이에 89명이 작동 중인 엘리베이터를 사용하다가 사망했고, 1997년에서 2010년 사이에 91명의 승객이 작동하지 않는 동안에 엘리베이터를 사용하다가 사망했다. 엘리베이터 문이 열렸는데 객차가 와 있지 않아서 갱도로 추락하는 사고가 모든 사망 사고의 절반을 차지한다.

상식에 기초한 간단한 실천으로 엘리베이터 사망사고와 부상 위험을 줄일 수 있다. 이를테면 엘리베이터에 타기 전에는 안에 탄 승객이 모두 나올 때까지 기다리자. 엘리베이터에 사람이 너무 많이 탔을 때는 다음 차례를 기다리자. 엘리베이터 문이 닫히는 것을 손이나 발로 멈추려 하지 말아야 한다. 이미 엘리베이터에 타고 있는데 다른 사람을 위해 문을 열어두고 싶다면 문열림 버튼을 이용하자. 엘리베이터를 타고 내릴 때는 발을 내딛기 전에 아래를 보며 양쪽 바닥의 높이가 같은지 확인하고, 문이 열렸을 때 객차가 실제로 앞에 와 있는지도 확인하자. 엘리베이터에 탄 후에는 옷, 백팩, 열쇠, 가방 등이 문에 끼지 않았는지 살펴야 한다. 엘리베이터에 타고 있는데 작동이 멈춘다면 침착하게 객차 안에 머물면서 엘리베이터 비상전화나 경보장치, 혹은 휴대전화로 담당자에게 도움을 청해야 한다. 억지로 문을 열려고 하거나, 객차에서 기어나오려고 해서는 안 된다. 지진이 일어나거나 건물에 화재가 발생한 경우에는 엘리베이터 대신 계단을 이용하자.

사실 가능하면 엘리베이터 대신 항상 계단을 이용하는 편이 좋다. 계단 오르기는 건강에 도움이 되는 훌륭한 운동이다.

요약

예방 가능성 (85)

엘리베이터보다는 계단을 이용하면 된다. 운동을 위해서라도 그것이 바람직하다.

발생 가능성 (2)

엘리베이터에는 안전 메커니즘이 작동하고 있기 때문에 엘리베이터가 통제를 벗어나 추락할 가능성은 극히 낮다.

결과 (95)

대단히 가능성은 낮지만 엘리베이터 객차가 높은 위치에서 추락할 경우에는 심각한 부상이나 사망 등의 결과가 발생할 것이다.

엘리베이터

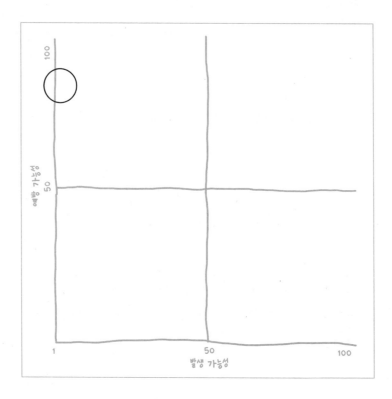

49. 공중화장실

정말 급할 때 공중화장실 외에는 다른 선택지가 없는 경우가 있다. 그리고 일을 마치고 나올 때는 들어갈 때와 마찬가지로 세균이나 바이러스가 따라나오는 일 없이 깨끗한 상태로 화장실에서 나가고 싶을 것이다.

어떤 사람은 균을 피하려는 마음에 공중화장실에서 특별한 의식을 치른다. 예를 들면 화장실 변기 시트에 직접 앉지 않고 그 위로 올라가 쪼그려 앉는 여성이 있다. 이렇게 하면 피부가 시트에 직접 닿지는 않겠지만 골반 근육에 힘이 들어가 소변 보기가 어렵고 방광을 완전히 비우지 못해 방광염에 걸릴 가능성이 높아진다. 공중화장실에서 흔히 행해지는 또 다른 관습으로는 변기 시트 위에 화장지를 한 겹 까는 것이다. 화장지가 세균이 우글거리는 변기 시트와 엉덩이 사이에 보호막을 만들어주리라는 생각에서다. 하지만 다시 생각해보자. 이 얇은 완충재는 균을 차단하기보다는 더 많은 균을 흡수할 수 있다. 화장지는 흡수성이 좋고 표면이 거칠어 세균이 살기에 최적의 환경을 갖고 있다. 두루마리 화장지는 사용하기 편리하게 보통 변기 바로 옆에 설치된다. 변기 물을 내릴 때 비말을 타고 떠오른 세균들은 멀리 이동하지 않아도 화장지 위에 가뿐히 안착할 수 있다. 오히려 변기 시트 표면이 매끈하고 차가워서 세균이 살기가 더 어렵다. 세균과 바이러스는 자신의 원래 환경을 벗어나서는 오래 살아남지 못하지만, 사람이 붐비는 경기장이나 극장에서 공중화장실 앞에 길게 줄을 선 사람들에게는 이 점이 별로 위안이 되지는 못한다.

공중화장실에서 균이 있을 만한 곳은 변기 시트말고도 많다. 연구자들은 화장실 바닥, 칸막이 화장실 문, 수도꼭지 손잡이, 변기 물 내리는 손잡이, 물비누 통 등에서도 서로 다른 많은 종의 세균을 찾아냈다. 공중화장실에서 발견되는 세균은 일부 사람의 소화관에서 온 것도 있지만 대부분은 사람의 피부에서 왔다. 흙에서 발견되는 세균이 화장실 바닥과 물 내리는 손잡이에서 발견되기도 한다. 일부 사람이 변기 물을 내릴 때 손 대신 발을 쓰는 바람에 신발 바닥에 묻어 있던 세균이 물 내리는 손잡이에 묻는 것이다. 대장균, 연쇄상구균, 황색포도상구균 등 질병을 일으키는 세균이 공중화장실에서 발견되지만 사람의 피부와 면역계는 일반적으로 이런 감염을 막을 수 있다. 이런 세균이 사람 몸속으로 침투하려면 열린 상처나 점막을 통해야 하는데 이런 부위는 애초에 변기 시트에 닿을 일이 없다. 따라서 변기 시트에 앉는다고 해서 병에 걸릴 가능성은 낮다.

공중화장실 안에서 감염성 물질을 퍼뜨리는 것은 변기 물을 내릴 때 발생하는 변기 비말이다. 변기 비말은 이를테면, 변기통에 내용물을 담고 있다가 변기 물을 내릴 때마다 분출하는 작은 간헐 온천이기도 하다. 여기서 나오는 비말 속 세균과 바이러스가 화장실 표면에 내려앉거나 입으로 들어갈 수 있다. 변기 뚜껑을 덮고 물을 내리면 균이 퍼지는 것을 줄일 수 있는데 안타깝게도 일부 공중화장실에는 변기 뚜껑이 없다. 이런 경우 최고의 전략은 숨을 참은 상태에서 물을 내리고 재빨리 변기에서 멀어지는 것이다. 소지품은 바닥에 내려놓지 말고, 변기하고도 떨어뜨려 놓아야 한다.

화장실에서 오염을 막는 궁극의 방법은 손 씻기다. 손 씻기는 설사에 걸릴 가능성을 30퍼센트 정도, 호흡기 감염 가능성을 16퍼센트 정도 줄여준다. 공중화장실의 거의 모든 장소는 세균과 바이러스의 잠재적 안식처다. 따라서 변기 물 내리는 손잡이나 칸막이 화장실 문을 잡을 때는 깨끗한 화장지를 대고 잡자. 그럼 세균이 살고 있을지 모를 표면을 직접 만지지 않아도 된다. 볼 일을 다 본 후에는 비누와 따뜻한 물로 반드시 손을 씻어야 한다. 물을 잠그거나 화장실 출입문을 열 때도 화장지를 사용하자. 어떤 공중화장실에는 출입문 근처에 휴지통이 마련되어 있다.

안타깝게도 일부 공중화장실에서는 종이 화장지 대신 전기 손 건조기를 설치해놓았다. 손 건조기가 병균을 퍼뜨릴지도 모른다는 두려움 때문에 연구자들은 이 장치의 작동 방식을 조사해보았다. 조사 결과, 강풍 건조기는 온풍 건조기나 종이 화장지보다 바이러스 입자와 세균을 더 많이, 더 멀리 퍼뜨렸다. 강풍 건조기는 바이러스 입자를 기계에서 3미터 떨어진 곳까지 날린다. 이 실험으로 강풍

공중화장실

건조기의 힘을 알 수 있었지만, 실험 참가자들은 장갑 낀 손을 바이러스나 세균이 가득한 혼합물에 씻은 다음 건조기를 사용했다. 따라서 이 실험 결과는 건조기를 사용하기 전에 손을 씻는 실제 시나리오를 반영하지는 않는다.

손을 꼼꼼히 씻으면 공중화장실에 도사리고 있는 세균 및 바이러스와 관련된 대부분의 위험을 제거할 수 있다. 다만 따뜻한 물에 비누로 20초 정도 꼼꼼히 손을 씻어야 한다. 그리고 화장실에서 나올 때에는 문 손잡이를 직접 만지지 말아야 한다.

요약

예방 가능성 (33)

너무 급할 때는 공중화장실을 이용할 수밖에 없을 때가 있다. 공중화장실에서 세균이나 바이러스를 옮을 위험을 줄이는 방법은 아주 간단하다. 바로 손 씻기다.

발생 가능성 (21)

화장실을 이용한 다음에 손을 제대로 씻기만 하면 세균이나 바이러스에 감염될 가능성은 높지 않다.

결과 (22)

공중화장실에서 발견되는 일부 세균과 바이러스는 병을 일으킬 수 있지만, 대부분 치명적이지는 않다.

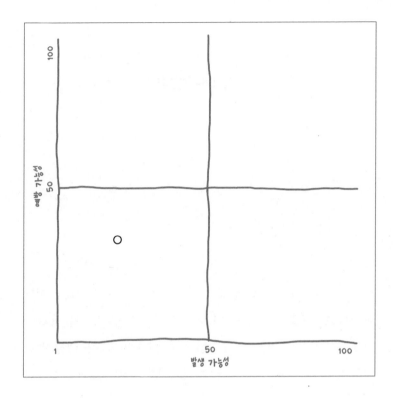

50. 대중교통

비행기, 기차, 버스, 지하철 등은 저렴하고, 안전하고, 대체로 편안한 대중교통 수단이다. 수백만 명의 사람이 대중교통을 이용해 출근하고, 등교하고, 휴가를 간다. 하지만 대중교통에 탔다가 내릴 때 자기가 들고 온 짐보다 더 많은 것을 갖고 내릴까 봐 걱정하는 사람들이 있다. 병균을 같이 가지고 내리지 않을지 걱정하는 것이다. 12개 국가의 사람들을 대상으로 설문조사를 해보았더니 응답자의 12퍼센트가 불결한 위생상태 때문에 병에 걸릴까 걱정되어 대중교통 이용을 꺼린다고 대답했다. 붐비고 폐쇄되어 환기도 제대로 되지 않는 대중교통 체계가 사람에서 사람으로 병원균이 전파하기 좋은 환경이 아닐까 걱정하는 것이다. 일리 있는 걱정으로 보인다.

사람들이 아주 많이 이용하는 대중교통 중 하나가 뉴욕시의 지하철이다. 뉴욕 지하철 객차와 지하철역은 깨끗하다는 평판을 들어본 적이 한 번도 없다. 실제로 연구자들이 뉴욕시 지하철의 회전문, 출입문, 승차권 발매기, 의자, 난간, 문, 좌석 등을 면봉으로 표본 채취 해보았더니 수백 종의 각기 다른 세균이 나왔다. 이 세균의 대부분(57%)은 무해한 것으로 드러났지만 12퍼센트의 종은 사람에게 질병을 퍼뜨리는 종으로 밝혀졌다. 이런 위험한 병원체에 해당하는 것으로는 선페스트균, 탄저균, 메티실린 내성 황색포도상구균 등이 있다. 대장균도 검출된 것을 보면 뉴욕시 지하철이 대변에서 나온 물질로 오염되었을 가능성도 의심된다. 런던 지하철 시스템과 보스턴 지하철 시스템 역시 청결도 면에서는 낙제점을 받았다. 이곳에서도 잠재적으로 위험한 세균들이 발견되었다.

이 가운데 피부에서 자주 발견되는 한 특정 세균(포도상구균)이 많은 주목을 받았다. 이 미생물은 질병을 퍼뜨릴 수 있고, 일부 균주는 항생제에 내성이 있기 때문이다. 예를 들어 황색포도상구균 감염은 치료가 어려우며 치명적인 증상을 일으킬 수도 있다. 이 세균은 몇몇 도시의 공공버스 안에서도 발견되었다. 포틀랜드, 오리건의 연구자들은 공공버스와 기차에서 여섯 가지 서로 다른 균주의 포도상구균을 발견했다. 가장 높은 농도로 밀집된 곳은 버스와 기차의 바닥(97.1 균총/표본)과 천 시트(80.1 균총/표본)였다. 난간(9.5 균총/표본), 버스 정류장 의자와 팔걸이(8.6 균총/표본), 좌석 아랫면(3.8 균총/표본), 창문(2.2 균총/표본), 비닐 시트(1.8 균총/표본)는 상대적으로 세균 균총 수가 현저히 적었다. 일부 세균은 페니실린과 암피실린 같은 항생제에 내성이 있지만 좋은 소식은 이 세균들 중에서 황색포도상구균으로 확인된 것은 없었다는 점이다. 나쁜 소식은 버스와 기차에서 발견된 세균 균주들이 여전히 사람에게 병을 일으킬 수 있다는 것이다. 대량 운송수단 내부의 표면에서만 포도상구균이 발견된 것이 아니다. 상하이 공공지하철역에서 채취한 공기에서도 항생제에 내성이 있는 포도상구균 균주가 발견되었다.

결핵은 사람에서 사람으로 전달될 가능성이 있는 또 다른 병원균이다. 활동결핵은 감염된 사람이 기침이나 재채기를 하면 공기를 통해 퍼질 수 있다. 결핵균으로 인해 감염이 일어나면 호흡기 질환을 일으키고, 콩팥이나 뇌 같은 다른 장기로 퍼질 수도 있다. 공공버스나 기차를 이용하는 사람은 결핵에 감염될 위험에 노출되어 있음이 입증된 바 있다.

대중교통을 이용하는 사람은 또한 급성 호흡기 감염에 걸릴 위험도 더 높다. 사실 공공버스나 전차를 이용하는 사람은 버스나 트램을 이용하고 5일 후에 질병에 걸릴 가능성이 이용하지 않는 사람보다 6배 높은 것으로 나왔다. 그런데 흥미롭게도 버스나 기차를 가끔씩 이용하는 사람은 정기적으로 이용하는 사람보다 급성 호흡기 감염에 살짝 더 잘 걸리는 것으로 밝혀졌다. 정기 이용자들은 바이러스에 면역이 생기는 것인지도 모르겠다.

버스, 기차, 지하철의 탑승 시간은 상대적으로 짧다. 반면 비행기 탑승자는 몇 시간에 걸쳐 다닥다닥 붙어 있어야 한다. 비행기에 설치된 고성능 미립자 제거 필터가 공기 중에 떠다니는 세균, 곰팡이, 큰 바이러스를 줄여주지만 선실의 습도가 낮아 병에 걸리기가 쉽다. 항공기 승객들은 비행을 하지 않는 사람보다 감기에 더 잘 걸린다. 예를 들어 샌프란시스코와 덴버 사이의 항공편을 이용한 사람은 그냥 지상에 머문 사람보다 감기에 걸릴 가능성이 15배 더 높은 것으로 추정된다. 감기뿐 아니라 결핵, 사스, 인플루엔자, 홍역, 말라리아, 뎅기열, 식중독이 민간항공기에서 전파될 수 있다.

병원체의 항공기 기내 전파는 사람에서 사람으로 직접 일어날 수도 있고, 감염된 승객이 기침 혹은 재채기를 하거나 다른 물체를 만져 표면을 오염시켰을 때 간접적으로 일어날 수도 있다. 팔걸이, 시트, 안전벨트, 환기구, 머리 받침대, 베개, 모니터 터치스크린, 좌석 테이블, 담요, 잡지, 베개에도 공기 중에 있던 미생물이 내려앉을 수 있다. 비행기 화장실에도 많은 양의 병원체가 존재할 수 있다.

우리는 각자 매시간마다 수백만 마리의 세균을 공기 중에 떨구며 다닌다. 동시에 매일 온갖 종류의 미생물에 노출된다. 따라서 다른 사람에게서 나온 세균을 피하기는 불가능하다. 그럼에도 우리는 보통 건강한 상태를 유지한다. 심지어는 뉴욕시 지하철 같은 장소도 그로 인해 어떤 유행병이 확산되었던 적은 없다(아직까지는). 보통 우리의 면역계는 일생생활에서 접하는 병원체와의 싸움을 곧잘 이겨낸다.

하지만 감염 예방 가능성을 더 끌어올릴 수 있는 방법들이 있다. 그중 가장 중요한 것은 뭐니 뭐니 해도 버스, 기차, 비행기에서 내리고 난 다음에 비누와 따뜻한 물로 손을 씻는 것이다. 비행기 안에서는 기내식 같은 음식을 먹기 전에 손을 씻는 것이 특히나 중요하다. 비누와 물로 손을 씻을 수 없는 상황이라면 장갑을 이용하거나 알코올 기반의 손 세정제나 항균젤을 이용해 손가락과 손바닥을 깨끗이 닦아야 한다. 손 세정제로 자기 좌석 근처의 팔걸이, 좌석 테이블, 스크린, 유리창 같은 표면을 닦아주는 것도 좋은 방법이다. 물론 이때

대중교통

다른 승객들이 이상한 눈길로 쳐다볼 수 있다는 점은 각오를 해야 한다. 자기 좌석을 찾은 후에는 깨끗한지 확인하는 것이 좋다. 만약 깨끗하지 않다면 다른 좌석으로 바꿔달라고 요청하자. 그리고 당신 옆에 앉은 승객이 어딘가 아파 보인다면 좌석을 바꾸려고 노력해보아야 한다. 마지막으로 목적지에 도착한 후에는 옷을 갈아입고 세탁해야 한다. 일부 병원균이 당신 옷에 묻어서 집까지 공짜 여행을 했을지도 모르기 때문이다.

요약

예방 가능성 (76)
많은 사람이 대중교통을 이용해 이동한다. 버스, 기차, 지하철, 비행기 이용을 피할 수는 없겠지만 잠재적으로 위험한 미생물에 노출되는 것을 줄이기 위한 조치는 할 수 있다.

발생 가능성 (31)
대중교통에서 잠재적으로 위험한 병원체를 만날 확률은 높지 않다.

결과 (26)
대중교통에서 발견되는 대부분의 세균과 바이러스는 심각한 건강 문제를 일으키지 않는다.

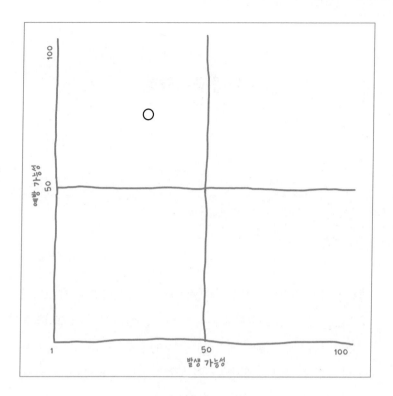

대중교통

51. 공공수영장

〰〰〰

개인 전용 수영장을 구비할 형편이 되는 사람은 별로 없다. 그래서 우리는 대부분 몸을 식히고 수영을 즐기고 싶을 때 공공수영장을 이용한다. 무더운 여름날 차가운 수영장에 몸을 담그는 것보다 시원한 것도 없다. 다만 물에서 놀다가 사람의 때나 대변으로 오염된 물이 입 한 가득 들어간다면 이야기가 달라진다. 안타까운 일이지만 이런 경우는 우리 생각보다 많다. 일부 공공수영장은 오염된 물 때문에 똥통에 비유되기도 한다. 우리가 수영하는 물속에는 땀, 소변, 대변, 기름, 먼지 등 온갖 오염물질이 모일 수 있다.

공공수영장의 파란 물속에는 몇 가지 강력한 오염물질이 도사리고 있다. 2012년에 CDC에서는 대도시인 애틀랜타 지역의 공공수영장 필터에서 나온 물을 검사해보았다. CDC에서 검사한 161개의 물 표본 중에 대장균이 93개(58%)에서 검출되었다. 물속에 대장균이 존재한다는 것은 수영하는 사람의 대변이 물속으로 흘러나왔다는 의미다. 대장균을 삼키면 심각한 위장관 질환이나 다른 건강상의 문제를 일으킬 수 있다. 물 표본에서 대장균만 나온 것이 아니었다. CDC 연구자들은 95개(59%)의 표본에서 녹농균, 2개(1%) 표본에서 지알디아편모충, 1개(0.6%) 표본에서 크립토스포리듐종을 발견했다. 이 미생물들은 사람에게 피부 질환, 결막염, 설사, 메스꺼움, 발열, 호흡기 질환 등의 병을 일으킬 수 있다. 수영장과 관련된 크립토스포리듐 기생충 감염 발발은 2014년 16건에서 2016년 34건으로 늘어났다.

사람들은 수영장 소유주와 관리자가 시설을 깨끗이 유지하리라 예상하지만 그렇지 않을 때가 많다. CDC에서는 수영장의 78.5퍼센트가 보건법을 위반했고, 이 위반 사례 중 12.3퍼센트가 시설을 즉각 폐쇄해야 할 정도로 심각했다. 공공수영장에서의 질병 발생과 부상 위험을 줄이기 위해 CDC에서는 MAHCModel Aquatic Health Code 라는 규정을 발표했다. 수영장의 설계, 유지, 운영, 점검을 위한 최고의 실천 지침 규정이다. 하지만 MAHC 지침은 자발적인 것이어서 공공수영장을 규제하고 점검하는 것은 지방자치기관의 소관이다. 부족한 예산, 훈련된 직원의 부족, 노골적 태만 등 그 이유가 무엇이든 간에 마땅히 깨끗하고 안전해야 할 공공수영장이 그렇지 못한 상황이다.

수영장 수질 문제로 비난받을 사람이 수영장 소유주와 관리자만은 아니다. 그 안에서 수영을 즐기는 사람도 공공수영장을 깨끗이 유지하는 데 어느 정도 책임을 져야 한다. 수질 및 건강 위원회WQHC의 의뢰로 진행된 2012년 설문조사에서는 수영하는 사람 중

공공수영장

43퍼센트가 수영장에 들어가기 전후로 샤워를 하지 않는다고 밝혔다. 샤워를 하면 사람 몸에 달라붙어 있는 미생물 숫자를 줄일 수 있는데, 샤워를 건너뛰는 것은 잠재적으로 위험한 세균을 물속에 잔뜩 쏟아붓는 꼴이다. 그러면 다른 사람들이 수영하면서 그 세균들을 삼킬 수 있다. 이 설문 조사에 따르면 수영하는 사람 중 19퍼센트가 수영장에서 소변을 본 적이 있고, 응답자 중 11퍼센트가 콧물이 날 때 수영을 한 적이 있다고 대답했다. 응답자 중 8퍼센트는 밖으로 노출된 발진이나 베인 상처가 있는 상태에서 수영을 한 적이 있다고 답했다. 그리고 1퍼센트는 아기가 수영장에 들어가 있는 동안에 기저귀나 수영복에 실례를 한 적이 있지만 그 사실을 알리지 않은 적이 있다고 했다. 이 모두가 병원성 미생물로 물을 오염시킬 수 있는 행동들이다.

감염 전파를 줄이는 1차 방법은 염소 같은 화학물질을 이용해 수영장 물을 소독하는 것이다. 적절한 농도로 사용하면 수영장 물속에 있는 위험한 세균과 바이러스를 죽일 수 있다. 염산 같은 산으로 물의 수소이온농도pH 수치를 적절히 유지하면 염소의 살균 능력이 유지된다. 하지만 이 화학물질이 적절히 사용 혹은 저장되지 않으면 화상이나 호흡기 문제를 일으킬 수 있다. 수영장 소독제를 권장한 대로 사용했어도 물속에 들어 있는 소변, 땀, 피부세포와 상호작용하면 다른 화학물질(소독 부산물)을 만들 수 있다. 예를 들면 염소는 클로라민을 만들어낸다. 이 성분이 실내 수영장에서 독한 냄새와 눈을 따갑게 만드는 바로 그 주범이다. 이런 화학적 부산물 중 일부는 돌연변이이나 암을 유발할 수 있다. 이 화학물질에 장기적으로 노출되면 방광암, 천식, 다른 호흡기 질환의 발생 위험이 높아질 수 있다.

수영은 나이와 상관없이 모든 사람에게 가장 좋은 형태의 운동 중 하나다. 수영은 달리기 등의 운동처럼 몸에 무리를 주지 않으면서 즐길 수 있는 전신운동이다. 하지만 공공수영장에서 수영할 때 몇 가지 간단한 조치를 취하면 당신과 타인을 원치 않는 감염으로부터 지킬 수 있다.

수영장에 뛰어들기 전에 위생부터 먼저 신경써야 한다. 물에 들어가기 전에 샤워를 해서 세균들을 씻어내자. 아기와 함께 수영할 때도 반드시 샤워를 시켜야 한다. 특히 아이가 화장실을 이용했거나 기저귀를 교체한 경우는 특히 신경써야 한다. 그리고 아기가 수영장을 화장실로 사용하지 않도록 일정 시간마다 화장실에 데려가야 한다.

어른들 역시 수영장을 공동 화장실로 사용하지 말아야 한다. 아기가 수영장에 들어와 있는 경우에는 더러워지지 않았는지 자주 기저귀를 확인하자. 기저귀는 병원체가 물로 퍼지는 것을 막는 데 효과적이지 못하다. 설사 증세가 있는 사람은 수영장에 가서는 안 된다. 무엇보다 중요한 것은 수영장 물을 삼키지 않는 것이다. 입은 다물고 있어야 한다. 다른 사람이 수영장에 무엇을 남기고 갔는지는 오직 남긴 사람만 안다.

요약

예방 가능성 (89)
수영장을 적절히 관리하고 위생 습관을 잘 지키면 공공수영장과 관련된 여러 건강상의 위험을 예방할 수 있다.

발생 가능성 (6)
수영장이 오염되어 있을 수는 있지만 공공수영장에서 수영을 하고 몸이 아플 가능성은 낮다.

결과 (27)
사람들이 공공수영장을 이용하고 난 다음에 생기는 감염과 관련된 증상은 대부분 경도나 중등도의 수준이고 일시적이다.

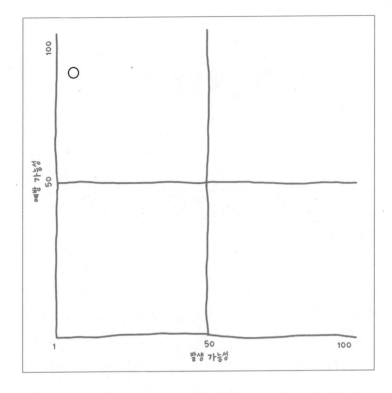

공공수영장

52. 공항 전신스캐너

비행기 여행은 많은 사람에게 지난한 투쟁이 되고 말았다. 값비싼 항공권을 구입한 다음에는 막히는 길을 뚫고 공항까지 가야 한다. 공항에서는 수하물을 부치기 위해 긴 줄을 서야 하고, 복잡한 비행기 실내에서 좁은 의자에 앉아 형편없는 기내식을 먹어야 한다(그나마 기내식이라도 나오면 다행이다). 비행기 탑승 전에도 불쾌한 과정을 거쳐야 한다. 무시무시한 보안검색이 기다리고 있다.

"전자장비는 모두 꺼내세요. 액체는 투명 비닐봉투 안에 담으세요. 신발을 벗으세요." 미로처럼 얽힌 공간에서 줄을 서서 나아가다 보면 모든 사람이 공항 보안검색 요원에게 듣게 되는 주문이다. 그런 다음 많은 여행객을 두려움에 빠지게 만드는 말이 튀어나온다. "스캐너 위에 올라오세요." 스캐너를 통과하는 동안 위험한 수준의 방사선에 노출되지 않을까 두려워하는 사람은 이 말에 불안감이 온몸을 휩쓸고 지나간다.

여행객과 수하물은 공항에서 몇 가지 방사선 소스에 노출된다. 첫째, 수하물은 X선 기계로 검색된다. 수하물이 기계로 들어가면 한쪽에서 반대쪽으로 X선을 쏜다. 그러면 기계에 들어 있는 검출기가, 각각의 물체가 흡수하는 에너지의 양을 측정한 다음 물체의 밀도를 바탕으로 이미지를 구축한다. 금속, 음식, 종이 등 물체의 종류에 따라 흡수하는 에너지 양이 다르기 때문에 모니터에 서로 다른 색깔로 표시된다. 다행스럽게도 X선 기계에는 납으로 만든 벽과 커튼이 설치되어 있어서 기계에서 빠져나오는 방사선이 거의 없기 때문에 여행객이나 검색 요원에게 위험하지 않다.

사람도 검색을 받아야 한다. 공항에서 사용하는 대부분의 금속감지기는 펄스유도pulse induction 기술을 이용한다. 펄스유도 스캐너는 고주파수, 짧은 펄스의 전류를 방출한다. 이 전류가 자기장을 만들어내는데 그 경로에 금속 물체가 들어오면 자기장이 변한다. 이 스캐너는 의심스러운 물체를 소지한 사람을 감지하면 보안검색 요원에게 그 사실을 알린다. 펄스유도 기술은 X선을 이용하지 않는다.

전 세계적으로 일부 공항에서는 전신스캐너를 사용하고 있다. 두 가지 유형이 있는데, 후방산란backscatter 기술을 이용하는 것과 밀리미터파millimeter wave 기술을 이용하는 것이다. 미국, 호주, 유럽연합 그리고 일부 국가의 공항에서는 후방산란 방식 스캐너를 단계적으로 줄이면서 신형의 밀리미터파 방식 스캐너로 대체하고 있다. 후방산란 방식 전신스캐너는 물체에서 반사되어 나오는 저수준의 전리방사선을 이용해 잠재적으로 위험한 물품을 감지한다. 후방산란 기술에서 사용하는 방사선은 저수준이지만 이런 수준의 방사선 노출이 암에 기여할 가능성이 0이라고 말할 수는 없다. 하지만 미국 FDA에서는 후방산란 방식 스캐너가 건강에 가하는 위협은 너무 낮기 때문에 이 스캐너를 통과하는 횟수를 제한할 필요가 없다고 주장한다. FDA에서는 사람이 1년에 천 번 이상 이 스캐너로 검사를 받아야 연간 방사선량 제한을 초과하는 수준이 된다고 주장한다.

후방산란 전신스캐너의 철폐를 이끌어낸 원동력은 건강상의 위험보다는 사생활 보호를 요구하는 대중의 격렬한 항의였는지도 모른다. 후방산란 스캐너는 인체의 이미지를 만들어낼 수 있다. 비평가 중에는 이 스캐너를 '가상 알몸수색'이라 부르기도 한다. 얼굴을 흐림 처리하고 이미지를 삭제하는 등 여행객의 사생활 보호를 위한 미국 교통안전국TSA의 안전조치가 나왔지만, 사람들은 벌거벗은 자신의 신체 이미지가 인터넷에 올라올지 모른다는 두려움을 가라앉히지 못했다. 전신스캐너가 사생활을 크게 침해하는 것으로 인식되는 바람에 미국 국토안보부DHS는 소송을 당하기도 했다. 그래서 후방산란 방식 이미지 장치는 사생활 침해 우려 때문에 2013년 6월에 미국의 모든 공항에서 자취를 감추었다.

밀리미터파 방식의 전신스캐너는 비전리 방사선을 사용하고, 후방산란 스캐너에서 나타나는 건강 문제나 사생활 침해의 우려가 없다. 밀리미터파 전신스캐너에서는 라디오파와 적외선 사이의 주파수를 갖는 저강도 전자기파를 방출한다. 이 전자기파는 표면에서 튕겨나오지만 체표면을 크게 통과하지는 않는다. 이렇게 반사되어 나온 에너지를 검출기가 받아서 몸에 있는 물품의 이미지를 만들어낸다. 감지된 물품의 위치는 간단한 인체 윤곽선 위에 표시되며, 보안검색 요원이 이것을 가지고 잠재적 위험을 분석한다.

　미국의 여행객은 대부분 전신스캐너 검사를 거부할 수 있지만 그러면 보안검색 요원에게 몸수색을 받아야 한다. 더 강화된 검색을 받도록 선정된 여행객은 전신스캐너 검사를 받아야 한다. 자신의 탑승권에 'SSSS' 코드가 찍혀 있으면 2차 보안검색 대상으로 뽑혔음을 알 수 있다.

요약

예방 가능성 (83)
많은 국가에서는 여행객들에게 전신스캐너 검사 대신 몸수색을 요구할 수 있다.

발생 가능성 (7)
전신스캐너를 정상적으로 운영하면 위험한 수준의 방사선에 노출될 가능성은 낮다.

결과 (7)
전신스캐너를 정상 운영하면 심각한 건강상의 위험이 발생할 일은 없다.

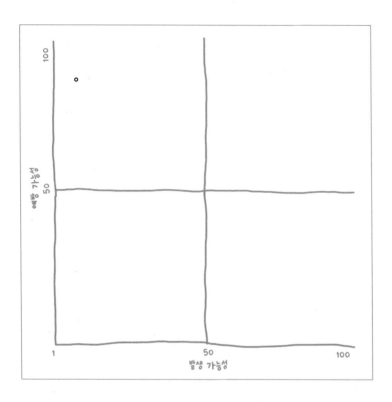

53. 빈대

아주 길고 힘든 여행 일정이었다. 공항까지 터덜터덜 걸어가서, 지루한 공항 보안검색을 받고, 끔찍한 기내식을 맛보고, 뒷좌석에 앉아 자꾸 내 의자에 발길질하는 아기에게 시달리고, 수하물을 챙기고, 택시를 잡아타고, 막히는 러시아워 교통체증을 뚫고 드디어 목적지 호텔에 도착했다. 이제 당신이 바라는 것은 샤워를 하고 잠자리에 드는 것이다. 이제 몇 시간이나마 눈을 붙이려고 침대 위로 기어오른다. 그리고 다음 날 아침 잠에서 깨어 거울을 본다. 그런데 얼굴, 목, 팔, 어깨에 난 이 가렵고 빨간 점들은 대체 뭐지? 빈대가 물었나? 당신은 침대로 달려가 이불을 걷어올린다. 저것은 작은 핏자국들인가? 다른 검은 점들은 뭐지? 빈대 똥이다! 이 끔찍한 상황을 확인하기 위해 매트리스를 들어본다. 맙소사! 그 아래에 버젓이 빈대들이 살고 있다!!

빈대는 세계 어디에나 있다. 미국에서는 2차 세계대전 이후에 살충제 DDT를 이용해 빈대의 개체군을 효과적으로 줄여놓았지만, 이 해충은 세계 여행과 일부 화학물질 사용 제한 효과에 힘입어 대담하게 다시 돌아왔다. 빈대는 사람이 사는 곳이면 거의 모든 곳에서 발견된다. 2015년에 미국 해충관리협회NPMA와 켄터키대학교에서는 해충 관리 회사 직원들을 대상으로 빈대가 만연한 곳을 관리한 경험에 대해 설문조사를 진행했다. 응답자들은 가정, 호텔, 아파트, 요양원, 사무실, 대학 기숙사, 학교, 어린이집, 종합병원, 의원, 소매점, 도서관, 극장, 빨래방, 식당, 비행기, 구급차량에서 빈대를 발견한 경험에 대해 보고했다. 빈대는 자신이 머무를 공간을 까다롭게 따지지 않기 때문에 침대뿐만 아니라 가구, 옷, 벽장, 그림 액자, 장난감, 벽지 뒤에도 숨을 수 있다. 돈을 더 들여 비싼 호텔을 찾는다고 해서 그곳에 빈대가 없으리라는 보장은 없다. 빈대는 수하물, 옷, 중고 매트리스 안에 숨어서 여기저기로 이동한다.

4~5밀리미터 길이의 이 납작한 적갈색 기생곤충은 아무리 예쁘게 보려고 해도 해충이지만, 동시에 대단히 놀라운 존재이기도 하다. 예를 들면 빈대는 섭씨 21~26도에서 가장 잘 살지만 추운 기후나 기온이 섭씨 49도까지 오르는 환경에서도 살 수 있다. 빈대 유충과 성충은 먹을 것 없이도 몇 달을 생존한다. 빈대가 먹이를 먹을 때는 마취제와 항응고제가 들어 있는 타액을 분비해서 피해자의 통증을 줄이고 혈류를 증가시켜 피해자가 아무런 느낌도 받지 못하게 만든다. 암컷 빈대는 알을 낳으려면 피가 필요하다.

다행히도 이louse와 달리 빈대는 무는 것으로는 질병을 전파하지 않는다. 빈대에 물리면 그 부위가 가렵고 부풀어 오르는 경우가 많지만, 어떤 사람은 물려도 아무 증상이 없다. 빈대 타액에 알레르기가 있는 사람은 물렸을 경우 반드시 병원을 찾아야 한다. 더군다나 물린 자리를 긁거나 청결하게 유지하지 않으면 감염이 일어날 수 있다. 대부분의 경우 빈대에 물린 자리는 1~2주 정도면 깨끗이 낫는다. 빈대의 만연으로 발생할 수 있는 지속적인 피해는 심리적(스트레스, 불안, 수면 부족), 경제적 피해다.

빈대를 만날 확률은 간단한 조치로 줄일 수 있다. 첫째, 호텔이나 모텔, 혹은 다른 숙박 장소를 찾아가면 먼저 침대에 빈대의 흔적이 있는지 확인하자. 모든 깔개와 가구에 작은 얼룩이 있지 않은지 확인한다. 둘째, 침대 전체(매트리스, 박스 스프링, 침대 머리맡 나무판, 침구)를 살펴보고 빈대나 빈대 똥이 있지 않은지 확인한다. 셋째, 여행 가방은 닫아놓으며, 호텔 바닥이나 침대에서 떨어뜨려 놓는다. 넷째, 여행 전에 빈대 신고 사이트(http://www.bedbugregistry.com/)를 방문해 최근에 빈대가 신고된 적이 있는지 확인한다.

빈대가 대량으로 있는 경우에는 산딸기 냄새, 허브 냄새, 혹은 곰팡이 냄새가 날 수 있다. 따라서 호텔 객실에서 나는 냄새가 앞서 사용한 사람이 남긴 냄새가 아닐 수도 있다. 여행하는 동안에는 가능하면 가방이나 외투를 기차나 비행기의 시트에서 떨어뜨려 놓거나 소지품을 그 위에 올려놓기 전에 표면을 확인하자. 집에서는 매주 침대를 진공청소기로 청소하고 즉시 먼지함을 비운다. 집에 중고 가구, 침구, 옷 등을 들일 때는 빈대가 없는지 꼼꼼히 확인하자.

빈대를 없애려면 먼저 빈대가 얼마나 만연해 있는지를 보고 판단한다. 옷과 침구류를 뜨거운 물에 세탁해서 뜨거운 드라이어로 말리면 빈대를 죽일 수 있다. 빈대가 붙은 물품을 며칠 동안 얼려도 죽일 수 있다. 빈대 냄새를 알아차리도록 훈련받은 개를 이용하면 빈대의 존재를 확인할 수 있다. 빈대가 대량으로 창궐한 경우에는 전문적인 대처가 필요하다. 실내를 최소 섭씨 50도까지 가열하고 살충제를 뿌리는 방법이 그것이다. 하지만 안타깝게도 빈대들은 새로 개발되는 살충제에도 점점 내성을 키우고 있다.

따라서 다음에는 길거리에 누군가 버리고 간 근사한 중고 소파가 보이더라도 그냥 놔두고 오자. 그보다 덜 근사한 빈대를 집으로 함께 들여올 생각이 아니라면 말이다.

요약

예방 가능성 (47)

모든 여행객은 호텔에 묵을 때 습관적으로 침대에서 빈대의 흔적을 검사해야 한다. 하지만 택시 좌석, 자동차 트렁크 등 빈대가 살지도 모르는 곳까지 모두 확인하기는 어렵다.

발생 가능성 (43)

빈대는 곳곳에서 발견된다.

결과 (12)

빈대는 병을 옮기지는 않지만 피부를 자극하고 스트레스를 줄 수 있다.

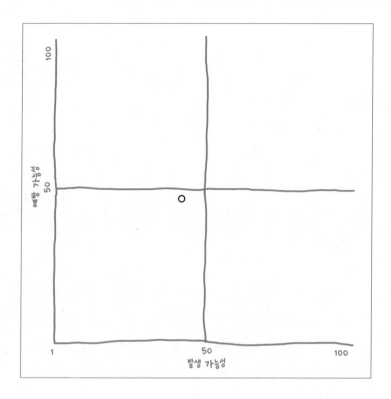

54. 크루즈선

크루즈선 여행은 아주 느긋하고 즐거운 경험이 되어야 한다. 하지만 안타깝게도 크루즈선 여행자들은 뱃멀미와 햇볕 화상 이상의 것과 힘겨운 싸움을 벌여야 할 수도 있다. 한정된 공간에 수천 명의 사람이 함께 머무르다 보니 육지에서 흔히 일어나는 질병이 광활한 바다 위에서 걷잡을 수 없이 퍼질 수 있다.

전 세계적으로 매년 2,300만여 명의 승객이 크루즈선을 이용하고, 카니발Carnival(21.3%)과 로얄캐리비안Royal Caribbean(16.7%)에서 가장 많은 승객을 받고 있다. 미국에서는 탑승객 나이가 더 많은 경향이 있어서 50~59세와 60세 이상의 사람이 각각 모든 크루즈선 탑승객의 22퍼센트와 26퍼센트를 차지한다. 나이가 많거나 기저질환이 있는 탑승객은 크루즈 여행을 하는 동안 질병에 감염되거나 낙상 등의 부상을 당할 위험이 높아질 수 있다.

보통 탑승객들은 배가 가라앉을까 봐 걱정하지는 않지만 크루즈선에 몰래 숨어 들어온 바이러스에 감염되지 않을까 걱정하는 사람은 있다. 감기 바이러스 외에도 노로 바이러스가 크루즈선에 급속히 확산될 수 있는데, 노로 바이러스는 대부분의 비세균성 위장감염(바이러스성 위장염)의 원인이 된다. 위장염은 일반적으로 구토, 설사, 경련성 복통, 두통, 발열, 근육통 등의 증상을 보이며 하루에서 사흘 정도 증상이 지속된다. 노로 바이러스 감염은 일반적으로 위험하지는 않지만 불쾌한 경험을 하게 만든다. 두 번 다시 없을 허니문을 이 병을 앓으며 보내고 싶지는 않을 것이다. 장염 치료는 증상 관리로 이루어진다. 설사나 구토 조절 약을 복용하기도 하며, 비알코올성 음료를 마셔서 탈수도 예방해주어야 한다.

노로 바이러스는 접촉을 통해 사람에서 사람으로 옮거나 기침이나 재치기를 할 때 비말을 통해 전파된다. 바이러스와 접촉한 표면은 어떤 표면이든 만지는 사람에게 바이러스를 전파할 수 있다. 라운지 의자, 뷔페 스푼, 슬롯머신 손잡이, 운동기구 손잡이, 그리고 배 위에 있는 모든 것이 잠재적으로 질병을 전파할 수 있다. 배를 청소하기는 하겠지만 거대한 크루즈선의 구석구석을 모두 소독해서 숨어 있는 노로 바이러스를 죽이기는 불가능하다.

다행히도 CDC의 선박 위생관리 프로그램이 크루즈선 산업계와 합동으로 크루즈선의 위장관 질환 위험을 줄이는 작업을 진행하고 있다. 선박 위생관리 프로그램은 미국 항구에 적을 두고 있으며, 13명 이상의 승객을 태우고 해외여행을 하는 모든 선박에 대해 관할권을 가지고 있다. 이런 선박은 일 년에 적어도 두 번씩 예고 없이 점검을 받는다. SHIPSAN 법도 유럽연합에서 운항하는 크루즈선의

크루즈선

질병 통제에 비슷한 기능을 한다. 점검하는 동안 선박 위생관리 프로그램의 조사관들은 배에서 다음과 같은 사항들을 조사한다.

1) 의료시설에서 의무 기록과 질병 기록이 제대로 이루어지고 있는가?
2) 제공되는 식수가 음료에 적합한가?
3) 수영장과 월풀 스파가 적절한 여과, 소독, 안전 확보, 유지가 되고 있는가?
4) 조리실과 식당에서 적절한 식품 보호, 고용인 건강 유지, 위생 관리가 이루어지는가?
5) 아동활동센터에 기저귀 교환대, 화장실, 소독 시설이 제대로 갖추어져 있는가?
6) 호텔 숙박 시설이 적절한 감염 통제 절차를 지키고 있는가?
7) 환기 시스템이 제대로 작동하는가?
8) 공동 영역에서 해충 관리, 청결, 관리가 제대로 이루어지는가?

점검받은 선박은 100점 만점을 기준으로 점수를 받으며 통과하려면 최소 86점이 필요하다. CDC 선박 위생관리 프로그램 웹사이트를 가면 특정 선박이 어떤 점수를 받았는지 확인할 수 있다. 크루즈선에서 위장관 질병이 발발할 경우 선박 위생관리 프로그램에서는 선박의 선원들과 협동으로 원인을 찾고, 질병 규모를 확인해서 억제 계획을 세운다. 선박 위생관리 프로그램은 또한 크루즈선사에 질병 발발 사실을 항구 당국에 알리고 배의 다음 일정을 늦추도록 요구할 수 있다.

2016년에 CDC에서는 선박 위생관리 프로그램에 참여하는 국제 크루즈선에서 위장관 질병 발발이 13건 있었다고 보고했다. 13건의 발발 중에서 10건이 노로 바이러스에 의해 단독으로 일어났고, 한 건은 노로 바이러스와 대장균에 의해, 한 건은 대장균 단독으로, 한 건은 알 수 없는 원인으로 일어났다. 이 사건 중 일부에서는 배에 탄 모든 승객 중 10퍼센트가 장염 증상(구토, 설사)을 나타냈다. 크루즈 여행객 숫자가 대단히 많다는 점을 고려하면 급성 장염에 걸릴 확률은 낮다. CDC 보고에 따르면 2008년에서 2014년 사이에 선박 위생관리 프로그램 관리를 받으며 크루즈선을 타고 항해한 7,360만 명의 승객과 2,830만 명의 승무원 중 급성 장염에 걸린 사람은 승객 12만 9,678명과 승무원 4만 3,132명밖에 없었다. 전체 승객의 0.18퍼센트, 전체 승무원의 0.15퍼센트에 불과한 수치다. 거의 대부분의 질병(92%)이 노로 바이러스에 의해 일어났다.

풍진, 수두, 간염, 재향군인병('레지오넬라 뉴모필라'라는 세균에 의해 공기나 물을 매개로 발생하는 감염병 - 옮긴이) 등 다른 감염성 질환도 크루즈선에서 발발했다고 보고되었다. 예를 들면 2008년에는 전 세계를 크루즈로 여행하고 영국으로 돌아오던 승객들이 급성 E형 간염에 감염되었다. 오염된 음식을 통해 일어난 것으로 보인다. 그리고 크루즈 여행과 관련해서 1977년과 2012년 사이에는 총 83건의 재향군인병(사망 6명)이 보고되었다.

크루즈선 승객들은 자신의 목적지에 따라 특별한 위험에 직면할 수도 있다. 예를 들면 아시아, 카리브해, 아프리카, 중앙아메리카로 여행하는 사람은 뎅기열, 말라리아, 치쿤구니야 바이러스병, 지카 바이러스 등을 매개하는 모기에게 노출될 수 있다. 다양한 지역에서 해안가로 여행하는 사람은 세균과 바이러스에 오염된 식수와 날음식을 주의해야 한다.

크루즈선에서 건강하게 지내고 오는 가장 좋은 방법은 위생을 철저히 지키는 것이다. 비누와 따뜻한 물로 자주 손을 씻도록 하자. 특히 식사하기 전과 화장실을 사용한 후에는 반드시 잘 씻자. 수도가 없는 경우에는 알코올 기반의 손 세정제도 도움이 된다. 사람과 사람 간 접촉을 통한 감염 전파를 줄이기 위해 노르웨이 해양의학센터의 일리프 달Eilif Dahl은 크루즈선에서는 악수 대신 주먹 맞대기 인사로 대신할 것을 제안한다. 모기나 다른 벌레들이 출몰하는 지역으로 여행하는 사람은 반드시 방충제를 바르고 긴팔 옷과 긴바지를 입어야 한다. 오염된 음식과 물을 통한 질병 위험을 낮추려면 음식은 익히고, 과일과 채소는 껍질을 벗겨서 먹어야 한다. 음료는 포장되어 나온 제품을 얼음을 넣지 말고 마셔야 한다. 마지막으로 자기만의 구급상자를 꾸려가는 것도 좋은 아이디어다. 배의 의료함에 당신에게 필요한 물품이 비축되어 있지 않을 수도 있으니까 말이다.

요약

예방 가능성 (98)
다른 여행 수단도 많으니 크루즈선을 꼭 탈 필요는 없다.

발생 가능성 (14)
크루즈선에는 감염성 병원체가 같이 타고 있을 수 있지만 대부분의
크루즈선은 항구에서 항구로 아무런 문제없이 잘 다니고 있다.

결과 (37)
크루즈선에서 감염성 질환에 걸리면 휴가를 망치거나 병원 신세를
져야 할 수도 있다(이 책은 2020년 이전에 쓰여서 더 심각한 결과에 대해
서는 고려하고 있지 않지만, 다이아몬드 프린세스호 코로나19 감염 사태에
서 볼 수 있듯이 크루즈선 같은 폐쇄 공간에서 전염병이 돌 경우는 개인의
건강이나 전염병 관리에서 치명적인 결과를 불러올 수 있다 – 옮긴이).

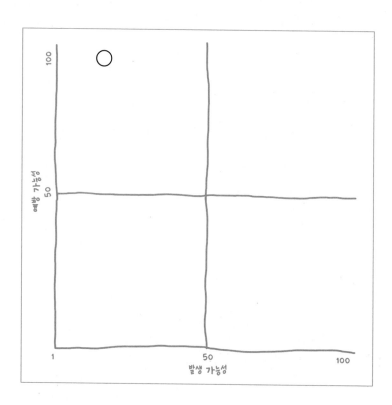

55. 놀이공원 놀이기구

<hr>

아포칼립스, 밴시, 블레이징 퓨리, 선더볼트, 펜더모니움, 캘리포니아 스크리밍, 인버티고, 마인드 이레이저, 엑스터미네이터, 코스터사우르스. 이것들은 사람 정신을 쏙 빼놓는 살벌한 롤러코스터 이름들이다. 할머니가 어릴 때 타시던 회전목마와는 차원이 다르다. 끔찍한 이름을 달고 있는 이 기계들은 무해한 오락거리에 불과할까, 아니면 죽음의 덫일까? 롤러코스터든, 드롭라이드든, 페리스 대회전 관람차든, 워터슬라이드든, 놀이공원의 놀이기구는 모두 짜릿한 즐거움을 위해 설계되었다. 놀이기구를 탈 때는 마치 죽을 것 같은 기분만 느껴야지, 정말로 죽음의 위험에 직면해서는 안 된다. 그리고 다행히도 롤러코스터 객차가 가끔 트랙에서 벗어나 날아가거나 멈추지 않았던 초기 시절 이후로 놀이기구는 설계와 안전성 면에서 많은 발전을 이루었다. 하지만 시간이 흐르면서 놀이기구는 점점 더 크고 빨라졌고, 그와 함께 놀이공원을 찾는 사람 숫자도 하늘을 찌

를 듯 치솟았다. 미국에서는 매년 대략 3억 3,500만 명의 사람이 놀이공원을 찾는다. 사람들에게 짜릿한 스릴을 파는 사업이 점점 주가를 올리고 있다.

놀이공원 기구들의 안전을 유지하려면 안전성에 영향을 미칠 수 있는 전기적, 기계적 문제와 날씨에 대한 세심한 관리가 필요하다. 놀이기구를 점검하고, 관리하고, 수리하는 데 드는 비용이 공원에서 부상이나 사망 사고가 일어나 대중의 평판이 나빠지고, 소송을 당하는 비용보다는 훨씬 적게 든다. 이것이야말로 공원이 자신들의 시설을 안전하게 관리해야 할 가장 강력한 동기가 되어준다. 놀랄지도 모르지만, 미국의 놀이공원 기구 안전 규제는 일관성이 없고 대체로 자발적 참여에 의존한다. 미국 소비자제품안전위원회 CPSC는 식품, 의복, 현장에서 판매되는 상품 등은 규제하지만, 놀이공원이나 워터파크에 영구적으로 고정된 놀이기구의 안전성에 대해서는 아무런 지휘권이나 사법권이 없다. 연방정부의 관리감독이 시속 160킬로미터로 달리는 롤러코스터보다 공원에서 파는 봉제인형이나 티셔츠에 더 초점을 맞추고 있는 실정이다.

연방정부보다는 지역이나 주 당국이 고정된 놀이기구를 자체적으로 규제하고 있다. 놀이공원 운영자는 자신들의 정책대로 운영할지, 아니면 '놀이공원 탈것과 장치에 대한 ASTM F24 위원회'에 상세히 나열된 자발적 표준을 따를지 선택할 수 있다. ASTM F24 위원회는 놀이공원 산업계, 그리고 국제 놀이공원 및 테마파크 연합 IAAPA 같은 다른 기관들과 협력하여 놀이기구의 안전성 기준을 정한다. 현재 미국 50개 주 중 34개 주에서 ASTM F24의 기준을 참고하여 규제를 시행하고 있다.

주의 놀이기구 안전 규제를 서로 비교해보면 점검, 감시위원회, 보험, 사고 보고, 사고 조사에 관한 요구사항에 일관성이 없다. 예를 들면 놀이기구 안전성 자문위원회를 두는 주는 12개밖에 없고, 놀이기구 운영자가 반드시 만 18세 이상일 것을 요구하는 주도 9개밖에 없다. 총 13개 주에서는 놀이기구 등록을 요구하지 않으며, 7개 주에서는 놀이기구 보험이 의무가 아니다. 일부 주에서는 심각한 부상이나 사망이 발생하거나, 응급실에 실려가거나, 의사가 방문한 사고가 일어나면 놀이기구 소유주가 반드시 보고하도록 의무화했지만, 어떤 주에서는 사고가 나도 놀이기구 소유주가 반드시 보고해야 하는 강제 규정이 없다. 사고가 실제로 일어날 경우 26개 주에서만 소유주에게 조사를 위해 사고 현장을 보존할 것을 요구한다. 짐작건대 그런 요구사항이 없는 주에서는 사고 원인 조사도 없이 사고 현장을 청소하고 놀이기구를 다시 가동할 것이다.

그리고 실제로 사고가 일어나고 있다. 2016년 8월에 미국 국립안전위원회NSC에서는 국제 놀이공원 및 테마파크 연합에 보고서를 제출했다. 이 보고서에서는 2003년에서 2015년 사이에 미국의 고정형 놀이기구에서 일어난 부상 건수를 추정해보았다. 제한된 숫자의 놀이공원에서 얻은 이용자 수 데이터를 바탕으로 미국 국립안전위원회에서는 2015년에 1,508건의 부상이 있었다고 보고했다(이용자 100만 명당 0.8명 부상). 이 1,508건의 부상 중 대다수(63%)는 가족 및 성인용 놀이기구에서 일어난 반면, 29퍼센트는 롤러코스터, 8퍼센트는 아동용 놀이기구에서 일어났다. 그리고 이 부상 중 5.5퍼센트

놀이공원 놀이기구

는 24시간 이상 병원에 입원해야 할 정도로 심각했다. 놀이기구 안전기구ASO에서는 부상을 당한 신체 부위, 그리고 부상사고가 일어난 놀이공원과 놀이기구의 이름에 관한 데이터를 엮어서 보고했다. 이런 데이터의 출처는 불분명했지만 놀이기구 안전기구에서는 미국 국립안전위원회보다 상당히 심각한 부상들을 보고했다. 물론 축제나 박람회같이 장소를 이동하며 설치하는 놀이기구에서의 부상까지 포함하면 숫자는 더 늘어난다. 예를 들어 1990년에서 2010년까지 미국 종합병원 응급실 기록을 조사해보면 9만 2,885명의 아동(17세 이하)이 놀이기구와 관련된 부상으로 치료를 받았다.

놀이공원 사고는 여러 원인으로 발생할 수 있다. 어떤 사고는 놀이기구 자체의 문제(브레이크 고장, 갑작스러운 멈춤, 충돌, 기능 이상, 결함이 있거나 낡은 부품 등)나 조작자의 실수로 생긴다. 어떤 사고는 놀이기구에서 일어서거나, 안전장치를 풀거나, 손과 팔을 놀이기구 밖으로 내미는 등 탑승자의 부주의나 과실로 생긴다. 일부 놀이기구, 특히 빠른 속도와 높은 중력을 만들어내는 롤러코스터는 그 설계 때문에 머리, 등, 목 부상을 입을 가능성이 높다. 이유야 어쨌든 놀이공원 사고는 대참사가 될 수 있다. 실제로 미국 소비자제품안전위원회에서는 1987년과 2004년 사이에 46명이 고정형 놀이기구에서 사망했고, 13명이 이동식 놀이기구에서 사망했다고 보고했다(8건의 사망 사고가 더 있었는데 그 사고를 일으킨 놀이기구가 어느 곳에 있었는지는 알려지지 않았다).

놀이공원 놀이기구에서 부상을 입을 가능성을 낮추는 가장 쉬운 방법은 규칙을 잘 따르는 것이다. 이 규칙은 탑승자를 안전하게 보호하기 위해 만든 것이므로 자리에서 일어나지 말라고 주의를 받으면 일어나지 말아야 한다. 만약 놀이기구를 타는 데 필요한 나이, 키, 몸무게를 충족하지 못한다면 놀이기구에 타지 말아야 한다. 놀이기구 탑승 구역에 경고 목록이 적혀 있지만 자신의 건강상태는 탑승객 본인이 인식하고 있어야 한다. 예를 들어 기존에 목, 허리, 심장, 고혈압 등의 문제가 있거나 임신 여성의 경우에는 급격히 방향을 틀거나 멈추는 고속 놀이기구는 피해야 할 것이다. 타기 전에 놀이기구를 관찰해보면 본인이 탈 수 있는 것인지 판단이 가능하다.

놀이공원으로 놀러가서 부상을 입거나 사망할 가능성은 낮지만 규칙을 따르고 자신의 상태를 잘 알고 있으면 위험을 줄이고 스릴은 극대화할 수 있을 것이다.

요약

예방 가능성 (97)

놀이공원 놀이기구로 발생하는 부상은 거의 100퍼센트 피할 수 있다. 안 타면 된다. 하지만 휴가 목적지를 놀이공원으로 잡고 그곳에서 제공하는 모든 스릴을 만끽하지 않으면 직성이 안 풀리는 사람이 있다.

발생 가능성 (2)

놀이공원에서 기구를 타다가 부상을 입을 가능성은 아주 낮다.

결과 (67)

참사가 일어나기보다는 혹이 생기고 타박상이 생기는 경우가 훨씬 흔하다.

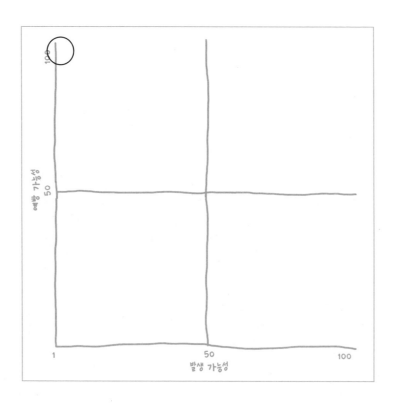

372

miscellaneous

기타

56. 해적

범선을 타고 넓은 바다를 누비며 약탈 대상을 찾아다니던 해적의 시대는 이미 흘러간 지 오래다. 하지만 오늘날에도 해적은 여전히 출몰한다. 소총, 자동화기, 혹은 로켓 추진식 수류탄 등으로 무장한 현대의 해적들은 모터를 장착한 소형 보트나 쾌속정을 타고 다니며 공격과 테러를 저지른다. 옛날과 달리 오늘날의 해적 옷차림은 할로윈 복장으로 인기가 없다.

해양법에 관한 국제연합협약 101번 조항에서는 해적을 다음과 같이 정의한다.

(a) 해적선이나 해적 항공기의 선원이나 승객이 사적인 목적으로 저지르는 불법적인 폭력, 구금, 약탈 행위로 다음을 대상으로 한다.

(i) 공해상에서 다른 선박이나 항공기를 대상으로, 혹은 그

런 배나 항공기의 탑승객이나 소유물을 대상으로 이루어
지는 경우

(ii) 어느 국가의 관할권에도 해당하지 않는 장소에서 선박,
항공기, 사람, 소유물을 대상으로 이루어지는 경우

(b) 해적선이나 해적 항공기임을 알고도 그런 선박이나 항공기
운영에 자발적으로 참여하는 행위

(c) (a)나 (b)에서 기술한 행위를 선동하거나 의도적으로 용이하
게 만드는 행위

이런 정의를 보면 해적이 오늘날에도 문제가 되고 있음은 분명
하다. 국제해사기구IMO와 국제상업회의소ICC의 국제해사국IMB에
서는 선박을 대상으로 하는 해적 행위와 무장 강도의 발생률을 추
적한다. 2017년 1월 1일부터 10월 30일까지 열 달 동안 국제해사기
구에서는 별개로 이루어진 151건의 해적 행위와 무장 강도 행위를
보고했다. 국제해사국에서 보고한 선박 대상 무장 강도 사건의 숫
자도 국제해사기구에서 보고한 수치에 못지않아서 2017년 1월과 9
월 사이에 실제로 공격을 하거나 공격을 시도한 사건이 121건으로
나왔다. 그 외에도 보고되지 않은 공격이 많을 것이다.

국제해사기구와 국제해사국에서 보고한 사건의 대다수는 대형
선박, 벌크선, 컨테이너선을 대상으로 한 공격이었다. 어떤 경우에는
경보가 울리자 해적들이 달아났지만, 어떤 경우는 해적들이 선박에
올라타서 재산을 훔치거나 선원을 폭행 또는 납치했다. 한번은 총
으로 무장한 해적들이 선박에 오르려고 시도했지만 필리핀 해군 보

트와 공군 헬기가 접근하자 공격을 중단하기도 했다. 수천 명의 승객을 태우고 빠른 속도로 이동하는 크루즈선의 경우에는 공격이 힘들다. 2002년에서 2012년 사이에 공격을 당한 3,806척의 배 중 승객을 태운 배는 13척에 불과했다. 2017년 국제해사기구의 사건 보고에서는, 승객을 태운 배가 한 척밖에 없었다. 반면 요트는 상대적으로 해적이 공격하기가 쉽다. 해적에 맞설 방어수단도 거의 없다. 2002년에서 2012년 사이에 82척의 요트가 공격을 받았다.

2008년에서 2011년 사이에 소말리아 해안은 해적들의 주요 활동 거점이어서 수백 건의 공격이 있었고 수십억 달러의 화물이 강탈당했다. 하지만 2011년 이후로는 소말리아 해안을 항해하는 선박에 보안요원(즉 무장 선원)이 추가되면서 이 지역에서의 공격 건수는 크게 줄었다. 2010년에는 소말리아 해적 때문에 발생한 경제 비용이 70억 달러였지만, 2016년에는 17억 달러로 떨어졌다. 소말리아 해안의 해적 행위가 어느 정도 줄기는 했지만, 국제해사기구와 국제해사국의 보고를 검토해보면 최근의 해적 행위는 다음의 네 지역에 집중되고 있음을 알 수 있다. 1) 싱가포르 해협, 2) 술루해와 셀레베스해, 3) 아덴만, 4) 기니만.

해적의 공격 목적에 따라 선원과 화물에 미치는 결과는 달라진다. 만약 해적이 화물을 훔치는 일에만 관심이 있고 배의 선원들이 해적에게 저항하지 않으면 경제적 손실만 일어날 가능성이 크다. 만약 해적이 화물과 선박을 모두 원한다면 선원은 필요하지 않으므로 선원들의 목숨이 위태로울 수 있다. 몸값을 요구하며 선원들을 억류하는 경우도 드물지 않다. 어떤 사람은 1년 넘게 해적에게 포로로

잡혀 있기도 했다.

선박 소유주와 선원들은 온라인 자료(국제해사국 해적신고센터)를 통해 바다와 항구의 해적 행위를 감시하고 문제 지역을 피할 수 있다. 하지만 해적이 출몰하는 바다를 피하려 노력해도 해적을 만날 수 있다. 이런 경우 선원과 선박에서는 해적의 의욕을 꺾거나, 퇴치하거나, 피하기 위해 몇 가지 방어 전략을 사용할 수 있다. 대형 선박인 경우 간단히 배의 속도를 높여서 느린 해적 보트를 피하면 된다. 무장 경비원들의 무력을 과시하는 것도 해적의 공격 의지를 꺾을 수 있다. 선박 가장자리에 철조망이나 전기담장을 둘러놓으면 해적이 선박에 오르는 것을 막을 수 있다. 어떤 선박은 물대포로 무장해 해적을 격퇴한다. 소리로 공격하는 음파대포long-range acoustic device나 마이크로파를 쏘는 페인레이pain rays 등의 비살상 기술도 어느 정도 방어에 도움이 된다. 만약 이런 수단이 모두 실패해 해적들이 배를 장악한다면 선원들은 안전한 방에 머물며 구조를 기다려야 한다.

미래에는 선박들이 선원을 태울 필요 없이 원격으로 항해하게 될지도 모른다. 선원이 없는 드론 선박은 어디서든 감시와 통제가 가능하다. 해적들이 선원 없는 선박을 장악하거나 선박의 통제 시스템을 해킹할 수 있겠지만, 사람이 목숨을 잃을 위험은 없을 것이다.

요약

예방 가능성 (88)
항해를 결심했다면 위험한 바다를 피하는 항해 계획을 짜야 한다.

발생 가능성 (2)

공해상에서 해적과 만나게 될 사람은 거의 없다.

결과 (83)

해적과 만나면 간단한 강도 행위로 끝날 수도 있지만, 일이 커져서 납치나 살인으로 이어질 수도 있다.

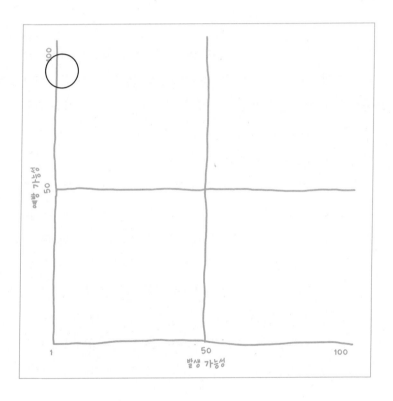

해적

57. 중국산 장난감

자녀를 둔 사람이라면 집안 어딘가에 중국산 장난감이 들어와 있을 공산이 크다. 미국에서 팔리는 장난감의 90퍼센트가 중국산이다. 중국 장난감 공장의 열악한 작업 환경 때문에 중국에서 제품을 생산하는 회사를 지원하는 것을 두고 윤리적, 도덕적으로 말이 많았다. 예를 들면 중국노동감시China Labor Watch 기구에서 2016년에 발표한 보고서에서는 디즈니, 마텔, 피셔프라이스, 맥도날드를 비롯한 회사들에 장난감(토마스와 친구들, 핫휠, 바비인형)을 생산해서 납품하는 공장 네 곳의 개탄스러운 작업 환경에 대해 묘사하고 있다. 이런 공장들은 노동시간 초과, 안전 보호 조치 부족, 보험료 지급 거부, 부적절한 급료, 노동자 민원 처리 절차의 부재 등 많은 노동법을 위반하고 있는 것으로 밝혀졌다.

자사 제품의 생산을 중국에 맡기는 회사들의 명성에 먹칠을 하는 것은 중국 장난감 공장의 열악한 노동 환경만이 아니다. 강제 노동과 미성년자 노동 착취가 그 명성에 더욱 먹칠을 하고 있다. 미국 노동부에서는 강제 노동이나 미성년자 노동 착취로 만들어졌다고 의심되는 중국산 장난감 목록을 공개했다. 차마 받아들이기 힘든 작업 환경에 노동자들을 몰아넣고, 미성년 노동자를 고용하는 나라가 중국만은 아닐 것이다. 하지만 중국의 장난감 수출 규모가 워낙 크기 때문에 이런 제품의 문제점들이 더욱 두드러지고 있다.

중국산 장난감은 미성년 노동자를 동원해 열악한 노동 환경에서 제작되고 있다는 점 외에도 당신과 가족의 건강을 위협하는 문제를 안고 있는 경우가 많다. 유럽연합은 안전하지 않은 중국산 제품의 양이 막대하다는 점에 경각심을 느끼고 있다. 유럽연합의 위험제품신속경보시스템Rapid Alert System for Dangerous Products의 보고에 따르면, 위험한 제품을 유럽연합에 들여오려고 시도하는 부분에서 중국은 모든 나라를 따돌리고 압도적인 1위를 하고 있다. 중국에서 유럽연합으로 들어오는 위험 제품 중 신고가 가장 많은 것은 의류와 장난감이다. 미국에서는 소비자제품안전위원회에서 공공의 안전을 위해 소비자 제품을 감독하고 부상과 사고를 평가한다. 매년 소비자제품안전위원회에 의해 수백 가지 제품이 리콜되고 있다. 우리는 이 위원회에서 2017년 1월 1일부터 12월 31일까지 리콜된 제품의 목록을 살펴보았는데 아동용 제품 74종이 리콜된 것을 발견했다(뒤의 표참조). 74종의 제품 중 60종(81%)이 중국산이었다. 이 제품들이 리콜된 이유는 질식, 화상, 낙상, 열상 등의 위험 때문이었다.

미국과 중국은 중국산 장난감에 들어 있는 납 성분을 줄이기 위해 노력해왔다. 납은 신체 여러 장기에 손상을 입히는 중금속이고

중국산 장난감

신경계를 해치는 신경독소여서 특히나 위험하다. 아동에게는 더욱 그렇다. 아이들은 성장이 빠르기 때문에 납의 독성이 뇌 발달에 심각한 영향을 미칠 수 있다. 미국에서는 2007년에 1,760만 개의 장난감이 납 성분 과다로 리콜되었다. 2008년에는 미국에서 판매되는 아동용 제품의 안전성을 개선하기 위해 소비재안전성개선법CPSIA이 통과되었다. 그 결과 2008년 이후로는 납 성분이 높아 리콜되는 장난감 수가 현저히 줄어들었다. 사실 2017년에 소비자제품안전위원회에서 리콜한 중국산 장난감 중에 납 성분이 문제가 되어 리콜한 제품은 없었다. 하지만 2015년과 2016년에 리콜된 제품에서는 몇몇 중국산 아동용 제품이 납 성분 과다로 소비자제품안전위원회에서 리콜되었음을 알 수 있다. 따라서 여러 가정에 들어와 있는 수백만 개의 장난감은 납으로 오염되어 있을 가능성이 높다.

중국산 장난감에서 걱정해야 할 화학물질은 납말고도 더 있다. 비스페놀-A(BPA, 여러 제품에 들어 있는 플라스틱을 단단하게 만드는 화학물질로 신경계, 내분비계, 생식계에 해를 입힐 수 있다), 프탈레이트(플라스틱의 부드러움과 유연성을 높이기 위해 사용하는 화학물질로 간, 생식계, 콩팥에 문제를 일으킬 수 있다), 크롬과 카드뮴(암 발생 및 기관 손상과 관련이 있는 중금속)이 여러 아동용 제품에서 발견되었다. BPA의 안전성에 대해서는 여전히 의문이 남아 있지만 일부 주와 시에서는 BPA가 들어 있는 다양한 제품을 판매 금지했다. 프탈레이트, 크롬, 카드뮴의 사용도 제한하거나 금지한 국가도 있다. 그러나 아직까지도 장난감, 특히 오래된 장난감에는 이런 화학물질이 여전히 들어 있을 수 있다.

다음의 조치를 따르면 어렵지 않게 중국산 장난감의 위험을 최소화할 수 있다.

- 납이 들어 있을지 모르는 오래된 장난감은 버리거나, 장난감과 아동용 금속 장신구는 납 검사를 해본다.
- 미국이나 유럽연합, 혹은 중국보다 더 엄격한 규제를 하고 있는 국가의 장난감을 구입한다.
- 플라스틱 대신 나무, 천연섬유, 대나무로 제작한 장난감을 구입한다.
- 미국 소비자제품안전위원회에서 어떤 장난감을 리콜했는지 최신 정보를 틈틈이 확인한다.
- 아이의 혈액을 검사해 납 성분 수치를 확인한다.
- 프탈레이트가 들어 있는 PVC(폴리염화비닐)로 만든 장난감을 피한다.

요약

예방 가능성 (78)
중국산이 아닌 장난감을 찾으려면 어느 정도 연구와 조사가 필요할 것이다. 장난감의 납 성분을 검사하는 것도 가능하다.

발생 가능성 (35)
중국산 장난감이 모두 건강에 위협적인 화학물질을 함유하고 있는 것은 아니다.

중국산 장난감

결과 (58)

납 노출에 따르는 신경학적 결과는 잘 알려져 있지만 BPA가 건강에
미치는 영향은 아직 불분명하다.

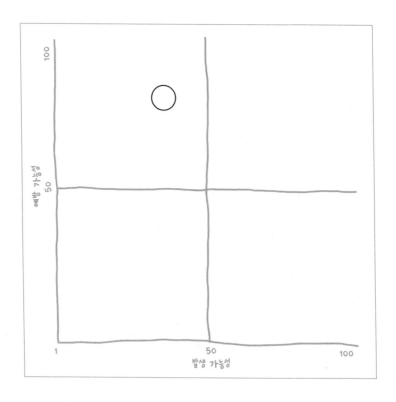

미국 소비자제품안전위원회의 아동용 제품 리콜 목록

(2017년 1월 1일 ~ 12월 31일)

제품 이름	위험	회사	리콜 날짜	제조국
유아용 침대	끼임	Land of Nod	12/28/2017	베트남
아동용 잠옷	화상	Wohali Outdoors	12/21/2017	중국
아동용 계단식 걸상	낙상	Squaltty Potty	12/19/2017	중국
불꽃놀이	화상	Matrix Fireworks	12/19/2017	중국
유아용 매트리스	화상	Dream on Me	12/12/2017	미국
아동용 파자마	화상	One Stop Shop	12/8/2017	중국
점토공예 키트	곰팡이	Toys "R" Us	11/29/2017	중국
아동용 파자마	화상	Woolino	11/21/2017	중국
불꽃놀이	화상	Wholesale Fireworks	11/15/2017	중국
재킷	숨 막힘	OshKosh B'gosh	11/8/2017	인도네시아
자전거	낙상	Norco	11/7/2017	중국
판초 우의	목 졸림	JW Crawford	11/3/2017	중국
아동용 잠옷	화상	Little Mass	11/1/2017	미국
아동용 잠옷	화상	Dondolo	11/1/2017	컬럼비아
아동용 잠옷	화상	VIV & LUL	11/1/2017	중국
베이비 짐	목 졸림	Plan Toys	10/25/2017	태국
유아용 흔들의자	화상	Fisher-Price	10/24/2017	중국
음악 장난감	숨 막힘	Kids Preferred	10/19/2017	중국
유아용 위글볼	숨 막힘	Toys "R" Us	10/5/2017	중국
플레이텍스 접시, 그릇	숨 막힘	Playtex Products	10/3/2017	중국
야간조명	감전	Skip Hop	9/28/2017	중국
유모차	낙상	Delta Enerprise Corp.	9/25/2017	중국

중국산 장난감

불꽃놀이	화상	Fireworks Over America	9/20/2017	중국
턱받이, 양말 세트	숨 막힘	DEMDACO	9/20/2017	중국
팔찌, 이야기책	숨 막힘	Studio Fun Inernational	9/7/2017	중국
유아용 스웨터	숨 막힘	L.L. Bean	9/7/2017	요르단
나이트가운, 파자마 세트	화상	ASHERANGEL	9/5/2017	중국
쌓기놀이 장난감	숨 막힘	Hallmark Marketing Co.	8/31/2017	중국
유아용 롬퍼스	숨 막힘	Fabri-Tech	8/29/2017	중국
딸랑이 장난감	숨 막힘	BRIO	8/15/2017	중국
여아용 드레스	숨 막힘	Laura Ashley	8/15/2017	중국
아동용 수영복	숨 막힘	Meijer	8/8/2017	중국
아동용 가운	화상	Richie House	8/3/2017	중국
파자마	화상	Sweet Bamboo	8/2/2017	중국
블록놀이	숨 막힘	Panelcraft	8/1/2017	중국
활동 장난감activity toy	숨 막힘	Manhattan Toy	7/20/2017	중국
봉제 장난감	열상	TOMY	7/13/2017	중국
유아용 작업복	숨 막힘	Burt's Bees	6/29/2017	인도
불꽃놀이	화상	American Promotional Events	6/27/2017	중국
아동용 가운	화상	Little Giraffe	6/15/2017	중국
유아용 안전문	목졸림	Madison Mill	6/7/2017	미국
유아 놀이복	숨 막힘	Lila+Hayes	6/6/2017	페루
아동용 가운	화상	Kreative Kids	6/1/2017	중국
스피너 장난감Spinner toys	숨 막힘	Lobby Lobby	5/23/2017	중국
장난감 목마	낙상	Dynacraft	5/23/2017	중국
외발 롤러스케이트scoote	낙상	Pulse Performance Products	5/19/2017	중국
봉제 장난감	숨 막힘	Douglas Company	5/17/2017	중국
과학 키트	화상	Little Passports	5/12/2017	중국
야간조명	화재	AM Conservation Group	5/10/2017	중국

유모차, 카시트	낙상	Combi USA	5/4/2017	중국
아기용 캐리어 백팩	낙상	Osprey	4/27/2017	베트남
아기 양말	꽉 조임	Zutano	4/25/2017	중국
리모컨 자동차	화재	Horizon Hobby	4/25/2017	중국
모터 달린 캐스터보드	화재	Razor	4/20/2017	중국
물 흡수하는 장난감	삼키기	Target	4/13/2017	중국
추리닝, 재킷	숨 막힘, 열상	Fred Meyer	4/4/2017	중국
유아용 모자	숨 막힘	Sock and Accessory Brands	3/30/2017	중국
장난감 카트	숨 막힘	Juratoys	3/29/2017	중국
자석 게	숨 막힘, 삼키기	Target	3/29/2017	중국
턱받이	질식	Discount School Supply	3/22/2017	중국
잠옷	화상	LIVLY	3/14/2017	페루
추리닝	목 졸림	RDG Global	3/9/2017	중국
딸랑이	숨 막힘	Kids II	3/2/2017	중국
재킷	숨 막힘	Dillard's	2/28/2017	중국
수영장 미끄럼틀	낙상	S.R. Smith	2/28/2017	미국
아기용 그네	낙상	Little Tikes	2/23/2017	미국
장난감 개구리	화학적 손상	Moose Toys	2/22/2017	중국
유모차	낙상	Britax	2/16/2017	중국
장난감 지팡이	열상	Feld Entertainment	2/9/2017	중국
야간 조명	화재	Walt Disney Parks/Resorts	2/2/2017	중국
전기 스쿠터	낙상	Pulse Performance Products	1/24/2017	중국
모빌	숨 막힘	RH Baby & Child	1/17/2017	중국
전기 스케이트보드	화재	Boosted	1/12/2017	중국
장난감 삽, 공구	납	Active Kyds	1/10/2017	인도
추리닝	숨 막힘	Walt Disney Parks/Resorts	1/4/2017	중국

중국산 장난감

58. 소행성 충돌

초속 19킬로미터(시속 6만 8,400킬로미터)의 속도로 러시아 첼랴빈스크라는 도시로 돌진하던 1만 2,000톤의 우주 돌덩이는 결국 지구 표면에 도달하지 못했다. 대신 이 소행성은 작은 조각으로 쪼개져 TNT 500킬로톤에 해당하는 에너지로 지표면 상공 30킬로미터 정도에서 폭발하며 불덩이가 되었다. 이 폭발로 유리창과 건물들이 손상되었다. 이 충격파와 날아다니는 유리 조각, 떨어지는 잔해들로 일부 부상은 발생했지만 첼랴빈스크 주변 거주자 중에 사망자는 없었다. 이것은 2013년 2월 15일에 펼쳐진 장면이다.

약 한 세기 전에(1908년 6월 30일) 시베리아의 하늘에서 소행성이 폭발하면서(퉁구스카 사건) 2,150평방킬로미터의 숲을 파괴했다. 이 지역은 인구가 희박했기 때문에 피해자는 없었다. 하지만 거대한 소행성이 약 6,500만 년 전에 멕시코 유카탄반도 바로 옆에서 지구와 충돌했을 때 공룡들은 그리 운이 좋지 못했다. 직경 10~15킬로미터 정도로 추정되는 이 소행성은 직경 180킬로미터 정도의 칙술루브 충돌구Chicxulub crater를 만들어냈다. 10~100조 메가톤의 힘을 갖고 있던 이 충돌로 거대한 해일이 일고, 먼지구름이 전 세계를 뒤덮어 여러 생명체가 멸종을 맞았다.

우리의 고향 지구에는 매일 우주로부터 수 톤의 먼지와 모래 알갱이 크기의 입자가 소나기처럼 쏟아지고 있다. 이 물질은 대부분 지구의 대기에서 타버리기 때문에 아무런 위협도 되지 않는다. 그런데 가끔씩 소행성이 대기를 통과하는 데 성공할 때가 있다. 소행성 하나가 지표면에 닿으면 그 크기에 따라 아주 미미한 국소적 손상을 입힐 수도 있고, 지구상 대부분의 생명체를 쓸어버릴 수도 있다. 지구 충돌 데이터베이스Earth Impact Database의 목록을 보면 24억 년 전부터 현재까지 지구에서 확인된 충돌구는 190개밖에 없다. 일례로 약 5만 년 전에는 30만 톤쯤 나가는 소행성 하나가 애리조나 북쪽에 충돌해서 지름 1킬로미터, 깊이 230미터의 베링거 충돌구Barringer crater를 만들어냈다. 이 충돌로 생긴 충격파, 열, 파편이 반경 2.5킬로미터 내의 모든 생명을 파괴했을 것이다.

소행성의 지구 충돌이 미치는 파괴적인 영향은 소행성의 크기에 달려 있다. 직경이 10킬로미터 이상인 소행성은 대멸종을 일으키고, 아마 인류도 완전히 소멸시켜버릴 것이다. 그보다 작은 소행성(직경 1~3킬로미터)에 의한 충돌은 대량 사망, 기반시설 파괴, 범지구적 기후 변화를 야기할 가능성이 크다. 직경이 100에서 300미터 사이의 소행성이라면 해당 지역에 피해를 입히고, 파괴적인 쓰나미를 만들어낼 수 있다. 그보다 더 작은 소행성 충돌이라도 인구 밀집 지역에 떨어지면 많은 사망자가 발생할 것이다.

소행성 충돌은 열, 쓰나미, 압력파, 충돌구, 파편, 지진, 돌풍 등 몇 가지 파괴적인 힘을 만들어낸다. 소행성(직경 15~400미터)이 지구와 충돌했을 때 사람이 다치거나 죽는 것은 돌풍과 압력 충격파 때문일 가능성이 크다. 직경 200미터의 소행성이 런던에 떨어진다면 대략 870만 명이 사망할 것으로 예상된다. 소행성 충돌이 임박했음을 충분히 경고했을 경우에는 도시 사람들을 대피시켜 피해를 최소화해야 한다.

우주에서 날아온 물체가 언제 어디서 지구와 충돌할지 예측하기는 무척 까다롭다. 제트추진연구소JPL(캘리포니아 공과대학)의 지구근접물체센터CNEOS와 스페이스가드 프로젝트Spaceguard Project(영국 포이스)에서는 위험한 소행성의 궤도를 추적하는 충돌 감시 시스템을 만들었다. 이 감시 시스템은 행성 궤도 분석을 바탕으로 소행성 충돌의 시간과 위치를 예측한다.

지구근접물체센터의 감시 시스템에서는 앞으로 100년 안에 발생할 수 있는 70건의 지구 충돌 사건을 목록으로 작성해놓았다. 충돌 확률이 가장 높은 소행성(2185년과 2198년 사이로 예측)도 지구를 빗겨갈 확률이 99.84퍼센트다. 나머지 69개의 물체는 지구를 빗겨갈 확률이 그보다도 훨씬 높다. 이 70개의 물체 모두 현재 토리노 충돌위험척도Torino Impact Hazard Scale에서 0점을 기록하고 있다. 토리노 충돌위험척도는 소행성 충돌 가능성과 그 결과에 점수를 매기는 시스템이다. 이 점수가 0이면 충돌 가능성이 사실상 0이거나, 물체가 너무 작아 대기 중에서 모두 타버리거나, 지표면에 떨어지더라도 거의 아무런 피해가 없을 것이라는 의미다.

따라서 현재로서는 앞으로 100년 안에 지구와 충돌할 것으로 예상되는 중요한 소행성은 감지된 것이 없다. 나사NASA의 행성방어 조정실PDCO에서는 지금도 지구에 위협을 가하는 소행성과 혜성을 찾아 하늘을 뒤지고 있다. 만약 잠재적 위험이 있는 물체가 지구를 향하고 있다 해도 그에 대비해 계획을 세울 시간만 충분하다면 충돌을 막을 수 있을지도 모른다. 핵심은 타이밍이다. 물체를 더 빨리 감지할수록 그 속도와 방향을 더 빨리 바꿀 수 있기 때문에 지구는 충돌을 피할 수 있게 된다. 다른 물체로 소행성을 때려서 속도를 늦추는 시스템이나 소행성 근처에 다른 큰 물체를 가져다놓음으로써 그 중력의 힘을 이용하는 시스템을 방어 메커니즘으로 사용할 수 있다.

소행성이 아주 크거나 표면에 구멍이 많은 경우, 핵폭탄을 폭파시키거나 다가오는 소행성을 우주선으로 들이박는 방법으로는 지구를 구할 수 없을지도 모른다. 그렇게 해서 소행성이 쪼개진다고 해도 남은 조각들이 여전히 비처럼 쏟아져 대혼란이 올 수 있기 때문이다. 핵폭탄을 소행성 위가 아니라 그 근처에서 폭파시키면 그 힘으로 소행성의 방향을 바꿀 수 있을지도 모른다. 소행성의 진로를 빨리 바꿀수록 지구와의 충돌 위험을 피할 수 있다.

아직까지 거대한 소행성의 방향을 바꿀 에너지를 발생시키고 전달하는 기술은 개발되지 못했다. 그러나 수십 년에 걸쳐 계획을 세우면(그리고 수십억의 달러, 유로, 엔, 위안, 루블도 필요하다) 과학자와 공학자들이 다가오는 소행성을 감지해 방향을 바꿈으로써 지구 위의 생명을 구할 수 있을지도 모른다. 그리고 최소한 그때까지는 우리가 공룡처럼 멸종할 일은 없어 보인다. 적어도 가까운 시일 안에 그럴 일은 없을 것 같다.

나사의 소행성 감시 위젯Asteroid Watch을 이용하면 다가오는 소행성과 혜성을 마음껏 감시할 수 있다(https://www.jpl.nasa.gov/asteroidwatch/asteroid-widget-instructions.cfm).

요약

예방 가능성 (1)

현재 나와 있는 기술로는 소행성을 멈추거나 방향을 바꿀 방법이 없다. 그리고 소행성이 지구와 충돌할 확률이나 충돌로 일어날 결과를 바꾸기 위해 개인이 할 수 있는 행동도 없다.

발생 가능성(1)

지금 이 책을 읽고 있는 사람이 살아 있을 때 재앙을 초래할 소행성 충돌은 거의 일어나지 않을 것이다.

결과 (100)

대형 소행성 충돌은 지구상의 모든 인간을 쓸어버릴 만한 잠재력을 갖고 있다.

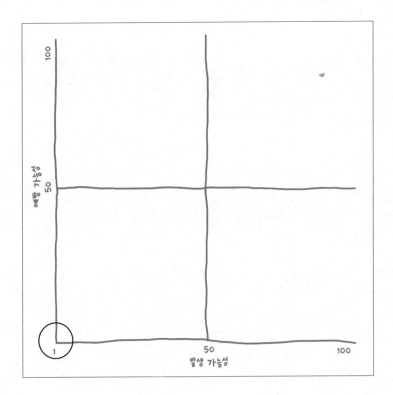

소행성 충돌

결론

~~~

이 책에서는 당신이 합리적으로 걱정할 만하다 싶은 몇 가지 주제들을 검토해보았다. 우리는 과연 그런 걱정을 할 만한 주제는 무엇이고, 걱정해봐야 쓸데없는 주제는 무엇인지 이해하려는 목적으로 이 책을 썼다. 이 과정에서 각각의 주제에 대해 '걱정지수'를 매겼지만 앞서 지적한 대로 이 점수는 우리의 추정치일 뿐, 엄격하게 정의된 점수가 아니다. 그렇지만 이런 주제의 상대적 위험을 평가하는 데 이 점수가 흥미로운 출발점이 되어주리라 생각한다. 대부분의 영장류가 그렇듯 사람도 시각에 크게 의존하는 존재이기 때문에 그래프의 형식을 빌려 데이터를 표시하면 이해하기 쉬울 때가 많다. 그래서 우리는 각각의 주제가 끝날 때마다 걱정지수를 예방 가능성, 발생 가능성, 결과라는 세 가지 차원을 가진 그래프로 표시했다.

이제 각각의 항목에 대해 점수를 매기는 고된 일을 마무리했으니 그것을 모두 합친 그래프를 그려서 각각의 주제에 해당하는 걱정지수들을 서로 비교해보았다. 앞에서 한 말을 기억할지 모르겠지만 우리가 생각하기에 가장 가치 있는 걱정은 1)일어날 확률이 높고, 2)실제로 일어날 경우 그 결과가 심각하고, 3)내가 취한 행동으로 그 일을 막을 수 있을 때의 걱정이다. 이런 주제에 대해 고민하는 것 이야말로 최소의 노력으로 최고의 효과를 거둘 수 있는 방법이다. 걱정의 가치가 가장 큰 이런 주제들은 그래프의 오른쪽 위쪽 사분 면에 큰 원으로 나타난다. 이것이 가장 중요한 걱정이기 때문에 거 기에는 라벨을 붙여놓았다.

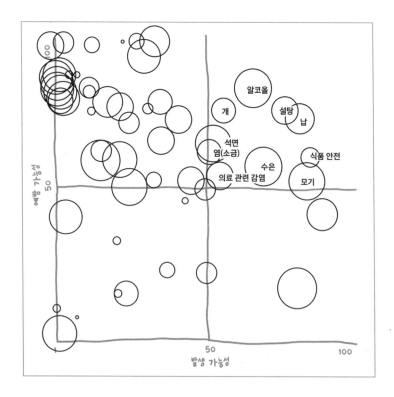

'걱정 권장 구역'에 들어 있는 주제들을 보고 놀랐을지도 모르겠다. 의료 관련 감염은 예외일지도 모르지만 목록에 올라 있는 것 중 대부분은 우리가 이미 알고 있는 것이기 때문이다. 하지만 너무 익숙해서 마땅히 신경써야 할 문제임에도 신경쓰지 않고 있었는지도 모른다. 뱀에게 물릴까 봐 걱정하는 사람이 많지만 대부분의 경우 정말로 걱정해야 할 일은 개에게 물리는 것이다. 마찬가지로 사회 전체로 보면 우리는 알코올에 대해서는 대단히 무신경한 태도를 보이지만 음주는 아주 심각한 결과를 가져올 수 있다. 그리고 이런 결과가 예방이 가능하다는 점이 중요하다. 설탕과 납(둘 다 달콤한 맛이 난다!)도 걱정지수에서 높은 점수를 받았다. 당신은 이런 것들이 걱정해야 할 주제임을 이미 알고 있었지만 아마도 긴급해 보이지는 않았을 것이다. 어떻게 보면 랭킹 상위를 차지한 주제 가운데 새로운 것이 없어서 실망스러울 수도 있겠다. 당신이 그동안 귀에 못이 박히도록 들었던 소금, 설탕, 알코올 섭취를 조심하라는 얘기를 여기서 또 듣게 되어 맥이 빠질지도 모르겠다. 이 점에 대해서는 우리도 당신의 기분에 충분히 공감한다는 말밖에 해줄 것이 없다.

오른쪽 위쪽 사분면에 올라온 주제들이 실망스럽다면 다른 사분면을 살펴보자. 잘 보면 흥미로운 특징이 있다. 예를 들어 그래프의 오른쪽 아래 사분면에는 두 개의 큼직하고 무서운 원이 들어 있다. 이 두 개는 가축에 사용하는 항생제와 의료과실이다. 이 주제가 걱정스러운 이유는 실제로 일어날 가능성이 높고 결과도 심각할 수 있는데 그것을 멈추기 위해 당신이 할 수 있는 일이 별로 없다는 점이다. 어차피 개인이 나설 수 있는 부분이 없기 때문에 이런 주제에 대해 걱정하느라 시간을 낭비하지 말라고 권하고는 있지만, 솔직히 마음이 편하지는 않은 것이 사실이다.

또 다른 흥미로운 특징은 우리가 '불확실성 구역'이라고 부르는 곳에서 찾아볼 수 있다. 공교롭게도 일부 주제의 경우 그 위험을 제대로 평가하기가 어려운데 그 이유는 데이터 자체가 없거나, 연구에 따라 서로 충돌하는 결과가 나왔기 때문이다. 이런 경우 우리는 50점을 매겼다. 이런 주제에 대해 걱정할 필요가 없다고 말하면 안 될 것 같다. 상당히 위험할 수도 있기 때문이다. 반면 해악을 끼칠 가능성이 입증되지 않았는데 사람을 불안하게 만드는 것도 대단히 무책임한 일이다. BPA가 이런 사례에 해당한다. 우리는 BPA에 50, 50, 50점을 매겼다. 그래서 그래프 한가운데에 떡하니 놓여 있다.

이 그래프에서 제일 반가운 것은 대부분의 동그라미가 왼쪽에 치우쳐 있다는 점이다. 이것은 당신에게 문제를 일으킬 확률이 낮다는 의미다(당신이 각각의 주제에서 평균적인 사람에 해당한다는 전제하에). 어쩌면 우리가 고른 주제들의 분포가 아주 편향되어 있기 때문인지도 모르겠다. 아마 다른 주제들을 골랐다면 결과도 아주 달랐을 것이다. 하지만 또 한 가지 그럴듯한 위안은 걱정거리가 우리 생각처럼 많지 않다는 것이다. 적어도 우리가 이 책에서 초점을 맞춘 주제 중에서는 그리 많지 않았다.

이 책에서 다룬 모든 주제는 더 고차적인 주제라는 점을 지적하고 넘어가야겠다. 말인즉슨, 그보다 더 기본적인 필요가 모두 충족된 다음에야 걱정하게 될 문제라는 말이다. BPA가 음식으로 흘러나오지 않을까 걱정하는 사람은 먹을 음식이라도 있으니 그런 걱정을 하는 것이고, 침대 매트리스에 들어 있는 난연재를 걱정하는 사람은 몸을 누일 침대가 있으니 그런 걱정을 하는 것이다. 따라서 이런 문제에 대해 걱정하는 사람이라면 그래도 특권을 누리는 위치에 있는 셈이다. 그렇다고 이런 주제가 사소하거나 고민할 가치가 없다는 의미는 아니다. 전체적인 시각에서 바라보아야 한다는 의미다.

이렇게 생각하다 보면 조금 철학적인 방향으로 흐르게 된다. 이 책에서 우리는 우리가 납득할 수 있는 방식으로 걱정에 대한 것을 최적화해 놓았다. 하지만 이것을 액면 그대로 받아들여서는 안 된다. 대신 시간을 내어 자신의 삶에서 가장 중요한 것이 무엇인지 생각해보아야 한다. 개인적인 고통과 괴로움을 최소화하고 오래 살기를 바라는 것은 자연스럽고 마땅한 일이다. 살아남으려는 본능, 사랑하는 사람을 보호하려는 본능은 중요하다. 하지만 머잖아 우리 모두는 아무리 조심하며 살아도 영원히 살 수는 없다는 사실에 직면해야 한다.

우리는 인류 역사에서 아주 독특한 시대를 살고 있다. 우리 선조들은 접하지 않았던 특별한 문제를 안고 살아간다는 의미다. 몇 세기 전만 해도 그 누구도 폴리플루오로알킬이나 유전자 변형 농산물, 혹은 식품에 들어간 인공색소에 대해 걱정할 필요가 없었다. 그래서 그런 시절을 뒤돌아보며 그때가 좋았다는 생각이 들기도 한다. 우리는 단순하게 살았던 과거를 낭만적으로 묘사한다. 어떤 면에서는 그 시절이 더 좋았을지도 모른다. 하지만 의미 있는 여러 관점에서 보면 그렇게 보기 힘들다. 그 시절 사람들은 오래 살지도 못했고, 그리 잘 살지도 못했다. 그들에게는 선택지도 별로 없었고, 선택을 내리게 해줄 정보도 충분하지 않았다. 그들은 살충제에 노출될까 봐 걱정하지는 않았지만 메뚜기 떼 때문에 굶어죽을 지경에 내몰리기도 했다. 그들은 병원에서 감염될 걱정도 없었다. 병원이라는 것 자체가 없었기 때문이다. 설령 의학적 치료를 받을 형편이 된다고 하더라도 약이라며 원소 수은을 처방받았을지도 모를 일이다. 세상은 위험하고 걱정이 가득한 곳이지만, 안 그랬던 적은 한 번도 없었다. 그것은 그저 인간이라면 안고 살아야 할 숙명인 셈이다.

이런 상황에서 삶의 질과 양을 어떤 방식으로 균형을 맞추며 살아야 할까? 걱정을 하려면 시간과 노력이 들고, 스트레스를 받으며, 돈을 투자해야 할 때도 많다. 그럴 만한 가치가 있을까? 제한된 삶의 자원을 어떻게 쓰고 싶은가? 분명 이 질문에 정답이 하나만 있는 것은 아니다. 하지만 이런 주장은 할 수 있다. 걱정은 우리에게 스트레스와 병을 안겨줄 뿐만 아니라, 작은 것에 대해 걱정하다 보면 거기에 정신이 팔려 삶의 의미를 찾고, 사랑을 찾고, 용서하는 법을 배우는 것 같은 정말로 중요한 인생의 문제는 잊어버리게 된다고 말이다. 안타깝게도 이 점은 우리가 도와줄 수 없다. 이 부분은 다른 책을 찾아보아야 할 것이다.

이 책은 우리가 일상에서 접하는 위험에 대해 조언해주는 책이다. 이 책을 쓰는 동안 우리는 서로 다른 주제에서 똑같은 조언과 거듭 마주쳤다. 이런 부분에 초점을 맞춰 실천하고 습관적으로 몸에 익힌다면 몇 가지 위험을 동시에 최소화하는 일석삼조의 효과를 누릴 수 있을 것이다.

1) 손을 자주 씻는다.

2) 가공음식 섭취를 줄인다.

3) 채소를 더 많이 먹는다.

4) 집안의 먼지를 줄인다.

5) 사용안내문을 꼼꼼히 읽고 따른다.

6) 의사와 폭넓게 소통한다.

마지막으로 무언가 당신을 불안하게 만드는 것이 있다면 그것에 대해 걱정할 것이 아니라 무엇을 어떻게 할지 생각해보자.

부록 A

DIY — 직접 조사해보기

어떤 주제에 대해 조사를 시작할 때는 반드시 염두에 두어야 할 중요한 사실이 있다. 정보원이라고 해서 신뢰도가 모두 똑같지 않으며, 모든 의견이 충분히 파악해서 나온 것도 아니라는 점이다. 더 노골적으로 말하자면 입만 있으면 누구나 무슨 말이든 못할 것이 없다. 역사적으로 항상 그래 왔지만 인터넷 시대에는 이 점을 특별히 염두에 두어야 한다. 우리는 스마트폰만 있으면 사실상 세상 어느 곳, 어느 사람이 올려놓은 어떤 이상한 아이디어도 찾아볼 수 있는 운 좋은 시대에 살고 있다. 인터넷은 믿기 어려울 정도로 놀라운 정보원이다. 하지만 심각할 정도로 잘못된 정보와 기만의 원천이기도 하다. 인터넷을 이용해 조사하려면(그래야만 한다) 좋은 정보원을 가려낼 줄 알아야 한다.

신뢰도 문제에서는 전문성이 중요하다. 세상에는 온갖 종류의 전문가가 있지만 일반적으로 교육이 중요하다. 전문가는 아주 많은 교육을 받은 사람이다. 박사학위는 대부분의 과학 분야에서 가장 높은 학위다. 박사학위를 받은 사람은 4년의 대학 과정을 마친 후에 최소 4년 혹은 그보다 오랜 시간 동안 대학원 과정을 거쳤다. 박사학위를 받으려면 독창적인 연구 실적이 있어야 한다. 많은 사람의 믿음과 달리 연구는 학위 취득 과정에서 가장 어렵고 시간이 많이 드는 과정이다. 박사학위를 마무리하고 나면 많은 과학자가 박사 후 과정에 들어가서 선임 과학자의 지도 아래 몇 년 더 연구를 진행한다. 이런 수준의 훈련을 받은 사람이면 대단히 전문적이지만 그 분야는 아주 협소하다. 박사학위를 받은 사람에게는 자신이 연구한 해당 분야에서 권위 있게 무언가를 말할 자격이 생긴다. 하지만 예를 들어 면역학에 박사학위가 있는 사람이 경제학 전문가는 아니다. 훌륭한 과학자라면 자신의 전문 분야 밖에서는 주제넘게 나서지 않는다. 그렇다고 이들이 절대 자신의 학문 분야 경계 너머로 모험을 떠나지 않는다는 의미는 아니다. 우리가 이 책에서 한 일이 바로 이것이다. 앞에서 한 말의 의미는, 전문가는 다른 전문가의 의견을 존중하고, 거기에 의존하며, 정보의 출처와 인용문을 제공한다는 의미다.

박사학위가 있는 사람이라고 해서 진료를 하지는 않는다. 박사학위는 있지만 의사는 아니기 때문이다. 반면 의학박사 학위MD, medical doctor가 있는 사람은 다르다. 이들은 대학에서 4년을 공부하고, 의대에서 4년을 공부한 사람들이다(미국은 한국의 6년제 의대와 달리 일반 4년제 대학을 졸업한 다음에 다시 의대에 진학해서 4년을 공부한다 - 옮긴이). 진료를 하려면 의학박사는 소아과, 신경과, 피부과 등의 전공 분야를 정해서 레지던트를 하고 전문의 자격증을 따야 한다. 전문의 중에는 레지던트 이후에도 펠로우 과정까지 마무리하는 사람이 많다. 의학박사 중에는 연구자인 경우도 있지만 모두 그렇지는 않다. 의학박사는 사람의 병을 치료하는 전문가이고, 연구를 하는 사람은 자기 연구 분야의 전문가다. 소수의 영웅적인 사람은 의학박사와 일반 박사학위를 모두 따기도 하지만 이들의 전문 분야는 여전히 자신의 연구 분야에 한정된다. 전문가 자격을 부여해주는 다른 전문 학위도 있다. 예를 들면 법무박사JD, Juris Doctor, 약학박사Pharm. D, Doctor of Pharmacy 등이다. 사람 이름 앞에 붙은 이 미스터리한 글자들의 의미가 궁금하면 인터넷으로 쉽게 확인할 수 있다.

전문가의 말을 그대로 받아들이는 수준을 넘어 자기가 직접 과학 정보원을 찾아볼 수도 있다. 과학 정보원에는 몇 가지 종류가 있다. 이를테면 대중 언론에서 펴낸 기사나, 정부기관과 비정부기관에서 발표한 자료표, 대중 과학서적, 1차 자료 등이다. 이런 것들 역시 모두 동등하지는 않다. 1차 자료는 과학 학술지에 최초 발표된 연구 논문이나 리뷰논문을 말한다. 이 논문들은 저자가 수행한 실험에서 나온 데이터와 그 결과에 대한 해석을 함께 제시한다. 학술지 논문은 동료심사peer review가 이루어진다는 점이 중요하다. 동료심사란 논문이 발표되기 전에 해당 분야의 전문가인 다른 몇몇 과학자가 그 논문을 자세히 읽고 그에 대해 논평하는 과정을 말한다. 동료심사 위원들은, 데이터를 수집하고 분석한 방식이나 저자가 이끌어낸 해석에 대해 의문을 제기할 수 있다. 심사위원들이 그 논문에 담긴 과학적 가치에 만족하지 못하면 논문은 과학 학술지에 발표될 수 없다. 물론 이것이 완벽한 과정은 아니지만 현재로서는 이것이 표준으로 자리잡고 있다. 또한 과학 학술지에 발표되는 논문은 동물이나 사람을 대상으로 진행된 연구들이 모두 적절한 감독위원회의 검토를 받았음을 보장해야 한다.

이런 요인들을 고려하면 어떤 정보를 찾을 때는 1차 자료에 우선적으로 의존해야 할 것처럼 느껴진다. 하지만 꼭 그렇지는 않다. 학술지 논문들은 특정 독자를 대상으로 쓴 것이어서 독자들이 해당 분야에 대해 수준 높은 배경지식을 갖고 있을 것이라고 가정한다. 그래서 읽고 이해하기가 어렵다(그래도 시도해보고 싶은 사람을 위해 부록 B에 약간의 조언을 덧붙여 놓았다). 게다가 이 논문들은 가격이 비싸다. 하지만 근처 대학 도서관 등을 이용하면 보통 무료로 접근할 수 있다. 이보다는 기관에서 발표하는 자료표가 처음 참고할 정보원으로는 더 낫다. 예를 들어 미국 암학회와 미국 심장협회에서는 각각 암과 심혈관 건강과 관련된 주제에 대해 자료표를 만들어 발표한다. 여기서의 요령은 명망이 있는 기관을 알아보는 것이다. 미국 암학회, 미국 심장협회, 미국 의사협회, 메이요 클리닉Mayo Clinic, 그리고 CDC, 미국 국립보건원, 나사 같은 정부기관 등 잘 알려진 비영리 단체의 정보를 권하고 싶다. WHO, UN의 기관도 훌륭한 정보원이다.

음모론에 끌리는 사람이나 역사적으로 정부에 경계심을 가져야 할 집단 출신의 사람이라면 정부 소속 과학자들의 말을 신뢰하기가 탐탁지 않을 수도 있다. 하지만 반대로 생각해보자. 대부분의 경우 연구에는 돈이 많이 들어간다. 그런 연구에 돈을 지불해줄 어떤 큰 손이 필요하다는 얘기다. 정부에서 과학에 자금을 대주는 이유는 그것이 공공의 선이기 때문이다. 즉 사회의 모든 구성원에게 이익이 돌아간다는 말이다. 대학에서 공공자금 지원이 이루어지는 연구는 보조금을 할당받는다. 보조금은 제안서를 바탕으로 지원되며, 이 제안서를 다른 과학자들이 검토하여 그 가치를 평가한다. 일단 연구 보조금이 지급되면 자금을 지원하는 기관에서는 주기적으로 보고할 것을 요구한다. 공공자금을 지원받은 프로젝트의 표제와 초록은 발표되기 전이라도 무료로 구해볼 수 있다. 예컨대 국립보건원에서 자금을 지원받은 연구가 과학 학술지에 발표되면 1년 안에 무료로 접근이 가능하게 만들어야 한다. 더 나아가 정부 연구실에서 연구를 진행하는 경우에는 그 데이터를 대중에 공개하고 자신의 데이터 수집과 분석 기술에 대한 설명을 덧붙여야 한다. 세금 납세자들이 과학 연구 자금을 대는 것이기 때문에 투명성에 대한 요구가 높다.

반면 민간 조직에서 자금을 지원한 경우에는 이런 요구사항이 없다. 이 경우 이해충돌로 이어질 수 있다. 예를 들어 담배 제조업계에서는 여러 해 동안 흡연이 위험하지 않다는 데이터를 만들어냈다. 따라서 민간 자본의 자금 지원을 받는 싱크탱크에서 생산한 자료표나 발표 자료를 볼 때는 이런 점을 감안해서 받아들일 것을 권한다. 연구 자금 출처가 어디이고, 어떤 이해충돌이 있는지 명확하게 드러나지 않을 수도 있다.

물론 대중과학을 다루는 뉴스나 채널에서도 과학에 대한 주제를 발표한다. 하지만 이런 대중미디어에서 다루는 기사는 질이 들쭉날쭉하고 오해와 과장이 만연해 있다. 하지만 일부 채널(예를 들면 《사이언티픽 아메리칸》, 《사이언스 매거진》 등)은 매우 훌륭하다. 대중적인 정보원에서 무언가를 읽을 때는 거기서 주장하는 바가 참인지 확인해보는 것이 좋다. 지금 읽고 있는 이 책을 비롯해 대중과학 서적을 읽을 때도 마찬가지다. 대중과학 서적은 동료심사를 거치지 않기 때문에 편향이 심할 수 있고, 심지어 잘못된 내용이 담길 수도 있다. 우리는 이 책을 쓰면서 개인적인 편견을 내려놓으려 노력했고, 우리가 아는 한 어떤 이해충돌도 없게 했다. 우리는 분명 거짓된 정보나 진실을 호도하는 정보를 제시할 생각이 없다. 그래도 사람들 말마따나 신뢰하되, 검증은 해보아야 한다.

개인 블로그에서 읽은 내용은 저자의 신뢰성을 확인할 수 있는 경우가 아니면 너무 믿지 않는 것이 좋다. 이 책을 쓰면서 우리는 블로그에서 과학적 증거를 오해하거나 잘못 적용하는 사례를 너무 많이 보았다. 개인의 경험을 항상 전체 인구집단 수준으로 확장해서 적용할 수는 없으며, 아무리 굳게 믿는다 해도 그것이 객관적 진실과는 관련이 없음을 기억하자. 소셜미디어에 수백 번에 걸쳐 링크되고 다시 게시되었다고 해서 누군가가 그 내용을 검증해보았다는 의미는 아니다.

일단 정보원을 확인한 후에는 다음의 사항을 고려하자.

첫째, 과학자는 확실성이 아니라 확률의 언어로 말한다. 과학자가 어떤 일이 일어날 것이라고 말하는 경우는 드물다. 그보다는 어떤 일이 일어날 가능성이 있다는 식으로 말한다. 그리고 이어서 그 가능성이 얼마나 될지를 말한다. 이런 식의 표현이 실망스러울 수도 있겠지만 중요하게 이해해야 할 부분이다. 어떤 물질에 노출되면 통계적으로 암을 유발하는 것으로 입증되었다고 해서 이 물질이 항상 모든 사람에게 암을 일으킨다는 의미는 아니다. 보통 질병이나 실제 현상에는 수많은 기여 요인이 존재한다. 과학자들은 한 요인이 어떤 결과가 발생할 확률에 얼마나 영향을 미칠지 수치화하려고 한다. 그리고 어떤 요인은 다른 요인보다 그 위험이 훨씬 높다고 상정한다. 예를 들어 베이컨을 먹는 것과 담배를 피우는 것은 모두 암을 유발하는 것으로 알려져 있다. 하지만 베이컨을 먹는 것보다는 담배를 피우는 것이 암에 걸릴 확률을 훨씬 더 높인다. 상대적 위험도를 평가할 때는 이것이 대단히 중요하다. 따라서 암 발생 위험을 줄이기 위해 우선적으로 할 일을 정할 때는 흡연 습관을 가장 먼저 해결해야 할 것이다. 물론 아침마다 베이컨을 퍼먹듯이 먹고, 매일 담배를 2갑씩 태워도 백 살까지 사는 사람도 있다. 통계적으로 보면 가끔은 그런 일이 일어날 수 있지만, 대부분의 경우는 그렇지 않다.

둘째, 어떤 주제든 과학적 의견이 다양하게 나뉘는 것을 보게 될 것이다. 사실 이것은 좋은 일이다. 다양한 의견을 듣는 것은 유용하다. 한 사람이 어떤 의문에 대한 정답을 다 알고 있는 경우는 드물기 때문이다. 하지만 당신이 어떤 결론을 이끌어낼 때는 과학적 공감대(대부분의 과학자가 생각하는 내용)가 가장 유용한 지표가 되어준다. 과학적 공감대가 틀린 적도 있었을까? 그렇다. 두드러지게 그런 적이 있다. 하지만 이런 사례들이 두드러져 보이는 것은 흔한 경우가 아니기 때문이다. 대부분의 경우 어느 개인의 의견보다는 해당 분야 전체의 의견이 진리에 더 가깝다.

마지막으로, 모든 문제가 어느 한 가지 이유 때문에 생기지는 않는다. 그리고 역으로 어느 한 가지 방법으로 모든 것을 해결할 수 없다. 다이어트 계획만 잘 세우거나 비타민 보충제만 잘 먹으면 모든 것이 해결되리라고 믿고 싶겠지만, 결국 그것은 믿음일 뿐 진실은 아니다.

부록 B

과학 논문 읽기

과학 논문을 읽기에 앞서 스스로에게 이 어려운 일을 해낼 준비가 되어 있는지 물어볼 필요가 있다. 쉽게 읽을 수 있는 글이 아닐 가능성이 높기 때문이다. 1차 과학문헌은 과학자가 다른 과학자를 위해 쓴 글이다. 그래서 일정 수준의 배경지식을 갖고 있을 것이라고 가정하고 쓴다. 그렇다고 당신이 읽을 수 없는 글이라는 의미는 아니지만 그만큼 준비가 필요하다는 말이다.

과학 출판물은 아주 구체적인 목표 아래 작성된다. 연구 결과를 전파하기 위해서이다. 그래서 아주 구체적이고 대부분 표준화된 형식에 따라 작성된다. 구체적으로 말하자면 과학 학술지 논문은 다음과 같은 섹션으로 구성되어 있다. 제목, 초록, 서문, 실험 방법, 실험 결과, 고찰, 참고문헌. 학술지에 따라 이 순서가 살짝 바뀔 수는 있다(현재는 실험 방법을 끝에 놓는 경향이 있다). 그리고 키워드, 감사의 말, 약식 요약informal summary 등의 섹션이 추가로 들어갈 수 있다.

일부 학술지에서는, 논문을 이해하거나 뒷받침하는 데는 중요하지만 본문에 싣기에는 적합하지 않은 추가 자료를 첨부하도록 허용한다. 이런 추가 자료를 올리는 데는 다 이유가 있다. 무시하지 말고 살펴보자.

여기서 우리는 연구 논문의 서로 다른 섹션에 담기는 내용에 대해 이야기하려고 한다. 초록abstract은 연구의 목적, 실험 방법, 결과, 연구자들이 내린 결론을 한 문단으로 요약한 글이다. 초록은 연구의 근거와 주요 결과에 대한 정보를 제공하기 때문에 이것을 읽어보면 이 논문을 계속 읽을지 말지 결정할 수 있다.

서문introduction은 독자에게 실험 무대를 마련하게 된 배경 정보를 제공한다. 저자들은 기존에 나온 해당 분야의 연구들을 고찰하면서 현재 알려져 있는 내용이 무엇이고, 지식에 어떤 간극이 있는지 독자에게 알려준다. 서문은 연구 프로젝트를 해당 분야의 넓은 맥락 안에서 정리해준다. 저자들은 연구를 수행하게 된 동기의 뼈대를 잡는 가설을 제안하는 데 서문을 이용하는 경우가 많다.

실험 방법method 섹션은 실험 재료뿐 아니라 어떤 절차를 거쳤는지에 관해 구체적으로 설명함으로써 연구자들이 실험을 어떤 식으로 수행했는지 독자에게 알려준다. 이 섹션은 독자가 실험을 정확하게 반복할 수 있도록 충분히 구체적으로 작성해야 한다. 연구에 사용한 정확한 실험 재료도 포함되어야 한다. 또한 결과를 분석하기 위해 사용한 통계검정 방법도 설명해서 독자들이 연구 결과의 중요성을 평가할 수 있게 해주어야 한다.

결과result 섹션에는 실험에서 얻은 데이터가 들어 있다. 발견한 내용을 보여주기 위해 이 데이터는 수치 자료, 그래프, 그림, 사진, 표 등의 형태로 제시된다. 실험 데이터에는 심지어 예상치 못했던 데이터나 저자의 가설과 배치되는 데이터라 하더라도 모두 포함되어야 한다. 모든 표와 수치 자료에는 각각의 제목과 설명을 붙여야 한다. 어떤 저자는 수치 자료 캡션을 길게 작성해서 독자에게 데이터에 관해 광범위한 정보를 제공하기도 한다. 이 섹션에서는 데이터의 의미에 대해 논의해서는 안 된다. 그런 논의는 다음 섹션을 위해 남겨두어야 한다. 그 섹션은 바로 고찰이다.

고찰discussion은 저자가 데이터를 바탕으로 원래의 가설을 강화하거나 약화하는 증거를 제시하고, 서문에서 대략적으로 윤곽을 그렸던 질문에 답하는 섹션이다. 여기에는 데이터에 대한 해석과 다른 연구와의 비교도 들어간다. 고찰 섹션을 마무리할 때는 이 분야의 전진을 위해서는 앞으로 어떤 연구가 더 필요하다는 식의 문장으로 끝을 맺는 저자가 많다.

과학 논문에서 인용된 모든 연구는 참고문헌reference 섹션에 등장해야 한다. 참고문헌에는 서적, 학술지 논문, 웹사이트, 초록, 학회 논문집 등이 들어간다. 특정 주제에 대해 더 많은 정보를 찾고 싶을 때는 이 참고문헌 섹션이 대단히 유용하다.

과학 논문을 읽기로 결심한 경우에 도움이 될 팁을 소개한다.

- 한 번 이상 읽는 것으로 계획을 세운다.
- 메모하고 도표를 그려본다.
- 자기가 이해할 수 없는 구절이나 개념에 대해 따로 조사해볼

준비를 한다.

- 수치에 특별히 주의를 기울인다.
- 저자가 내린 결론이 모두 옳을 것이라고 가정하지 말자. 하지만 틀렸다고 가정해서도 안 된다.
- 저자의 결론에 동의하지 않더라도 데이터 자체로 흥미로울 수 있음을 기억하자.
- 한 주제를 이해하기 위해서는 여러 논문을 읽어보아야 한다는 점을 이해하자. 한 편의 연구 논문이 그 분야에 대해 폭넓은 시각을 제공해주는 경우는 드물다.

부록 C

구급상자

항목	대략적 가격
다양한 크기의 접착 밴드	100개당 5달러(6,000원)
항균 연고나 항균 크림	15g당 6달러(7,200원)
항히스타민제(베나드릴 등)	100알당 12달러(14,400원)
살균 거즈	100매당 7달러(8,400원)
붕대	한 롤당 7달러(8,400원)
스킨테이프	롤당 4달러(4,800원)
커튼볼	100개당 5달러(6,000원)
거즈 패드	25패드당 8달러
핫팩	개당 10달러(12,000원)
아이스팩	개당 10달러(12,000원)
곤충퇴치제	개당 7.5달러(9,000원)
요오드액	30g당 5달러(6,000원)
가려움 방지 연고	30g당 6달러(7,200원)

진통제(아스피린, 이부프로펜, 아세트아미노펜 등)	500알당 10달러(12,000원)
소독용 알코올	450g당 6달러(7,200원)
안전핀	100개당 5달러(6,000원)
가위	개당 10달러(12,000원)
자외선차단제	200g당 10달러(12,000원)
수술용 장갑	100개당 10달러(12,000원)
체온계(구강용)	개당 15달러(18,000원)
트위저 집게	개당 10달러(12,000원)

* 괄호 안의 원화 환산 가격은 한국의 실제 상품 가격과 다를 수 있다. - 옮긴이

걱정이 넘치는 사람을 위한
가이드북

초판 1쇄 발행 | 2020년 11월 16일

지은이 | 리스 존슨(Lise A. Johnson), 에릭 처들러(Eric H. Chudler)
옮긴이 | 김성훈

펴낸이 | 조미현
편집장 | 윤지현
책임편집 | 김희윤
디자인 | 형태와 내용사이

펴낸곳 | (주)현암사
등록 | 1951년 12월 24일 · 제10-126호
주소 | 04029 서울시 마포구 동교로12안길 35
전화 | 365-5051
팩스 | 313-2729
전자우편 | law@hyeonamsa.com
홈페이지 | www.hyeonamsa.com

ISBN 978-89-323-2092-2 (03590)

이 도서의 국립중앙도서관 출판예정도서목록(CIP)은 서지정보유통지원시스템 홈페이
지(http://seoji.nl.go.kr)와 국가자료종합목록 구축시스템(http://kolis-net.nl.go.kr)에서
이용하실 수 있습니다. (CIP제어번호 : CIP2020045058)